サーブレット&JSP

ポケットリファレンス

山田祥寛 ・著

技術評論社

●本書をお読みになる前に

　本書は、サーブレットとJSPに関する情報の提供のみを目的としています。本書を用いた運用は、必ずお客様自身の責任と判断によって行ってください。

　また、掲載されているプログラムの実行結果につきましては、万一障碍等が発生しても、技術評論社および著者はいかなる責任も負いません。

　本書記載の情報、ソフトウェアに関する記述などは、特に記した場合を除き2014年10月時点での各バージョンをもとにしています。ソフトウェアはアップデートされる場合があり、本書での説明とは機能内容や画面図などが異なる場合があります。

　以上の注意事項をご承諾いただいた上で、本書をご利用願います。これらの注意事項をお読みいただかずに、お問い合わせいただいても、技術評論社および著者は対処しかねます。あらかじめ、ご承知おきください。

● 本文中に記載されている社名、商品名、製品等の名称は、関係各社の商標または登録商標です。
● 本文中に ™、®、©は明記していません。

はじめに

　サーブレット&JSPが独立した仕様として公開されたのは1998年（JSPは1999年）のことですから、じつに誕生から15年以上の年輪を刻んでいることになります。ドッグイヤーとも称されるこの業界においては、十分に枯れた技術と言ってよいでしょう。決して短くない歳月の中で着実に進化を重ね、そして、成熟した安心して学べる技術です。

　近年のサーバーサイドJavaでは、Spring、JSF（JavaServer Faces）、Strutsなどなどフレームワークを利用した開発があたりまえ。しかし、これらの技術も、多くはサーブレット&JSPをベースとした技術です。つまり、サーバーサイドJava開発に携わる限り、サーブレット&JSPはすべての基本──知っていてあたりまえの技術なのです。

　本書は、このようなサーブレット&JSPについて、よく利用するであろう機能を厳選して、逆引きリファレンスの形式で紹介する書籍です。執筆にあたっては、できるだけ目的からたどりつきやすいように心がけました。サーブレット&JSPを利用したアプリケーション開発にあたって、本書が座右の一冊となれば幸いです。

　なお、サーブレット&JSPの基本となる言語Javaについては、同シリーズの『Javaポケットリファレンス』も合わせてご利用ください。

★　★　★

　なお、本書に関するサポートサイトを次のURLで公開しています。Q&A掲示板をはじめ、サンプルデータベースのダウンロードサービス、本書に関するFAQ情報、オンライン公開記事など、合わせてご利用ください。

http://www.wings.msn.to/

　最後になりましたが、タイトなスケジュールの中で筆者の無理を調整いただいた技術評論社ならびにトップスタジオの編集者諸氏、そして、傍らで原稿管理／校正作業などの制作をアシストしてくれた妻の奈美、両親、関係者ご一同に心から感謝いたします。

2014年12月吉日
山田祥寛

本書の使い方

動作検証環境

本書内の記述／サンプルプログラムは、以下の環境で検証しています。

- Windows 8.1 Pro(64bit)
- JavaSE Development Kit8 Update20
- Tomcat 8.0.14
- MySQL 5.6.21

サンプルプログラムについて

- 本書のサンプルプログラムは、著者が運営するサポートサイト「サーバサイド技術の学び舎 - WINGS」(http://www.wings.msn.to/)－[総合FAQ/訂正＆ダウンロード]からダウンロードできます。サンプルの動作をまず確認したい場合などにご利用ください。
- サンプルコード、その他、データファイルの文字コードはUTF-8です。テキストエディターなどで編集する場合には、文字コードを変更してしまうと、サンプルが正しく動作しない、日本語が文字化けする、などの原因ともなりますので注意してください。
- サンプルコードは、Windows環境での動作に最適化しています。紙面上の実行結果もWindows環境でのものを掲載しています。結果は環境によって異なる可能性もあるので、注意してください。

本書の構成

1. タイトル
2. 該当のメンバーが含まれるクラス／インターフェイス
3. メンバーの名前
4. バージョン※
5. メンバーの書式
6. メンバーの引数説明
7. メンバーの基本解説
8. サンプルコード
9. 解説の補足となる注意、参考、他項への参照など

※たとえば、第2章で **3.1** と表記されている場合には、サーブレット3.1以降の環境でのみ利用可能です。

掲載章	種類	アイコン
2／5章	サーブレット API	3.0 3.1
3／4／6章	JSP API	2.1 2.2 2.3

構文の見方

構文は、以下の規則で記載しています。

- []で囲んだ項目は、省略可能であることを示します。
- 第2／4章は、以下の記法に従うものとします。

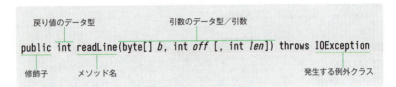

- 第5～6章は、設定要素の構造を階層図で示します。

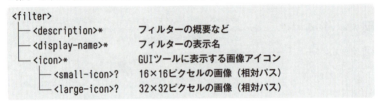

上記のように示された場合には、<filter>要素の子要素として、<description>／<display-name>／<icon>要素を、<icon>要素の子要素として<small-icon>／<large-icon>要素を記述できることを意味します。要素名の末尾に付与されている記号の意味は、以下のとおりです。

▼記号の意味

記号	概要
（なし）	1回のみ登場
*	0回以上登場
+	1回以上登場
?	0または1回登場

サンプルの実行結果

- 命令と結果が1：1の関係にある場合、サンプルコード内の吹き出しとして結果を示しています。
- サンプルがリストや表組みなど複雑な結果を出力する場合、サンプルコードの直下にテキスト、またはキャプチャーで表しています。

目次

はじめに 003
本書の使い方 004

CHAPTER 1 イントロダクション　15

概要 16
　サーブレット＆JSPとは何か 16
　サーブレットとJSPとを使い分ける意味 17
　Java技術の構成 19
環境の準備 20
　JSP＆サーブレット利用に必要な環境 20
　開発／実行環境のインストール 22
プログラミングの基本 31
　サーブレット＆JSP活用のための基礎知識 31

CHAPTER 2 サーブレットAPI　33

概要 34
　サーブレットAPIとは 34
基本 36
　サーブレットクラスを定義する 36
　サーブレットクラスの初期化／終了処理を定義する 38
　サーブレットクラスの情報を取得する 41
　コンテナーにログ情報を記録する 42
　サーブレット固有の初期化パラメーターを取得する 43
　サーブレット名を取得する 44
リクエスト情報 45
　リクエストデータの文字エンコーディングを設定する 45
　リクエストパラメーターを取得する 46
　複数値のリクエストパラメーターを取得する 47
　すべてのリクエストパラメーター名を取得する 48
　すべてのリクエストパラメーターを名前／値のマップとして取得する 49
　リクエストヘッダー情報を取得する 50
　リクエストヘッダー情報を取得する(専用メソッド) 52
　複数のヘッダー値を取得する 55

すべてのヘッダー名を取得する 56
クッキー情報を取得する 57
リクエストデータをバイナリデータとして取得する 58
ファイルをアップロードする 60
リクエスト属性を取得／設定／削除する 62
認証情報を取得する 64
セッションに関わる諸情報を取得する 65
現在のセッションIDを変更する 67
リクエストされたパスの情報を取得する 68
リクエスト本体をReaderオブジェクトとして取得する 71
独自の認証機能を実装する① 72
ログアウト機能を実装する 73
独自の認証機能を実装する② 74
リクエスト情報を転送する 75
外部ファイルをインクルードする 76
サーブレットを非同期に実行する 77

レスポンス 80
出力のためのPrintWriterオブジェクトを生成する 80
HTTPヘッダーが出力済みかを判定する 81
コンテンツタイプ／文字コード／ロケール情報を取得する 82
コンテンツタイプ／コンテンツサイズ／文字コード／
　ロケール情報を設定する 83
クッキーをクライアントに送信する 85
応答ヘッダーを発行する 86
HTTPステータスコードを発行する 88
HTTPステータス／レスポンスヘッダーを取得する 90
ページをリダイレクトする 91
バッファーの内容を参照／制御する 93
クッキーが使えないブラウザーにセッションIDを渡す 95
バイナリデータを出力する 96
HTTPリクエスト／レスポンスの処理をカスタマイズする 98

セッション情報 101
セッション属性を取得／設定／削除する 101
セッションを破棄する 103
セッションに関わる諸情報を取得する 104
セッションのタイムアウト時間を設定する 106

コンテキスト情報 107
複数ユーザー間でコンテキスト情報を共有する 107
ほかのアプリケーションコンテキストを取得する 109

アプリケーション共通の初期化パラメーターを取得する 110
アプリケーション共通の初期化パラメーターを設定する 111
コンテナー／アプリケーションの情報を取得する 112
ファイルの MIME タイプを取得する 113
指定されたフォルダー配下のすべてのファイルを取得する 114
仮想パスを絶対パスに変換する 115
外部リソースを取得する 116
別のサーブレット／JSP に処理を転送する 117
JSPページの構成情報を取得する...118
セッションクッキーの設定情報を取得／設定する 120
サーブレットの登録情報を取得する 121
フィルターの登録情報を取得する 123
サーブレット／フィルター／リスナーをインスタンス化する 125
サーブレットをアプリケーションに登録する... 126
フィルターをアプリケーションに登録する... 127
リスナーをアプリケーションに登録する 128
Jarファイルのサーブレット／フィルター／リスナーを
　アプリケーションに登録する... 129

フィルター 131
フィルタークラスを定義する 131
フィルターチェーン上の次のフィルターを起動する................................ 133
フィルター名／初期化パラメーターを取得する 134

リスナー 136
アプリケーション開始／終了時の挙動を定義する................................... 136
コンテキスト属性の追加／削除／更新時の処理を定義する.................... 138
セッション生成／破棄時の処理を定義する 140
セッション属性の追加／削除／更新時の処理を定義する 142
セッションIDが変更されたときの挙動を定義する.................................. 144
オブジェクトがセッションにバインド／
　アンバインドされたときの処理を定義する 145
リクエスト処理開始／終了時の処理を定義する 147
リクエスト属性の追加／削除／更新時の処理を定義する 149

アノテーション... 151
サーブレットの基本情報を宣言する 151
フィルターの基本情報を定義する 152
サーブレット／フィルターの初期化パラメーターを定義する 153
リスナークラスを定義する 154
アップロードファイルの上限／一時保存先を設定する 155
アクセス規則を定義する 156

CHAPTER 3　JSP基本構文　　159

- **概要** 160
  - JSPの基本 160
- **ディレクティブ** 163
  - ディレクティブとは 163
  - ページ出力時のバッファー処理を有効にする 164
  - ページのコンテンツタイプ／出力文字コードを宣言する 165
  - .jspファイルの文字コードを宣言する 166
  - エラーページを設定する 167
  - パッケージをインポートする 168
  - 式言語を利用するかどうかを指定する 169
  - セッション機能を利用するかどうかを指定する 170
  - ディレクティブ宣言による空行の出力を抑制する 171
  - ページに関する説明を記述する 172
  - 外部ファイルをインクルードする 173
  - タグライブラリをページに登録する 174
  - タグファイルをページに登録する 176
  - タグファイルの基本情報を定義する 177
  - タグファイルで利用可能な属性を宣言する 179
  - タグファイルで動的属性を利用する 181
  - タグファイル内で利用可能な変数を宣言する 183
  - スクリプティング変数の名前を.jspファイルで設定する 185
- **スクリプティング要素** 187
  - 変数／定数／ユーザー定義メソッドを宣言する 187
  - JSPページの初期化／終了処理を定義する 189
  - JSPページ内にコードを埋め込む 191
  - コメントを定義する 193
- **式言語** 194
  - 式言語とは 194
  - Expression Languageで式を出力する 196
  - 式言語からJavaクラスの静的メソッドを呼び出す 198
- **アクションタグ** 200
  - アクションタグとは 200
  - ページの処理を転送する 201
  - 外部ファイルをインクルードする 203
  - JSPページでJavaBeansをインスタンス化する 204
  - JavaBeansのプロパティを設定する 205
  - 属性値をタグ本体に記述する 207

タグファイルからフラグメントを実行する 209
タグ本体を定義する 211
タグファイルからタグ本体を実行する 212

CHAPTER 4 JSP API 215

概要 216
　JSP(JavaServer Pages) APIとは 216
出力 217
　クライアントに文字列を出力する 217
　改行文字を出力する 218
　出力バッファーを制御する 219
コンテキスト情報 221
　タグハンドラークラスで暗黙オブジェクトを利用する 221
　エラー情報を取得する 223
　スコープ属性を取得／設定する 225
カスタムタグ 227
　処理すべき本体を持たないカスタムタグを定義する 227
　本体付きのカスタムタグを処理する 230
　シンプルなカスタムタグを定義する 233
　上位タグへの参照を取得する 236
　タグ本体をフラグメントとして取得する 240
　フラグメントを実行する 242
　動的属性の値を処理する 245
　タグハンドラークラスで利用する値を取得／設定／削除する 248
　タグ配下のテキストを操作する 251
　カスタムタグの妥当性を検証する 255
　タグライブラリの妥当性を検証する 259

CHAPTER 5 デプロイメントディスクリプター 263

概要 264
　デプロイメントディスクリプターとは 264
アプリケーション 266
　アプリケーションの基本情報を定義する 266
　初期化パラメーターを設定する 267
　ウェルカムページを指定する 268
　エラーページを設定する 270
　特定のフォルダーに対して認証を設定する 273
　特定のHTTPメソッド以外のアクセスを禁止する 276

認証方法を定義する..278
セッションに関する挙動を設定する 281
MIMEタイプを設定する 283
アプリケーションの構成情報を.jarファイルに分離する 284
サーブレット＆JSP 287
サーブレットクラスの設定を定義する 287
JSPページの基本設定を宣言する...290
JSPページで利用するタグライブラリを登録する 293
フィルター／リスナー 295
フィルターを有効化する 295
アプリケーションイベントのリスナーを登録する 297

CHAPTER 6 タグライブラリディスクリプター 299

概要..300
タグライブラリディスクリプターとは 300
タグライブラリ 301
タグライブラリの基本情報を定義する 301
タグライブラリを含んだJSPページの妥当性を検証する 303
タグ／関数 304
カスタムタグの情報を定義する..304
遅延評価の式言語を利用する 307
遅延評価式でメソッドを受け渡す 309
タグファイルの情報を定義する 311
Function（関数）の情報を定義する 313

CHAPTER 7 JSTL（JSP Standard Tag Library） 315

概要 316
JSTLとは 316
基本機能 317
変数を出力する 317
変数を設定する 318
変数を破棄する 320
処理を分岐する 321
複数の条件で処理を分岐する...322
指定回数だけ処理を繰り返す 323
配列／コレクションを順番に処理する 324
文字列を指定された区切り文字で分割する 326
外部ファイルをインポートする...327

ページをリダイレクトする	329
URL文字列をエンコードする	330
例外を処理する	331

データベース ... 332

データベースへの接続を確立する	332
データベースから結果セットを取得する	334
データベースの内容を登録／更新／削除する	336
トランザクションを定義する	338
JSTLで利用するデフォルトの接続を定義する	340
データベースから取得する最大レコード数を設定する	341

国際化 ... 342

リクエスト情報の文字コードを設定する	342
ロケールを設定する	343
デフォルトのロケールを宣言する	344
タイムゾーンを設定する	345
配下で有効なタイムゾーンを設定する	346
デフォルトのタイムゾーンを宣言する	347
数値データを決められたパターンで整形する	348
数値データをユーザー定義の書式で整形する	350
文字列を数値に変換する	352
日付データを決められたパターンで整形する	354
日付時刻値をユーザー定義の書式で整形する	355
文字列を日付時刻値に変換する	356
ロケール設定に応じてプロパティファイルを読み込む	357
ロケール設定に応じてメッセージを切り替える	359
リソースの共通の接頭辞を宣言する	361
デフォルトのプロパティファイルを宣言する	362
指定されたロケールが存在しない場合の代替ロケールを宣言する	363

XML ... 364

XML文書を解析する	364
XML文書からノード値を取得する	366
取得したノード群を順番に処理する	368
XPath式によって処理を分岐する	369
XPath式によって処理を多岐分岐する	371
XML文書をXSLTスタイルシートで整形する	373

文字列操作 ... 375

文字列を大文字⇔小文字に変換する	375
文字列に含まれるXML予約文字でエスケープする	376
文字列に部分文字列が含まれているかを確認する	377

文字列の前後から空白を除去する 378
文字列の登場位置を検索する... 379
文字列が指定された部分文字列で始まる／終わるかを判定する 380
指定された文字列を置き換える 381
文字列を指定された区切り文字で分割する 382
文字列から部分文字列を取得する 383
配列要素を指定された区切り文字で連結する 385
コレクション／配列のサイズや文字列の長さを取得する 386

APPENDIX Server.xml 387

概要 388
　Server.xmlとは 388
構成要素 389
　サーバー／クライアント間の接続を管理する 389
　仮想ホストを定義する 392
　アプリケーションの構成情報を定義する... 394
　データソースを定義する 396
　ユーザー／ロール情報の保存先を定義する 398
　リクエスト時に独自のフィルターを実行する...................................... 401

　　索引 404

COLUMN 目次

Tomcat Web Application Manager(1) 70
Tomcat Web Application Manager(2) — テキストインターフェイス 79
Tomcat Web Application Manager(3) — テキストインターフェイスのコマンド 87
Jasper 2 JSP Engineの設定方法(1) 124
Jasper 2 JSP Engineの設定方法(2) — 初期化パラメーター 132
デフォルトサーブレットの設定(1) 269
JSPファイルの初回起動を高速化したい — jsp_precompileパラメーター 277
デフォルトサーブレットの設定(2) — ファイルリストの表示 286
デフォルトサーブレットの設定(3) — ファイルリストのカスタマイズ 294
サーブレット＆JSPをより深く学ぶための参考書籍 319
クラスローダーのしくみ(1) — クラスローダーの役割............................. 333
クラスローダーのしくみ(2) — Tomcatのローダー階層........................... 393
クラスローダーのしくみ(3) — ライブラリの配置先................................ 400

CHAPTER ▶▶▶ 1

Servlet & JSP Pocket Reference

イントロダクション

サーブレット& JSP とは何か

概要

サーブレット&JSPとは、サーバー上でアプリケーションが必要とする処理を行い、その結果(一般的にはHTML)のみをクライアントに返す、Java言語ベースの技術を言います。「技術」とはあいまいにも聞こえるかもしれませんが、要はアプリケーションを構築するためのライブラリや設定の取り決めをまとめたものと思っておけばよいでしょう。

サーブレット&JSPはJava言語をベースとすることで、Java本来の特性でもある「Write Once, Run Anywhere(一度書いたら、どこででも動く)」の可搬性を引き継ぎつつ、豊富に用意された基本クラスライブラリを利用することで高い開発生産性を保証します。本書で紹介するTomcatをはじめ、Glassfish、Jetty、JBossなど、サーブレット&JSPに対応するコンテナー(アプリケーションサーバー)で動作します。

▼ サーバーサイドプログラム動作のしくみ

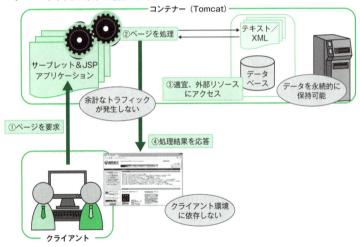

サーブレットとJSPとを使い分ける意味

同一のサーバーサイド技術であるにも関わらず、なぜサーブレットとJSPという2つの技術を使い分ける必要性があるのでしょう。その理由を知るためには、サーブレットとJSPとの特性の違いにフォーカスしなければなりません。

(1) ロジックに強いサーブレットとUIに強いJSP

サーブレット&JSPは同じくJava言語をベースとしたサーバーサイド技術です。コードを一瞥すると、サーブレットとJSPとはまったく異なる技術にも見えますが、その実、両者でできることはほとんど変わりありません。より正確には、JSPで記述できることは**必ず**サーブレットで表現できます。また、サーブレットで記述できることの**ほとんど**はJSPで実現できます。すなわち、異なるのはほとんどその外見だけで、サーバーサイドJavaプログラミングにおいては、用途によって両者を使い分けるのが一般的です。

下の図で両者を比較してみましょう。

▼ サーブレットとJSPの違い

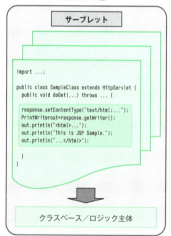 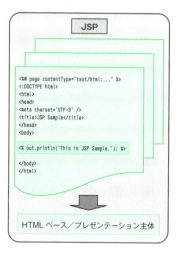

サーブレットはあくまでJavaプログラムをベースに、処理の一環としてHTMLを出力するのに対して、JSPはHTMLの中に断片的なJavaプログラムを埋め込むという形式を採用しています。つまり、サーバーサイドJavaにおいて、HTMLの出力を主体とした処理はJSPで、ロジックを主体とした処理はサーブレットで、という機能分担が基本となります。

(2) コンパイルが必要なサーブレットとコンパイル不要のJSP

サーブレットとJSPは、いずれも実行に先立ってコンパイルを必要とします。ただし、同じくコンパイル処理を要するとは言え、サーブレットとJSPとでは、実行までの過程が異なります。

▼ コンパイル過程の違い

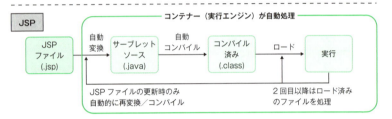

上の図を見てもわかるように、サーブレットは開発者が自らコンパイルし、コンパイル後のファイルをコンテナー(実行エンジン)に配置しなければなりません。一方のJSPは、いちいち開発者がコンパイルする必要はありません。コンテナーに配置されたJSPファイルは、実行時に自動的にサーブレットに変換されたうえで、コンパイルされます。

このため、初回の要求に対しては、変換／コンパイルの分だけやや低速となりますが、2回目以降の要求では、サーブレットと同等のパフォーマンスを期待できます。JSPファイルが更新された場合にも、コンテナーが実行時にタイムスタンプ(最終更新日)を確認し、必要に応じて再変換／コンパイルしますので、開発者はコンパイルという処理をなんら意識する必要がありません。

JSPは、サーブレットに比べるとより手軽に実行できることを重視した技術であるとも言えます。

Java技術の構成

Java技術は、大きく以下のエディションに分類できます。

- Java SE（Java Platform, Standard Edition）
- Java EE（Java Platform, Enterprise Edition）
- Java ME（Java Platform, Micro Edition）

このうち、Java SEはJavaアプリケーションを動作させるための基本的な実行環境を提供します。Java EEは、このJava SEの上で動作するサーバーサイドアプリケーション構築のためのフレームワークです。サーブレット＆JSPもまた、Java EEの中でプレゼンテーション層を担うコンポーネントの1つです。

▼ Java EEの構造

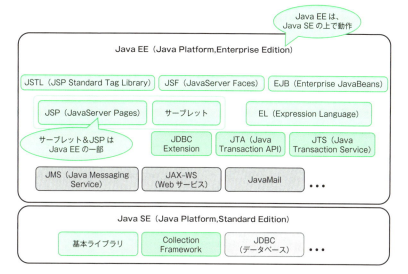

Java MEは携帯電話や家電製品などへの組み込み用途を想定して開発された実行環境です。Java SE／Java EEが密接に関連しているのに対して、Java MEは独立したエディションです。

Java技術では、用途に応じて異なるエディションを使い分け、組み合わせることで、さまざまな要件に柔軟に対応できます。

JSP & サーブレット利用に必要な環境

サーブレット&JSPでアプリケーションを開発/実行するには、最低限、以下のソフトウェアが必要となります。

▼ サーブレット&JSPアプリケーションの実行環境

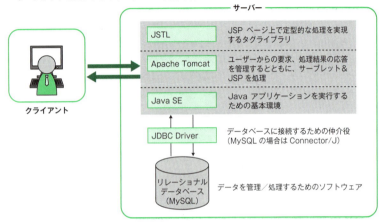

(1) Java SE Development Kit

Java SE Development Kit(以降、**JDK**)は、Javaを動作させるために必要なJava仮想マシン(Java Virtual Machine)をはじめ、コンパイラー(javac)やデバッガー(jdb)、ドキュメント作成ツール(javadoc)などを含んだJavaの開発環境です。サーブレット&JSPもまた、サーバーサイドで動作するJavaプログラムですので、まずはこのJDKをインストールしておく必要があります。執筆時点で、Java SEの最新バージョンは8です。

(2) Webサーバー

Webサーバーは、HTTP(HyperText Transfer Protocol)経由でクライアントからの要求を受け取り、処理結果をクライアントに応答します。クライアントに対する窓口的な役割を担うソフトウェアと言ってもよいでしょう。

サーブレット&JSPアプリケーションもまたWeb上で動作するアプリケーションですので、その動作にあたってはWebサーバーが必須です。Webサーバーには、Apache HTTP Serverをはじめ、Windows標準のIIS(Internet Information Services)、Nginxなどがありますが、本書では後述するTomcatに内蔵されるWebサーバー機能を利用することにします。

(3) サーブレット&JSPコンテナー

サーブレット&JSPコンテナー(以降、**コンテナー**)は、サーブレット&JSPで開発されたアプリケーションを動作させるための実行エンジンとしての機能を提供します。サーブレット&JSPコンテナーには、GlassfishやJBoss、Jettyなどさまざまな種類がありますが、本書ではオープンソースとして提供されていることから導入も容易で、ユーザー層も比較的広いTomcatを採用することにします。

Tomcatには6.x、7.x、8.xと3種類のバージョンが用意されていますが、それぞれのバージョンで対応するサーブレット&JSPのバージョンが異なりますので、注意してください。本書では最新の8.x環境を利用します。

▼ Tomcatとサーブレット&JSP、Java SEのバージョンの関係

Tomcat	JSP	サーブレット	Java SE
8.x	2.3	3.1	7以降
7.x	2.2	3.0	6以降
6.x	2.1	2.5	5以降

(4) データベースサーバー

サーブレット&JSPアプリケーションの開発に必須というわけではありませんが、大量のデータを高速、かつ確実に管理するデータベースの存在は、高度なアプリケーションを構築するためには欠かせないものです。

データベースサーバーと一口に言っても、商用製品のOracle DatabaseやSQL Server、オープンソースで提供されるMySQLやPostgreSQLなどさまざまなものがあります。本書では、オープンソースであることから導入も容易なMySQLを前提とします。執筆時点での最新バージョンは5.6です。

(5) JDBCドライバー

Javaアプリケーションからデータベースサーバーにアクセスするには、**JDBCドライバー**と呼ばれるデータベース専用のライブラリが必要です。MySQLであれば、Connector/Jと呼ばれるライブラリがそれです。Connector/Jは、MySQLと合わせてインストールできますので、あとはこれをTomcatに配置するだけで利用できます。

(6) JSTL(JSP Standard Tag Library)

JSPページで利用できるタグライブラリです。JSPでは、タグライブラリを利用することで、変数の入出力や条件分岐、繰り返し処理、文字列整形、データベースアクセスなど、アプリケーションを構築するうえで定型的な処理を、HTMLのようなタグの形式で表現できます。

第3章でもあらためて紹介しますが、JSPページで動的な処理を記述する際には、原則として、JSTL(タグライブラリ)と式言語(Expression Language)を使用するべきです。

開発/実行環境のインストール

本書では、Windows 8.1 Pro(64bit)環境を前提として、環境設定の手順を紹介します。異なるバージョンを使用している場合には、手順やパスが異なる場合もありますので、適宜読み替えてください。

JDK(Java SE Development Kit)のインストール方法

JDKの最新パッケージは以下のURLから入手できます。ここでは、執筆時点の最新版であるjdk-8u20-windows-x64.exeをダウンロードします。

```
http://www.oracle.com/technetwork/java/javase/downloads/
```

[1]インストーラーを起動する

ダウンロードしたjdk-8u20-windows-x64.exeをダブルクリックし、インストーラーを起動します。基本的にはウィザードに従って、順に進めてかまいません。

▼[セットアップ]ウィンドウ

▼[カスタムセットアップ]ウィンドウ

▼[JREのコピー先フォルダ]ウィンドウ

▼[完了]ウィンドウ

[カスタムセットアップ]ウィンドウでは、インストールする機能を選択します。本書では、デフォルトのまますべての機能を選択しておきます。インストール先も変更できますが、本書ではそのまま「C:¥Program Files¥Java¥jdk1.8.0_20」としておきます。

[2]正常インストールを確認する

インストールが完了したら、コマンドプロンプトから以下のように入力します。以下のような結果が表示され、JDKのバージョンが正しく確認できれば成功です。

```
> cd "C:\Program Files\Java\jdk1.8.0_20\bin"
> java -version
java version "1.8.0_20"
Java(TM) SE Runtime Environment (build 1.8.0_20-b26)
Java HotSpot(TM) 64-Bit Server VM (build 25.20-b23, mixed mode)
```

Tomcatのインストール方法

Tomcatのインストールには、exe形式のインストーラーから行う方法と、zip形式で提供されるバイナリモジュールを展開する方法とがあります。本書では、前者の方法で紹介することにします。Tomcatの最新パッケージは、以下のURLから入手できます。ここでは、執筆時点の最新版であるapache-tomcat-8.0.14.exeをダウンロードします。

http://tomcat.apache.org/download-80.cgi

[1]インストーラーを起動する

ダウンロードしたapache-tomcat-8.0.14.exeをダブルクリックし、インストーラーを起動します。基本的にはウィザードに従って、順に進めてかまいません。

▼[Welcome]ウィンドウ

▼[Licence Agreement]ウィンドウ

▼[Choose Components]ウィンドウ

▼[Configuration]ウィンドウ

[Choose Components]ウィンドウでは、インストールするコンポーネントを選択します。本書では、デフォルトの[Normal]を選択しています。

　[Configuration]ウィンドウでは、Tomcatの基本情報を設定します。「User Name」「Password」には管理者用のユーザー名／パスワードを入力しておきます。その他の項目は、デフォルトのまま進めます。

▼ [Java Virtual Machine]ウィンドウ　　　▼ [Choose Install Location]ウィンドウ

▼ [Installing]ウィンドウ　　　　　　　　▼ [Completing the Apache Tomcat Setup Wizard]ウィンドウ

　[Java Virtual Machine]ウィンドウでは、Java仮想マシンのパスを指定します。デフォルトで、先ほどJDKをインストールしたときのフォルダーがセットされますが、正しく認識できない場合には手動で入力しなければなりません。本書では「C:¥Program Files¥Java¥jre1.8.0_20」としています。

　[Choose Install Location]ウィンドウでは、インストール先を指定します。本書では「C:¥Apache Software Foundation¥Tomcat 8.0」とします。デフォルトの「C:¥Program Files¥Apache Software Foundation¥Tomcat 8.0」では、ファイルを作成／編集するときに管理者権限での作業が必要になるためです。

[2]Tomcatを起動する

　以上の手順で、Tomcatはすでに起動しているはずです。タスクトレイに表示された状態アイコンが緑色に点灯していることを確認してください。

▼ 起動時の状態アイコン

もしも状態アイコンが赤く点灯している場合は、アイコンを右クリックし、表示されたコンテキストメニューから[Start service]を選択してください(停止する場合には、[Stop service]を選択)。

そもそもタスクトレイにアイコンが表示されていないという場合には、スタート画面から[Apache Tomcat 8.0 Tomcat8]カテゴリーの[Monitor Tomcat]を選択してください。

[3]正常インストールを確認する

Tomcatのトップページは、以下のURLから確認できます。

```
http://localhost:8080/
```

または

```
http:// (コンピューター名またはIPアドレス) :8080/
```

正常にTomcatが動作している場合、以下の画面が表示されるはずです。

▼ Tomcatのトップページ

[4]配布サンプルを利用可能にする

本書掲載のサンプルは、以下のURLからダウンロードできます。

```
http://www.wings.msn.to/index.php/-/A-03/978-4-7741-7078-7/
```

ダウンロードしたpocketJsp.warは「%CATALINA_HOME%/webapps」フォルダー直下にコピーします。その後、Tomcat(コンテナー)を(再)起動するだけで、.warファイルの内容が動的に展開されます。展開されたアプリケーションには(たとえば)以下のようなURLからアクセスできるようになります。

```
http://localhost:8080/pocketJsp/chap2/request/requestInfo.jsp
```

> **参考**
>
> サンプルを確認するうえでは、「http://localhost:8080/pocketJsp/chap2/」のようなアドレスで、フォルダー配下のファイルリストを表示できるようにしておくと便利です。これにはデフォルトサーブレット（P.269）の初期化パラメーターlistingsをtrueに設定してください。

MySQLのインストール方法

MySQLのインストールには、msi形式のインストーラーから行う方法と、zip形式で提供されるバイナリモジュールを展開する方法とがあります。本書では、前者の方法で紹介することにします。MySQLの最新パッケージは、以下のURLから入手できます。ここでは、執筆時点の最新版であるmysql-installer-web-community-5.6.21.1.msiをダウンロードします。

```
http://dev.mysql.com/downloads/mysql/
```

[1]インストーラーを起動する

ダウンロードしたmysql-installer-web-community-5.6.21.1.msiをダブルクリックし、インストーラーを起動します。基本的にはウィザードに従って、順に進めてかまいません。

▼ [License Agreement]ウィンドウ　　▼ [Choosing a Setup Type]ウィンドウ

[Choosing a Setup Type]ウィンドウでは、インストールするタイプを選択します。本書では「Custom」を選択します。

▼ [Select Products and Features]ウィンドウ

▼ [Installation]ウィンドウ①

▼ [Installation]ウィンドウ②

▼ [Product Configuration]ウィンドウ

　[Select Products and Features]ウィンドウでは、インストールするコンポーネントを選択します。本書では、「MySQL Server 5.6.21 - X64」と「Connector/J 5.1.33 - X64」を選択しています。

　[Product Configuration]ウィンドウから[Next >]で先に進むと、以下のような設定ウィザードが起動します。

▼ [Type and Networking]ダイアログ　　▼ [Accounts and Roles]ダイアログ

▼ [Windows Service]ダイアログ　　▼ [Apply Server Configuration]ダイアログ

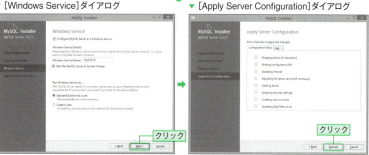

　最低限、管理者ユーザーのパスワードを[Accounts and Roles]ダイアログから入力します。その他は、まずはデフォルト値のままでかまいません。

　[Apply Server Configuration]ダイアログでは、[Excecute]をクリックすると各ステップの左側に緑のチェックマークが入ります。

　設定ウィザードを終えると、元のインストーラーに戻りますので、[Installation Complete]ウィンドウで[Finish]をクリックして終了します。

[2]MySQLを起動する

　以上の手順で、MySQLはすでに起動しているはずです。コントロールパネルから[システムとセキュリティ]-[管理ツール]-[サービス]を選択し、[MySQL]の[状態]欄が「実行中」になっていることを確認してください。

▼ [サービス]ウィンドウ

[状態]欄が空白の場合、MySQLは停止しています。その場合は[MySQL]を右クリックし、表示されたコンテキストメニューから[開始]を選択してください。

参考

MySQLが起動しているかどうかは、コマンドプロンプトから以下のようにすることでも確認できます。

```
> cd "C:\Program Files\MySQL\MySQL Server 5.6\bin"   ← binフォルダーに移動
> mysqladmin -u root -p ping   ← Pingを発信
Enter password: ****   ← 管理者パスワードを入力
mysqld is alive
```

[3]サンプルデータベースを展開する

本書サンプルで利用しているデータベースを展開し、専用のデータベースユーザーを作成しておきます。以下の手順を実行する前に、配布サンプルに含まれるpocketjsp.sqlを「c:\」フォルダーにコピーしておいてください。

```
> cd "C:\Program Files\MySQL\MySQL Server 5.6\bin"   ← binフォルダーに移動
> mysqladmin -u root -p CREATE pocketjsp   ← pocketjspデータベースを作成
Enter password: ****   ← 管理者パスワードを入力

> mysql -u root -p pocketjsp < c:\pocketjsp.sql   ← サンプルデータベースを展開
Enter password: ****   ← 管理者パスワードを入力

> mysql -u root -p   ← mysqlクライアントを起動
Enter password: ****   ← 管理者パスワードを入力

...中略...

mysql> GRANT all privileges ON pocketjsp.* TO jspusr@localhost IDENTIFIED BY
'jsppass';   ← pocketjspデータベースにアクセスするjspusrユーザー(パスワードはjsppass)を作成
Query OK, 0 rows affected (0.00 sec)

mysql> exit;   ← mysqlクライアントを終了
Bye
```

[4] Connector/Jを配置する

Connector/Jは、先ほどMySQLをインストールしたタイミングですでに「C:¥Program Files (x86)¥MySQL¥Connector.J 5.1」にインストールされています。あとは、Connector.J 5.1フォルダー配下のmysql-connector-java-5.1.33-bin.jarをTomcatインストールフォルダー(本書では「C:¥Apache Software Foundation¥Tomcat 8.0」)配下のlibフォルダーにコピーすることで、Tomcat上で動作するすべてのサーブレット＆JSPアプリケーションでConnector/Jが有効になります。

JSTLのインストール方法

JSTLは拡張タグライブラリです。利用に際しては、関連するクラス(.jarファイル)を事前にインストールしておく必要があります。最新のバイナリは以下のURLから入手できます。

ただし、配布サンプルをそのまま使用する場合には、JSTLはあらかじめ組み込まれていますので、本項の手順は不要です。

```
https://jstl.java.net/download.html
```

「JSTL API」と「JSTL Implementation」リンクが表示されるので、双方からここでは執筆時点の最新版であるjavax.servlet.jsp.jstl-api-1.2.1.jarとjavax.servlet.jsp.jstl-1.2.1.jarをダウンロードします。入手した2つの.jarファイルをアプリケーションルート(この場合は/pocketJspフォルダー)配下の/WEB-INF/libフォルダーにコピーします。

Tomcatまたはアプリケーションを再起動して、JSTLを有効化します。

サーブレット&JSP活用のための基礎知識

以下では、サーブレット&JSPアプリケーションを開発するうえで、最低限おさえておきたい基本的な事項をまとめます。

ファイル名の付け方

HTMLファイルでは拡張子に.htmlや.htmを付けなければならないのと同じく、JSPファイルでは.jsp、サーブレットやその他のクラスファイルは.javaとします(ただし、.javaファイルを実際にコンテナーに配置する際には、コンパイル済みの.classファイルとして登録します)。

サーブレット&JSPコンテナーは、この拡張子から判断して、ファイルを適切に処理します。

アプリケーション内のフォルダー構造

サーブレット&JSPでは、「%CATALINA_HOME%/webapps」フォルダー配下に作成したフォルダー(本書サンプルでは/pocketJspフォルダー)全体を称して**アプリケーション**、アプリケーションのトップフォルダー(ここでは「%CATALINA_HOME%/webapps/pocketJsp」フォルダー)のことを**アプリケーションルート**と呼びます。

アプリケーションルートの配下には、以下のようなフォルダーを配置します。

```
/pocketJsp ◀──────────── アプリケーションルート
├─/META-INF ◀──────────── コンテキスト情報の定義など
└─/WEB-INF ◀──────────── アプリケーションの設定情報やデータファイルなど
    ├─/classes ◀──────── サーブレットやJavaBeansなどクラスファイルを配置
    ├─/lib ◀──────────── アプリケーションの実行に必要なライブラリを配置
    ├─/tags ◀─────────── タグファイルを配置
    └─/taglibs ◀──────── タグライブラリディスクリプターを配置
```

もちろん、これら予約フォルダーのほかに、必要に応じてフォルダーを作成してもかまいません。ちなみに、本書ではそれぞれのサンプルファイルは各章ごとに/chapXXフォルダーに配置しています。

環境変数の準備

環境変数とは、サーバー環境上であらかじめ定められた設定値のことで、アプリケーションが実行される際などに参照されます。たとえば、環境変数Pathであれば、コマンドプロンプト上でコマンドを実行する際にコマンドの所在を検索するためのパスを、CLASSPATHであれば、Javaがプログラムを実行する際に必要な外部ライブラリへのパスを表します。環境変数を設定しておくことで、個別のコマンドでこれらの共通情報を意識しなくともシンプルに呼び出

せるというメリットがあります。

▼ 環境変数の設定(例)

環境変数	値
Path	.;%JAVA_HOME%¥bin;C:¥Program Files¥MySQL¥MySQL Server 5.6¥bin
JAVA_HOME	C:¥Program Files¥Java¥jdk1.8.0_20
CATALINA_HOME	C:¥Apache Software Foundation¥Tomcat 8.0
CLASSPATH	.;%CATALINA_HOME%¥lib¥servlet-api.jar;%CATALINA_HOME%¥lib¥jsp-api.jar;%CATALINA_HOME%¥webapps¥pocketJsp¥WEB-INF¥classes

注意

環境変数CLASSPATHを設定しているのは、javacコマンドでサーブレット／タグハンドラーなどをコンパイルする際の利便性を考慮しているためです。Eclipseなどの統合開発環境を利用している場合には、この設定は不要です。また、ここでのCLASSPATH設定はすべてのJavaアプリケーションに影響するため、実運用環境では削除してください。

環境変数を設定するには、[コントロールパネル]-[システムとセキュリティ]-[システム]-[システムの詳細設定]から、[環境変数]ボタンをクリックします。

▼ [システムのプロパティ]ウィンドウ　▼ [環境変数]ウィンドウ

▼ [システム変数の編集]ウィンドウ

該当するシステム環境変数を選択し、[編集]ボタンを選択します。該当するシステム環境変数が存在しない場合には、[新規]を選択して、新たに環境変数を追加してください。

環境変数Pathがすでに存在している場合には、元の値を削除しないように気を付けてください。元の値の末尾に「;(セミコロン)」区切りで追加します。

CHAPTER ▶▶▶ 2

Servlet & JSP Pocket Reference

サーブレット API

概要

サーブレット API とは

サーブレットでは、Java SE がデフォルトで提供する基本 API のほかに、サーブレットクラス実装に特化した専用 API を定義しています。具体的には、クライアント-サーバー間のやりとりを規定する HttpServlet をはじめとして、リクエスト／レスポンス処理やセッション、アプリケーション、クッキー、フィルター、イベントリスナーなどの機能を実装するための種々のクラス／インターフェイスです。

以下に、サーブレット 3.1 API を構成するパッケージをまとめます。

▼ サーブレット 3.1 API に属するパッケージ

パッケージ	概要
javax.servlet	一般的なサーブレットの機能を実現するための機能を提供
javax.servlet.http	HTTP に特化したサーブレット機能を実現するための機能を提供
javax.servlet.annotation	サーブレット／フィルター／リスナーなどの情報を定義するためのアノテーションを提供
javax.servlet.descriptor	デプロイメントディスクリプターにアクセスするための機能を提供

サーブレット API の中核を占めるのは、java.servlet パッケージ（一般的な機能）、javax.servlet.http パッケージ（HTTP 依存の機能）です。

加えて、javax.servlet.annotation パッケージでは、サーブレット／フィルター／リスナーなどの情報を定義するためのアノテーションを提供しています。これらアノテーションを利用することで、デプロイメントディスクリプターを定義することなく、サーブレットを動作させたり、特定のファイルに対して認証を適用したりすることが可能になります。サーブレット 3.0 以降の特徴的な機能の 1 つです。

> **注意**
> <web-app> 要素（web.xml）の metadata-complete 属性が true に設定されている場合、アノテーションは無視されます。アノテーションが正しく認識されないという場合には確認してください。デフォルトは false です。

フィルター

フィルターは、サーブレット＆JSP を処理する前に呼び出され、補助的な処理を行うためのしくみです。サーブレット＆JSP がコンテンツを作成するしくみとするならば、フィルターとは作成されたコンテンツを圧縮／変換したり、あるいはロギング／認証という形でアクセス管理するためのしくみと言ってもよいでしょう。もちろん、これらの機能はサーブレット＆JSP に直接記述してもかまいませんが、フィルターを利用することで、機能の管理を 1ヵ所にまとめ、また、有効／無効の切り替えをかんたんにします。

▼ フィルター

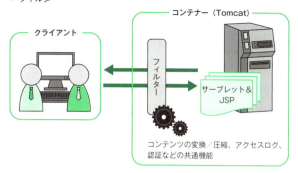

アプリケーションイベントとイベントリスナー

アプリケーションイベントとは、アプリケーションやセッション、リクエストが開始／終了した、アプリケーション／セッション属性が追加／削除されたなど、アプリケーションで発生するさまざまな出来事のことです。サーブレットでは、これらのアプリケーションイベントを**イベントリスナー(リスナー)**を介して、一元的に処理できます。リスナーを利用することで、(たとえば)セッションが破棄されたところで、関連するリソースも破棄するなどの処理を、1ヵ所でまとめて管理できます。

アプリケーション共通の処理を扱うという意味では、フィルターとも似ていますが、フィルターが特定のフォルダー／ファイル(URL)にひも付くのに対して、イベントリスナーはイベント単位で管理する点が異なります。

非同期サーブレット

サーブレット 3.0以降では、**非同期サーブレット**にも対応するようになりました。従来の(いわゆる)同期サーブレットでは、時間のかかる処理が含まれる場合、そこがボトルネックになってしまいます。しかし、非同期サーブレットを利用することで、重い処理は別スレッドに委ね、即座に処理をコンテナーに戻すことが可能になります。

▼ 非同期サーブレット

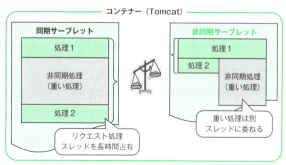

サーブレットクラスを定義する

● javax.servlet.http.HttpServletクラス

メソッド

doGet	HTTP GET
doPost	HTTP POST
doPut	HTTP PUT
doDelete	HTTP DELETE
doHead	HTTP HEAD
doOptions	HTTP OPTIONS
doTrace	HTTP TRACE

書式

```
protected void doGet(HttpServletRequest req, HttpServletResponse res)
  throws ServletException, IOException
protected void doPost(HttpServletRequest req, HttpServletResponse res)
  throws ServletException, IOException
protected void doPut(HttpServlet Request req, HttpServletResponse res)
  throws ServletException, IOException
protected void doDelete(HttpServletRequest req, HttpServletResponse res)
  throws ServletException, IOException
protected void doHead(HttpServletRequest req, HttpServletResponse res)
  throws ServletException, IOException
protected void doOptions(HttpServletRequest req, HttpServletResponse res)
  throws ServletException, IOException
protected void doTrace(HttpServletRequest req, HttpServletResponse res)
  throws ServletException, IOException
```

引数
req：リクエスト情報　　*res*：レスポンス情報

　HttpServletクラスは、HTTPサーブレットを定義するための基本クラスです。すべてのHTTPサーブレットは、このHttpServletクラスを継承しなければなりません。

　doXxxxxメソッドは、サーブレットの**エントリーポイント**とも言うべきメソッドです。サーブレットでは、リクエストに際してどのHTTPメソッドが使われたかによって、呼び出すべきエントリーポイントが変化します。

　サーブレットクラスを定義するに際しては、適切なdoXxxxxメソッドをオーバーライドして、具体的な処理を記述する必要があります。一般的によく利用するのは、doGet／doPostメソッドの2つです。

サンプル EntryPointServlet.java

```java
@WebServlet("/chap2/EntryPointServlet")
public class EntryPointServlet extends HttpServlet {

  @Override
  protected void doGet(HttpServletRequest request, HttpServletResponse ↩
response) throws ServletException, IOException {
    response.setContentType("text/html;charset=UTF-8");
    PrintWriter out = response.getWriter();
    out.println("こんにちは、サーブレット！");
  }
}
```

▼

こんにちは、サーブレット！

参考

サーブレットを呼び出すにあたっては、デプロイメントディスクリプター（web.xml）の<servlet>／<servlet-mapping>要素、もしくは@WebServletアノテーションで、明示的にサーブレットの登録、および、ひも付けるべきURLパターンを定義しなければなりません。

参考

doGet／doPostメソッドが呼び出されるのは、具体的には以下のようなケースです。

▼ doGet／doPostメソッド呼び出しのタイミング

メソッド	呼び出しのタイミング
doGet	ブラウザーのアドレス欄から直接にURLを指定した場合
	ほかのページからリンクした場合
	フォーム（<form method="GET">）からサブミットした場合
doPost	フォーム（<form method="POST">）からサブミットした場合

参照

P.151「サーブレットの基本情報を宣言する」
P.287「サーブレットクラスの設定を定義する」

サーブレットクラスの初期化／終了処理を定義する

基本

● javax.servlet.http.HttpServletクラス

メソッド

init	初期化処理
destroy	終了処理

書式

```
public void init([ServletConfig config]) throws ServletException
public void destroy()
```

引数 config：サーブレットの初期化情報

サーブレットクラスは、正しくは以下の流れで実行されます。

▼ サーブレットクラスの挙動

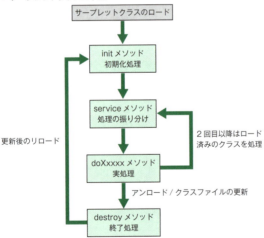

初回ロード時に呼び出される初期化のためのメソッドがinit、クラスのアンロード（更新によるリフレッシュを含む）によって呼び出される終了処理のためのメソッドがdestroyです。リクエストのたびに呼び出されるdoXxxxx（service）メソッドと異なり、initメソッドはサーブレットクラスそのものが更新されない限り、再実行されることはありません。

サンプル InitServlet.java

```java
public class InitServlet extends HttpServlet {
  private HashMap<String,String> map = new HashMap<String,String>();

  @Override
  public void init(ServletConfig config){
    try {
      // スーパークラスのinitメソッドをコール
      super.init(config);
      // web.xmlで定義された初期化パラメーターをHashMapにセット
      Enumeration<String> names = this.getInitParameterNames();
      while(names.hasMoreElements()){
        String name = names.nextElement();
        map.put(name, this.getInitParameter(name));
      }
      // コンテナー標準のコンテナーにログを記録
      this.log(this.getServletName() + " init...");
    } catch (Exception e) {
      e.printStackTrace();
    }
  }

  @Override
  public void doGet(HttpServletRequest request,HttpServletResponse response)
    throws ServletException,IOException {
    response.setContentType("text/html;charset=UTF-8");
    PrintWriter out = response.getWriter();
    try {
      // HashMapの内容をリストに整形
      Iterator<String> keys = map.keySet().iterator();
      while(keys.hasNext()) {
        String name = keys.next();
        out.println(name + ":" + map.get(name) + "<br />");
      }
    } catch(Exception e) {
      e.printStackTrace();
    }
  }

  @Override
  public void destroy(){
    // スーパークラスのdestroyメソッドをコール
    super.destroy();
    // コンテナー標準のログに記録
    this.log(this.getServletName() + " destroy...");
    // HashMapを破棄
    map = null;
```

```
  }
}
```

サンプル　web.xml

```xml
<!--初期化パラメーターauthor／site_homeを宣言-->
<servlet>
  <servlet-name>InitServlet</servlet-name>
  <servlet-class>to.msn.wings.chap2.InitServlet</servlet-class>
  <init-param>
    <param-name>author</param-name>
    <param-value>Y.Yamada</param-value>
  </init-param>
  <init-param>
    <param-name>site_home</param-name>
    <param-value>http://www.wings.msn.to/</param-value>
  </init-param>
</servlet>
<!--呼び出しのURLパターンをひも付け-->
<servlet-mapping>
  <servlet-name>InitServlet</servlet-name>
  <url-pattern>/chap2/InitServlet</url-pattern>
</servlet-mapping>
```

▼

```
author：Y.Yamada
site_home：http://www.wings.msn.to/
```

注意

init／destoryメソッドは、doXxxxxメソッドと異なり、必ずしもオーバーライドする必要はありません。ただし、オーバーライドする場合には、必ず冒頭に「super.init(config);」のように記述し、HttpServletクラスでもともと記述された初期化処理を呼び出さなければなりません。

参考

初期化パラメーターを伴う場合、サーブレットは（@WebServletアノテーションではなく）<servlet>要素で宣言することをおすすめします。初期化パラメーターを変更するために、いちいちコード本体を編集しなければならないのは迂遠であるからです（Javaを理解していないユーザーが、用途に応じて初期化パラメーターだけを変更することはよくあることです）。

参考

serviceメソッドは、サーブレットクラス全体のサービスを統括するためのメソッドで、リクエストに使われたHTTPメソッドに応じてサービスをdoXxxxxメソッドに振り分けます。

参照

P.36「サーブレットクラスを定義する」

サーブレットクラスの情報を取得する

● `javax.servlet.http.HttpServlet`クラス

メソッド

getServletName	サーブレット名
getServletInfo	作者／バージョン情報

書式

```
public String getServletName()
public String getServletInfo()
```

getServletNameメソッドは、<servlet>要素、または@WebServletアノテーションで定義されたサーブレットの論理名(P.151)を返します。ただし、論理名が定義されていないサーブレットに対してはその完全修飾名を、.jspファイルに対しては「jsp」とだけ返します。

getServletInfoメソッドは、サーブレットの著者やバージョン、著作権などメモ情報を返します。デフォルトでgetServletInfoメソッドは空文字列を返しますので、サーブレットクラス内で適切な情報(文字列)を返すように、オーバライドする必要があります。@pageディレクティブのinfo属性(P.172)に相当します。

サンプル InfoServlet.java

```java
@WebServlet(urlPatterns="/chap2/Info", name="MyInfo")
public class InfoServlet extends HttpServlet {
  @Override
  public void doGet(HttpServletRequest request, HttpServletResponse response)
    throws ServletException, IOException {
      response.setContentType("text/html;charset=UTF-8");
      PrintWriter out = response.getWriter();
      out.println(this.getServletName() + "／");
      out.println(this.getServletInfo());
  }
  @Override
  public String getServletInfo() {
    return "ポケットリファレンスサーブレット&JSP";
  }
}
```

▼

MyInfo／ポケットリファレンスサーブレット&JSP

参考

HttpServlet#getServletNameメソッドは、ServletConfig#getServletNameメソッドと機能的に等価です。

基本

コンテナーにログ情報を記録する

● javax.servlet.http.HttpServletクラス

メソッド
log ログ

書式

public log(String *message* [,Throwable *ex*])

引数
message：ログに記録する文字列　　*ex*：例外情報

logメソッドは、指定されたメッセージと、(渡された場合には)例外メッセージ/関連するスタックトレースを、サーブレットコンテナー標準のログファイルに出力します。

サンプル　LogServlet.java

```
@WebServlet("/chap2/LogServlet")
public class LogServlet extends HttpServlet {

  @Override
  public void doGet(HttpServletRequest request, HttpServletResponse response)
    throws ServletException, IOException {

    log(getServletName() + " is running...");
    // 以下でも同じ
    // ServletContext application = this.getServletContext();
    // application.log(getServletName() + " is running...");
  }
}
```

※結果は「%CATALINA_HOME%/logs/localhost.XXXX-XX-XX.log」から確認してください(XXXX-XX-XXは日付)。

参考

HttpServlet#logメソッドは、ServletContext#logメソッドと機能的に等価です。

基本

サーブレット固有の初期化パラメーターを取得する

▶ javax.servlet.ServletConfigインターフェイス

メソッド

getInitParameter	単一の初期化パラメーター
getInitParameterNames	すべての初期化パラメーター

書式

```
public String getInitParameter(String name)
public Enumeration<String> getInitParameterNames()
```

引数
name：パラメーター名

getInitParameterメソッドは、\<servlet\>－\<init-param\>要素、もしくは@WebInitParamアノテーションで宣言された初期化パラメーターを取得します。すべての初期化パラメーターを取得したい場合には、getInitParameterNamesメソッドを使用してください。

サンプル InitServlet.java

```
// 定義済みの初期化パラメーターをマップに転記
Enumeration<String> names = this.getInitParameterNames();
while(names.hasMoreElements()){
  String name = names.nextElement();
  map.put(name, this.getInitParameter(name));
}
```
※全体のコードは、P.39を参照してください。

参考
アプリケーション共通の初期化パラメーターを取得したい場合には、ServletContext#getInitParameterメソッドを利用します。

参考
ServletConfig#getInitParameter／getInitParameterNamesメソッドは、HttpServlet#getInitParameter／getInitParameterNamesメソッドと機能的に等価です。

参照
P.153「サーブレット／フィルターの初期化パラメーターを定義する」
P.287「サーブレットクラスの設定を定義する」

サーブレット名を取得する

▶ javax.servlet.ServletConfigインターフェイス

メソッド
getServletName サーブレット名

書式
```
public String getServletName()
```

　getServletNameメソッドは、<servlet>要素、または@WebServletアノテーションで定義されたサーブレットの論理名を返します。ただし、論理名が定義されていないサーブレットに対してはその完全修飾名を、.jspファイルに対しては「jsp」とだけ返します。

サンプル getServletName.jsp
```
out.println(config.getServletName());
```
→ jsp

参考
サーブレットの場合の例は、P.41も合わせて参照してください。

参照
P.151「サーブレットの基本情報を宣言する」
P.287「サーブレットクラスの設定を定義する」

リクエスト情報

リクエストデータの文字エンコーディングを設定する

> `javax.servlet.http.HttpServletRequest` インターフェイス

メソッド
`setCharacterEncoding` 　　　　　　　　　　　　　　　　　　　　文字エンコーディング

書式

```
public void setCharacterEncoding(String enc)
  throws UnsupportedEncodingException
```

引数 　enc：文字エンコーディング（UTF-8、Windows-31J、EUC_JPなど）

　setCharacterEncodingメソッドは、リクエストで使用している文字エンコーディングを宣言します。リクエストデータ(ポストデータ、クエリー情報、<jsp:param>要素など)にマルチバイト文字(日本語)が含まれている場合には、setCharacterEncodingメソッドによる宣言は必須です。リクエストデータだけが文字化けする場合には、まずは、このsetCharacterEncodingメソッドの漏れがないかを確認してください。

サンプル 　request/setCharactEncoding.jsp

```
// ポストデータnamを取得
request.setCharacterEncoding("UTF-8");
out.println("こんにちは、" + request.getParameter("nam") + "さん！");
```
※サンプルを確認する際は、request/setCharactEncodingForm.jspから起動してください。

注意

　引数encでは特別な値としてJISAutoDetect(自動判定)を指定することもできます。ただし、リクエストデータが短いなどで、自動判定が正しく働かないこともあります。特別な理由がない限り、自動判定機能は使わず、具体的な文字コードで指定するようにしてください。

参考

　setCharacterEncodingメソッドで文字エンコードをいちいち宣言するのは手間です。フィルタークラスで宣言することで、個別のサーブレット＆JSPへの記述を避けるのが一般的です。具体的な記述例については、P.131も参照してください。

参照

P.46「リクエストパラメーターを取得する」

リクエスト情報

リクエストパラメーターを取得する

● `javax.servlet.http.HttpServletRequest`インターフェイス

メソッド

`getParameter` 　　　　　　　　　　　　　　　　　　　　　　　　　　　　　単一のパラメーター

書式

`public String getParameter(String name)`

引数　　name：パラメーター名

getParameterメソッドは、引数nameで指定されたリクエストパラメーターを取得します。リクエストパラメーターとは、ポストデータ、クエリー情報、<jsp:param>要素の値を指します。

同名のパラメーター名が存在する場合には、<jsp:param>要素＞クエリー情報＞ポストデータの順で優先されます。同じカテゴリーの中で名前が競合する場合には、登場順に優先されます。

パラメーターが存在しない場合、戻り値はnullです。

サンプル　　request/getParameter.jsp

`out.println(request.getParameter("name"));` ────────────▶ `wings`※

※「~/chap2/request/getParameter.jsp?name=wings」の場合

注意

getInputStreamメソッドを呼び出した後に、getParameterメソッドをコールすることはできません。getInputStreamメソッドは、リクエストデータをバイナリデータとして取得する場合にのみ使用します。

参照

P.58「リクエストデータをバイナリデータとして取得する」

複数値のリクエストパラメーターを取得する

リクエスト情報

● javax.servlet.http.HttpServletRequest インターフェイス

メソッド

getParameterValues　　　　　　　　　　　　　　　　　　　　複数値のパラメーター

書式

public String[] getParameterValues(String *name*)

引数　　*name*：パラメーター名

　getParameterValuesメソッドは、複数値を持ったパラメーターの値を取得します。たとえば、チェックボックスやリストボックス（複数行選択ボックス）のように、複数選択が可能であるようなフォーム要素は、1つのパラメーターが複数の値を持ちます。また、特別な意図がない限り、おすすめはできませんが、ポストデータ、クエリー情報、<jsp:param>要素などの間で同名のパラメーターが渡されるケースもあります。

サンプル　request/getParameterValues.jsp

```
String[] params = request.getParameterValues("name");
for(String param : params) {
  out.print(param + " ");
}
```
→ wings yamada※

※「~/chap2/request/getParameterValues.jsp?name=wings&name=yamada」の場合

注意

　1つのパラメーターに複数の値がひも付いている場合、getParameterメソッド（単数）では先頭の値だけを返します。

参照

P.46「リクエストパラメーターを取得する」

リクエスト情報

すべてのリクエストパラメーター名を取得する

● `javax.servlet.http.HttpServletRequest`インターフェイス

メソッド

getParameterNames　　　　　　　　　　　　　　　　　　　すべてのパラメーター名

書式

```
public Enumeration<String> getParameterNames()
```

　getParameterNamesメソッドはリクエストパラメーター名のセットを、Enumerationオブジェクトとして取得します。パラメーター名があらかじめ決まっていない(=不特定多数の)パラメーターをまとめて取得する場合などに利用します。

　ただし、getParameterNamesメソッドで得られるパラメーター名の順番は一定では**ありません**。パラメーターの順序に依存するようなロジックは組まないように注意してください。

サンプル request/getParameterNames.jsp

```jsp
// すべてのパラメーターを列挙
Enumeration<String> names = request.getParameterNames();
while(names.hasMoreElements()) {
  String name = names.nextElement();
  // 付随するすべてのパラメーター値を列挙
  String[] values = request.getParameterValues(name);
  out.print(name + " -> ");
  for (String value : values) {
    out.print(value + " ");
  }
  out.print("<br />");
}
```

▼

```
id -> yyamada
param -> jsp servlet
```

※「~/chap2/request/getParameterNames.jsp?id=yyamada&param=jsp&param=servlet」の場合

注意

　1つのパラメーターにひも付けられた2つ以上の値を取得するgetParameterValuesメソッドとは異なりますので、混同しないようにしてください。

参照

P.47「複数値のリクエストパラメーターを取得する」

リクエスト情報

すべてのリクエストパラメーターを名前／値のマップとして取得する

> javax.servlet.http.HttpServletRequest インターフェイス

メソッド

getParameterMap　　　　　　　　　　　　　　　　　　　　すべてのパラメーター情報

書式

```
public Map<String, String[]> getParameterMap()
```

　すべてのリクエストパラメーターを名前／値のマップとして取得したい場合には、getParameterMapメソッドを利用します。不特定多数のパラメーターをまとめて取り出したい場合などに利用します。

　ただし、getParameterMapメソッドで得られるパラメーターの順番は一定では**ありません**。パラメーターの順序に依存するようなロジックは組まないように注意してください。

サンプル request/getParameterMap.jsp

```
Map<String, String[]> map = request.getParameterMap();
for(String name : map.keySet()) {
  out.print(name + " -> ");
  for (String value : map.get(name)) {
    out.print(value + " ");
  }
  out.print("<br />");
}
```

▼

```
id -> yyamada
param -> jsp servlet
```

※「~/chap2/request/getParameterMap.jsp?id=yyamada&param=jsp&param=servlet」の場合

参考

　戻り値であるMapには、値として文字列配列が格納されています。つまり、同名のパラメーターに複数の値がひも付いていた場合でも、getParameterMapメソッドを使えば、すべての値を取得できます。

参照

P.47「複数値のリクエストパラメーターを取得する」

リクエストヘッダー情報を取得する

● javax.servlet.http.HttpServletRequest インターフェイス

メソッド

getHeader	ヘッダー情報（文字列）
getDateHeader	ヘッダー情報（日付）
getIntHeader	ヘッダー情報（数値）

書式

```
public String getHeader(String name)
public long getDateHeader(String name)
public int getIntHeader(String name)
```

引数
name：ヘッダー名

getXxxxxHeaderメソッドは、指定されたヘッダーを取得します。

最も汎用的にヘッダー値を取得するのは、getHeaderメソッドです。ヘッダー値を文字列として取得したい場合、あるいは、型をあまり重視していない場合には、このメソッドを利用してください。

ヘッダー値を数値／日付として取得したい場合には、getIntHeader／getDateHeaderメソッドを利用します。ただし、getDateHeaderメソッドの戻り値は（Dateオブジェクトではなく）1970/01/01からの経過ミリ秒を表すlong値である点に注意してください。

サンプル request/getHeader.jsp

```
If-Modified-Since ->
<%=(new Date(request.getDateHeader("If-Modified-Since")))%><br />
User-Agent ->
<%=request.getHeader("User-Agent")%><br />
Content-Length ->
<%=request.getIntHeader("Content-Length")%>
```

▼

```
If-Modified-Since -> Thu Jan 01 08:59:59 JST 1970
User-Agent -> Mozilla/5.0 (Windows NT 6.3; WOW64) AppleWebKit/537.36 (KHTML, ↩
like Gecko) Chrome/37.0.2062.120 Safari/537.36
Content-Length -> -1
```

> **注意**

getDateHeader／getIntHeaderメソッドで、値を日付／数値に変換できない場合にはIllegalArgumentException／NumberFormatException例外を発生します。

> **参考**

おもなHTTPヘッダーには、以下のようなものがあります。

▼ おもなHTTPヘッダー

ヘッダー名	概要
Accept	対応するコンテンツ
Accept-Encoding	対応するエンコード方式
Accept-Language	対応言語
Cache-Control	キャッシュの制御（HTTP 1.1）
Connection	接続方法
Content-Type	本体のコンテンツタイプ
Content-Length	本体のサイズ
Cookie	クッキー（キー=値のセット）
Date	メッセージの発行日時

ヘッダー名	概要
Expire	有効期限
Host	ホスト名
If-Modified-Since	一時キャッシュの最終更新日
Last-Modified	最終更新日
Pragma	キャッシュの制御（HTTP 1.0）
Referer	リンク元
User-Agent	クライアントの種類
WWW-Authenticate	認証済みのIDとパスワード

> **参照**

P.56「すべてのヘッダー名を取得する」
P.90「HTTPステータス／レスポンスヘッダーを取得する」

リクエストヘッダー情報を取得する（専用メソッド）

● javax.servlet.http.HttpServletRequestインターフェイス

メソッド

メソッド	説明
getCharacterEncoding	文字エンコーディング
getContentLength	データ本体のバイト長
getContentType	MIMEタイプ
getLocalAddr	ローカルアドレス
getLocale	Accept-Languageヘッダー
getLocales	すべてのAccept-Languageヘッダー
getLocalName	ローカルのホスト名
getLocalPort	ローカルのポート番号
getMethod	HTTPメソッド（GET／POST／PUTなど）
getProtocol	プロトコル名とバージョン
getRemoteAddr	クライアント（プロキシ）のIPアドレス
getRemoteHost	クライアント（プロキシ）のドメイン
getRemotePort	クライアント（プロキシ）のポート番号
isSecure	SSLを使用しているか

書式

```
public String getCharacterEncoding()
public int getContentLength()
public String getContentType()
public String getLocalAddr()
public Locale getLocale()
public Enumeration<Locale> getLocales()
public String getLocalName()
public int getLocalPort()
public String getMethod()
public String getProtocol()
public String getRemoteAddr()
public String getRemoteHost()
public int getRemotePort()
public boolean isSecure()
```

　getXxxxxHeaderメソッドを利用するほか、HttpServletRequestインターフェイスではよく利用するヘッダー情報を取得するための専用メソッドを用意しています。専用メソッドを利用することで、ヘッダー値をそれぞれ適切な型で取得できるだけでなく、Eclipseのような統

合開発環境を利用している場合には、コード補完機能の恩恵に与れるというメリットもあります。

リクエストデータのバイト長、MIMEタイプが不明である場合、getContentLength／getContentTypeメソッドはそれぞれ-1、nullを返します。また、Accept-Languageヘッダーがクライアントから明示的に送信されなかった場合、getLocale／getLocalesメソッドはサーバー側のデフォルトロケールを返します。

サンプル request/requestInfo.jsp

```
文字エンコーディング ->
<%=request.getCharacterEncoding()%><br />                    → UTF-8
コンテンツの長さ ->
<%=request.getContentLength()%><br />                         → -1
コンテンツタイプ ->
<%=request.getContentType()%><br />                           → null
HTTPメソッド ->
<%=request.getMethod()%><br />                                → GET
プロトコル ->
<%=request.getProtocol()%><br />                              → HTTP/1.1
ローカルホスト ->
<%=request.getLocalName()%><br />                             → 127.0.0.1
ローカルアドレス ->
<%=request.getLocalAddr()%><br />                             → 127.0.0.1
ローカルポート ->
<%=request.getLocalPort()%><br />                             → 8080
リモートホスト ->
<%=request.getRemoteHost()%><br />                            → 127.0.0.1
リモートアドレス ->
<%=request.getRemoteAddr()%><br />                            → 127.0.0.1
リモートポート ->
<%=request.getRemotePort()%><br />                            → 39678
ロケール ->
<%=request.getLocale().getDisplayName()%><br />               → 日本語
ロケール（複数） ->
<%
Enumeration<Locale> locales = request.getLocales();
while(locales.hasMoreElements()){
  Locale loc = locales.nextElement();
  out.println(loc.getDisplayName() + " ");
}
%><br />                                                      → 日本語 英語
SSL通信 ->
<%=(request.isSecure() ? "Yes" : "No")%>                      → No
```
※結果は、環境によって異なる可能性があります。

> **参考**

　getLocale／getLocalesメソッドで取得できるLocaleクラスは、以下のようなgetterメソッドを提供しています。

▼ Localeオブジェクトのおもなgetterメソッド

メソッド	概要
String getCountry()	国／地域コード
static Locale getDefault()	デフォルトロケールの現在値
String getDisplayCountry()	国名
String getDisplayCountry(Locale inLocale)	表示に適した国名
String getDisplayLanguage()	表示に適した言語名
String getDisplayName()	表示に適したロケール名
String getDisplayVariant()	表示に適したバリアントコード名
String getISO3Country()	国名の省略形（3文字）
String getISO3Language()	言語の省略形（3文字）
static String[] getISOCountries()	国コードのリスト（ISO3166定義）
static String[] getISOLanguages()	言語コードのリスト（ISO639定義）
String getLanguage()	言語コード
String getVariant()	バリアントコード

> **参考**

　取得したロケール情報は、リソースファイル（.propertiesファイル）の振り分けなどに利用できます。

```
ResourceBundle bundle = ResourceBundle.getBundle("xxxx", loc);
```

> **参照**

P.83「コンテンツタイプ／コンテンツサイズ／文字コード／ロケール情報を設定する」

リクエスト情報

複数のヘッダー値を取得する

● javax.servlet.http.HttpServletRequest インターフェイス

メソッド

getHeaders   複数ヘッダー値

書式

public Enumeration<String> getHeaders(String *name*)

引数
name：ヘッダー名

時として1つのヘッダーが複数の値を持つことがあります。そのようなものには、getHeadersメソッドを使用することで、複数の値をEnumeration<String>オブジェクトとして取得できます。

サンプル request/getHeaders.jsp

```
Enumeration<String> values = request.getHeaders("Accept");
while(values.hasMoreElements()){
  out.print(values.nextElement() + " ");
}
```

参照
P.50「リクエストヘッダー情報を取得する」
P.56「すべてのヘッダー名を取得する」

リクエスト情報

すべてのヘッダー名を取得する

● javax.servlet.http.HttpServletRequestインターフェイス

メソッド
getHeaderNames   すべてのヘッダー名

書式

public Enumeration<String> getHeaderNames()

　getHeaderNamesメソッドは、リクエストに含まれるすべてのヘッダー名をEnumerationオブジェクトとして取得します。不特定多数のヘッダーをまとめて取得する際に使用します。ある特定のヘッダーに直接アクセスしたいという場合には、getXxxxxHeaderメソッドを使用してください。

サンプル　request/getHeaderNames.jsp

```
Enumeration<String> names = request.getHeaderNames();
while(names.hasMoreElements()) {
  String name = names.nextElement();
  out.print(name + " -> " + request.getHeader(name));
  out.print("<br />");
}
```

```
host -> localhost:8080
connection -> keep-alive
accept -> text/html,application/xhtml+xml,application/xml;q=0.9,image/
webp,*/*;q=0.8
user-agent -> Mozilla/5.0 (Windows NT 6.3; WOW64) AppleWebKit/537.36 (KHTML,
like Gecko) Chrome/37.0.2062.120 Safari/537.36
referer -> http://localhost:8080/pocketJsp/chap2/
accept-encoding -> gzip,deflate,sdch
accept-language -> ja,en;q=0.8
cookie -> JSESSIONID=FAAA22893311562BC0BF9C8B3F8749DE
```

※結果は、環境によって異なる可能性があります。

参照
P.50「リクエストヘッダー情報を取得する」

リクエスト情報

クッキー情報を取得する

● javax.servlet.http.HttpServletRequestインターフェイス

メソッド

getCookies　　　　　　　　　　　　　　　　　　　　　　　　　　　　　　　　クッキー情報

書式

```
public Cookie[] getCookies()
```

　getCookiesメソッドは、クライアントから送信されたクッキー情報をCookieオブジェクト配列として返します。ここからクッキー値を取得するには、Cookie#getValueメソッドにアクセスしてください。

　たとえば以下のサンプルは、emailという名前のクッキーを取得する例です。サーブレットではダイレクトに特定のクッキー値を参照する手段を持ちませんので、この例のように、取得したCookie配列をforループなどで走査しなければなりません。

サンプル　request/getCookies.jsp

```
String email = "";
Cookie[] cookies = request.getCookies();
if(cookies != null){
  for(Cookie cook : cookies){
    // 名前がemailであるクッキーを見つけたら、変数emailにセット
    if(cook.getName().equals("email")){
      email = URLDecoder.decode(cook.getValue(), "UTF-8");
      break;
    }
  }
}
```

注意

　クッキーがマルチバイト文字(日本語)を含んでいる場合には、読み書きに際してエンコード/デコードしてください。さもないと、正しく値を出し入れできません。

参考

　JSPでは、式言語の暗黙オブジェクトcookieを利用することで、特定のクッキーにアクセスできます。

```
${cookie['email'].value}
```

参照

P.194「式言語とは」

リクエスト情報

リクエストデータをバイナリデータとして取得する

● javax.servlet.http.HttpServletRequest インターフェイス

メソッド

getInputStream バイナリデータ

書式

```
public ServletInputStream getInputStream() throws IOException
```

　getInputStreamメソッドは、リクエストデータ全体をバイナリデータとして読み込むためのストリーム（ServletInputStreamオブジェクト）を取得します。普通にヘッダー値を取得した場合にはgetXxxxxHeaderメソッドを、ポストデータ／クエリー情報などを文字列として取得したい場合にはgetParameterメソッドなどを使用してください。

　取得したバイナリデータは、ServletInputStreamオブジェクトのread／readLineメソッドなどを利用して読み込みます。

サンプル request/GetInputStreamServlet.java

```java
@WebServlet("/chap2/request/GetInputStreamServlet")
public class GetInputStreamServlet extends HttpServlet {
  @Override
  public void doPost(HttpServletRequest request, HttpServletResponse response)
    throws ServletException, IOException {
    int i;
    String file = null;
    request.setCharacterEncoding("UTF-8");
    try {
      ServletContext application = getServletContext();
      ServletInputStream is = request.getInputStream();
      ByteArrayOutputStream baos = new ByteArrayOutputStream();
      PrintStream ps = new PrintStream(baos, true);
      ps.print("Content-Type: " + request.getContentType());
      ps.println(System.getProperty("line.separator"));

      // リクエスト本体から本体部分を取得（JavaMail（P.254）を利用）
      while((i = is.read()) != -1){ baos.write(i); }
      Properties prop = System.getProperties();
      Session sess = Session.getDefaultInstance(prop);
      MimeMessage msg = new MimeMessage(
        sess, new ByteArrayInputStream(baos.toByteArray()));
      BodyPart body = ((MimeMultipart)msg.getContent()).getBodyPart(0);

      // バイナリデータからファイル名を抽出
```

```
      String[] ary = body.getHeader("Content-Disposition");
      loop : for(String data : ary) {
        StringTokenizer token = new StringTokenizer(data, ";");
        // 文字列「Content-Disposition:...filename="..."」を解析
        while(token.hasMoreTokens()){
          file = token.nextToken();
          if(file.indexOf("filename=") != -1) {
            file = file.substring("filename= ".length());
            file = file.substring(file.lastIndexOf(File.separatorChar)+1);
            file = file.replace('"',' ').trim();
            break loop;
          }
        }
      }

      // 取得したデータ本体を「/WEB-INF/data/元ファイル名」に保存
      InputStream stream = body.getInputStream();
      log(application.getRealPath("/WEB-INF/data/" + file));
      File fl = new File(application.getRealPath("/WEB-INF/data/" + file));
      FileOutputStream fos = new FileOutputStream(fl);
      while((i = stream.read()) != -1){ fos.write(i); }
      fos.close();
      response.setContentType("text/html;charset=UTF-8");
      PrintWriter out=response.getWriter();
      out.println("アップロードに成功しました！");
    } catch (Exception e) {
      e.printStackTrace();
    }
  }
}
```

※サンプルを実行するには、request/getInputStream.jspから起動してください。

▼ 指定されたファイルをサーバー上にアップロード

注意

getInputStreamメソッドを実行した後に、getParameterメソッドをコールすることはできません。

参考

サーブレット 3.0以降ではgetPartメソッドを利用することで、アップロードのコードをよりシンプルに記述できます。

参照

P.46「リクエストパラメーターを取得する」

リクエスト情報

2 ファイルをアップロードする

サーブレットAPI

▶ javax.servlet.http.HttpServletRequest インターフェイス

メソッド

| getParts | すべてのアップロードファイル 3.0 |
| getPart | 指定されたアップロードファイル 3.0 |

書式

```
public Collection<Part> getParts() throws IOException, ServletException
public Part getPart(String name) throws IOException, ServletException
```

引数　*name*：パラメーター名

　getPartメソッドは、指定された名前に対応するアップロードファイル（Partオブジェクト）を取得します。すべてのアップロードファイルを取得したい場合には、getPartsメソッドを利用します。

　戻り値であるPartオブジェクトからは、以下のメンバーを介して、アップロードファイルに関する情報にアクセスできます。

▼ Partインターフェイスのおもなメンバー

メソッド	概要
void delete()	アップロードに関連する一時ファイルを削除
String getContentType()	コンテンツタイプを取得
String getHeader(String *name*)	指定されたヘッダー情報を取得
Collection<String> getHeaderNames()	アップロードファイルに付随するすべてのヘッダー情報を取得
Collection<String> getHeaders(String *name*)	指定されたヘッダー情報を取得（複数値）
InputStream getInputStream()	ファイル読み取りのための入力ストリームを取得
long getSize()	アップロードファイルのサイズを取得
String getSubmittedFileName() 3.1	クライアントから送信されたファイルの名前を取得
void write(String *fileName*)	指定された名前でファイルを保存

　たとえば以下のサンプルでは、Part#getSubmittedFileNameメソッドでオリジナルのファイル名を取得して、/WEB-INF/dataフォルダーの配下にwriteメソッドで保存します。

サンプル request/GetPartServlet.java

```java
@MultipartConfig(location="C:/tmp/")
@WebServlet("/chap2/request/GetPartServlet")
public class GetPartServlet extends HttpServlet {
  @Override
  protected void doPost(HttpServletRequest request, HttpServletResponse ↩
response) throws ServletException, IOException {
    // アップロードファイルを取得
    Part part = request.getPart("file");
    String name = part.getSubmittedFileName();
    // オリジナルのファイル名をもとに/WEB-INF/dataフォルダーに保存
    part.write(
      getServletContext().getRealPath("/WEB-INF/data") + "/" + name);
    response.sendRedirect("getPart.jsp");
  }
}
```

※サンプルを実行するには、request/getPart.jspから起動してください。

▼ 指定されたファイルをアップロード

参考

アップロードファイルの一時保存先などについては、@Multipartアノテーションで宣言できます。

参照

P.155「アップロードファイルの上限/一時保存先を設定する」

リクエスト情報

リクエスト属性を取得／設定／削除する

● javax.servlet.http.HttpServletRequest インターフェイス

メソッド

getAttribute	取得
getAttributeNames	取得（すべて）
setAttribute	設定
removeAttribute	削除

書式

```
public Object getAttribute(String name)
public Enumeration<String> getAttributeNames()
public void setAttribute(String name, Object value)
public void removeAttribute(String name)
```

引数　　name：属性名　　value：属性値

　リクエスト属性とは、一連のリクエスト処理——RequestDispatcher#forward／includeメソッドによって引き継がれた先のページまで有効な属性のことです。リクエスト属性を用いることで、たとえば、サーブレットで処理した結果をリクエスト属性として保持しておき、フォワード先のJSPページで引用するといったことが可能となります。

　リクエスト属性を取得するには、getAttributeメソッドを利用します。もしも現在のリクエストで有効なすべてのリクエスト属性（の名前）を取得するならば、getAttributeNamesメソッドを使用してください。

　リクエスト属性の設定／削除には、それぞれsetAttribute／removeAttributeメソッドを利用します。

サンプル request/getAttribute.jsp

// リクエスト属性を設定
```
request.setAttribute("jdbcDriver", "org.gjt.mm.mysql.Driver");
request.setAttribute("site.home", "http://www.wings.msn.to/");
```

// リクエスト属性の一覧を表示
```
Enumeration<String> names = request.getAttributeNames();
while(names.hasMoreElements()){
  String name = names.nextElement();
  out.print(name + " -> " + request.getAttribute(name) + "<br />");
}
```

// リクエスト属性jdbcDriverを削除
```
request.removeAttribute("jdbcDriver");
```

▼

```
jdbcDriver -> org.gjt.mm.mysql.Driver
site.home -> http://www.wings.msn.to/
```

注意

HttpServletResponse#sendRedirectメソッドによるリダイレクトでは、現在のページとリダイレクト先のページとでリクエスト属性を共有することはできません。リダイレクトとフォワードとは似ていますが、内部的な挙動はまったく異なるものです。

参考

ServletRequestAttributeListenerインターフェイスを用いることで、リクエスト属性の状態を監視できます。

参照

P.91「ページをリダイレクトする」
P.117「別のサーブレット／JSPに処理を転送する」
P.149「リクエスト属性の追加／削除／更新時の処理を定義する」

リクエスト情報

認証情報を取得する

● javax.servlet.http.HttpServletRequestインターフェイス

メソッド
getAuthType	認証の種類
getRemoteUser	ログイン名
getUserPrincipal	認証ユーザー名
isUserInRole	ユーザーロール

書式

```
public String getAuthType()
public String getRemoteUser()
public Principal getUserPrincipal()
public boolean isUserInRole(String role)
```

引数 role:ロール名

　getAuthTypeメソッドは、認証の種類を以下のような定数値として返します。未認証のページではnullを返します。

▼ getAuthTypeメソッドの戻り値（HttpServletRequestインターフェイスのフィールド）

戻り値	概要
BASIC_AUTH	基本認証
FORM_AUTH	フォーム認証
CLIENT_CERT_AUTH	クライアント証明書
DIGEST_AUTH	ダイジェスト認証

　getUserPrincipalメソッドは認証ユーザー名をPrincipalオブジェクトとして、getRemoteUserメソッドは文字列として、それぞれ返します。
　isUserInRoleメソッドは、認証ユーザーが指定されたロールに属しているかどうかをtrue／falseで返します。コンテナーによる認証（P.273）を通過した場合にのみ有効です。ロール名は、コンテナーのユーザー設定ファイル（Tomcatならばtomcat-users.xml）で定義されたロールに対応します。

サンプル auth/authType.jsp

```
認証方法 -> <%=request.getAuthType()%><br />　　　　　　　　　→ FORM
リモートユーザー -> <%=request.getRemoteUser()%><br />　　　　→ hkanda
認証ユーザー名 -> <%=request.getUserPrincipal().getName()%><br /> → hkanda
ユーザーロール (admin) -> <%=(request.isUserInRole("admin") ? "Yes" : "No")%> → Yes
```

※結果は認証ユーザーによって異なります。

リクエスト情報

セッションに関わる諸情報を取得する

● javax.servlet.http.HttpServletRequest インターフェイス

メソッド

getSession	HttpSessionオブジェクト
getRequestedSessionId	セッションID
isRequestedSessionIdFromCookie	IDをクッキー経由で授受するか
isRequestedSessionIdFromURL	IDをURL経由で授受するか
isRequestedSessionIdValid	セッションは有効か

書式

```
public HttpSession getSession([boolean create])
public String getRequestedSessionId()
public boolean isRequestedSessionIdFromCookie()
public boolean isRequestedSessionIdFromURL()
public boolean isRequestedSessionIdValid()
```

引数 create：セッションが存在しない場合、新しいセッションを返すか

　getSessionメソッドは、HttpSessionオブジェクトを取得します。HttpSessionオブジェクトを利用することで、セッションの生成時刻や有効期限など、より詳細な状態を参照／設定できます。JSPページでは、HttpSessionオブジェクトは暗黙オブジェクトsessionとして用意されていますので、明示的に生成する必要はありません。

　getSessionメソッドを呼び出したとき、セッションが存在せず、かつ、引数createがtrue（デフォルト）の場合、新たなセッションを生成します。セッションが存在せず、引数createがfalseの場合、getSessionメソッドはnullを返します。

　getRequestedSessionIdメソッドは、現在のセッションIDを返します。セッションIDの有効性や授受手段を判定するには、isRequestedSessionIdXxxxxメソッドを利用します。

サンプル request/GetSessionServlet.java

```
HttpSession session = request.getSession();
response.setContentType("text/html;charset=UTF-8");
PrintWriter out = response.getWriter();
out.println("セッションID -> " + request.getRequestedSessionId() + "<br />");
out.println("セッションID -> " + session.getId() + "<br />");
out.println("クッキー経由 -> " +
  (request.isRequestedSessionIdFromCookie() ? "○" : "×") + "<br />");
out.println("URL経由 -> " +
  (request.isRequestedSessionIdFromURL() ? "○" : "×") + "<br />");
out.println("セッションは有効か -> " +
```

```
(request.isRequestedSessionIdValid() ? "○" : "×") + "<br />");
```

```
セッションID -> 81A2C750173E3FD9F0ACBE3C15295A2C
セッションID -> 81A2C750173E3FD9F0ACBE3C15295A2C
クッキー経由 -> ○
URL経由 -> ×
セッションIDは有効 -> ○
```

参考

セッションIDとは、セッションを一意に識別するためのキー情報です。クライアントがリクエストデータにセッションIDを含めることで、サーバーは個々のクライアントを識別できます。

▼ セッション保存のしくみ

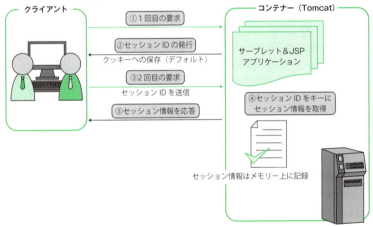

参照

P.101「セッション属性を取得／設定／削除する」
P.170「セッション機能を利用するかどうかを指定する」
P.281「セッションに関する挙動を設定する」

リクエスト情報

現在のセッションIDを変更する

> javax.servlet.http.HttpServletRequest インターフェイス

メソッド

changeSessionId 変更 3.1

書式

```
public String changeSessionId()
```

changeSessionIdメソッドは、現在のリクエストに関連付いたセッションのIDを変更し、新たなセッションIDを返します。

サンプル request/changeSessionId.jsp

```
旧：<%=session.getId()%><br />
新：<%=request.changeSessionId()%>
```

▼

```
旧：8ECE1A02954963336A35342213F947AC
新：417E5A609EE71B71680D4BC00BAE518D
```

参考

セッションIDの変更を監視するには、HttpSessionIdListenerインターフェイスを実装したリスナーを用意してください。

参照

P.144「セッションIDが変更されたときの挙動を定義する」

リクエストされたパスの情報を取得する

▶ javax.servlet.http.HttpServletRequestインターフェイス

メソッド

getScheme	スキーム名 (http｜https｜ftpなど)
getServerName	サーバーのホスト名
getServerPort	サーバーのポート番号
getContextPath	コンテキストパス
getPathInfo	拡張パス
getPathTranslated	物理パス（拡張パス含む）
getRequestURI	リクエストURI
getRequestURL	リクエストURL
getServletPath	サーブレットパス
getQueryString	クエリー情報

書式

```
public String getScheme()
public String getServerName()
public int getServerPort()
public String getContextPath()
public String getPathInfo()
public String getPathTranslated()
public String getRequestURI()
public StringBuffer getRequestURL()
public String getServletPath()
public String getQueryString()
```

これらのメソッドを利用することで、リクエストパスを取得できます。それぞれのメソッドで取得できる情報を以下にまとめます。

▼ リクエストパス

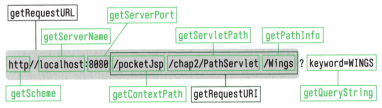

getContextPath／getServletPath／getPathInfoの戻り値を連結することで、クライアントがリクエストしたURIを再構成できます。getPathInfoメソッドで取得できる**拡張パス**とは、パス形式で表される入力パラメーターです。サーブレットの実際の位置を特定するのはgetServletPathメソッドまでです。

getRequestURLメソッドは、StringBufferオブジェクトとしてURLを返します。StringBufferオブジェクトを用いることで、既存のパスにクエリー情報を追加するような場合にも容易に加工できます。

なお、いずれのパス情報にもクエリー情報は含まれません。クエリー情報を取得したい場合には、getQueryString／getParametrerメソッドなどを利用してください。

サンプル request/PathServlet.java

```java
@WebServlet("/chap2/request/PathServlet/*")
public class PathServlet extends HttpServlet {
  @Override
  public void doGet(HttpServletRequest request, HttpServletResponse response)
    throws ServletException, IOException {
      response.setContentType("text/html;charset=UTF-8");
      PrintWriter out = response.getWriter();
      out.println("<pre>");
      out.println("コンテキストパス -> " + request.getContextPath());
      out.println("サーブレットパス -> " + request.getServletPath());
      out.println("拡張パス -> " + request.getPathInfo());
      out.println("物理パス (拡張パス含)  -> " + request.getPathTranslated());
      out.println("リクエストURI -> " + request.getRequestURI());
      out.println("リクエストURL -> " + request.getRequestURL());
      out.println("クエリー情報 -> " + request.getQueryString());
      out.println("スキーマ名 -> " + request.getScheme());
      out.println("サーバー名 -> " + request.getServerName());
      out.println("サーバーポート ->" + request.getServerPort());
      out.println("</pre>");
  }
}
```

▼

```
コンテキストパス -> /pocketJsp
サーブレットパス -> /chap2/request/PathServlet
拡張パス -> /Wings
物理パス (拡張パス含)  -> C:\Apache Software Foundation\Tomcat
8.0\webapps\pocketJsp\Wings
リクエストURI -> /pocketJsp/chap2/request/PathServlet/Wings
リクエストURL -> http://localhost:8080/pocketJsp/chap2/request/PathServlet/Wings
クエリー情報 -> id=yamada
スキーマ名 -> http
サーバー名 -> localhost
サーバーポート ->8080
```

※「～chap2/request/PathServlet/Wings?id=yamada」でアクセスした場合

参考

拡張パス情報（PathInfo）をURLに付加できるかどうかは、URLパターンの指定によって決まります。具体的には、<servlet-mapping>要素（web.xml）、または@WebServletアノテーションで「/chap2/PathInfo/*」のように、パス末尾にワイルドカード（*）を付与します。

参考

拡張パスは、クエリー情報とも似ていますが、クエリー情報が「?キー名＝値」のような通常のパス部分とは異なるフォーマットで記述しなければならないのに対して、拡張パス情報はあたかもパスの一部であるかのように記述できるのが特徴です。わかりやすいURLという意味でも、コンテンツそのものを分岐するようなパラメーターは拡張パスで引き渡すことをおすすめします。

参照

P.151「サーブレットの基本情報を宣言する」
P.287「サーブレットクラスの設定を定義する」

COLUMN　Tomcat Web Application Manager（1）

Tomcat Web Application Manager（以降、**Tomcat Manager**）は、Tomcat標準で搭載されているアプリケーション管理ツールで、以下のような機能を備えています。

- 配置済みのアプリケーションをリスト表示
- アプリケーションの起動／停止／再ロード／配置解除
- 新たなアプリケーション（.warファイルを含む）の配置
- サーバーの状態監視

シンプルなツールですが、アプリケーション単位での起動／停止など、意外とよく利用しますので、覚えておくと重宝します。

Tomcat Managerには、ブラウザーから以下のアドレスでアクセスできます（もちろん、あらかじめTomcatが起動していることを確認してください）。アクセスに際しては認証を求められますので、manager-guiロールに属するユーザーでログインしてください（P.79に続く）。

```
http://localhost:8080/manager/html
```

▼ Tomcat Managerのメイン画面

リクエスト情報

リクエスト本体をReader オブジェクトとして取得する

● javax.servlet.http.HttpServletRequestインターフェイス

メソッド
getReader リクエストデータ

書式
public BufferedReader getReader() throws IOException

getReaderメソッドは、リクエストデータ本体を文字データとして読み込み、その結果をBufferedReaderオブジェクトとして返します。getReaderメソッドは、リクエスト本体で使用しているのと同じ文字エンコーディングでリクエストデータをデコードします。

サンプル request/GetReaderServlet.java
```
BufferedReader reader = request.getReader();
while(reader.ready()){
  out.println(reader.readLine());
}                         ▶ {"name":"HogeHoge","age":10,"gender":"male"}
```
※サンプルはrequest/getReader.jspから起動してください。

参考
リクエスト本体をバイナリデータとして読み込むには、getInputStreamメソッドを使用します。getInputStreamメソッドを呼び出した後で、getReaderメソッドを使用することはできません。

参照
P.58「リクエストデータをバイナリデータとして取得する」

独自の認証機能を実装する①

● javax.servlet.http.HttpServletRequest インターフェイス

メソッド
login　　　　　　　　　　　　　　　　　　　　　　　　　　　ログイン 3.0

書式

```
public void login(String usr, String passwd) throws ServletException
```

引数　*usr*：ユーザー名　　*passwd*：パスワード

loginメソッドは、指定されたユーザー／パスワードを使ってユーザーを認証します。サーブレット3.0以前では、基本的に認証はコンテナー任せでしたが、loginメソッドを利用することで独自の認証処理を実装できます。

loginメソッドは、以下の条件でServletException例外を発生します。

- 認証に失敗した
- 認証済みである（＝getRemoteUser（ユーザー名）／getUserPrincipal（認証ユーザー）／getAuthType（認証の種類）が非nullを返す）
- コンテナーがユーザー名／パスワードによる認証に非対応

よって、認証の成否はtry...catchブロックで判定しなければならない点に注意してください。認証に成功した場合には、loginメソッドは特に何も返しません。

ユーザー情報はあらかじめ<Realm>要素（P.398）のそれに従って、設定しておくようにしてください。

サンプル　request/LoginServlet.java
```
String user = request.getParameter("j_username");
String passwd = request.getParameter("j_password");
try {
  request.login(user, passwd);
  out.println("こんにちは、" + request.getRemoteUser() + "さん！");
} catch (ServletException e) {
  out.println("認証済みまたは、ユーザー名／パスワードが間違っています。");
}
```

参考

本項のサンプルを動作させるには、P.279のlogin.jspを以下のように修正してください。

```
<form method="POST" action="/pocketJsp/LoginServlet">
```

リクエスト情報

ログアウト機能を実装する

● javax.servlet.http.HttpServletRequest インターフェイス

メソッド

logout　　　　　　　　　　　　　　　　　　　　　　　　　　　　ログアウト 3.0

書式

public void logout() throws ServletException

logoutメソッドは、認証済みのユーザーをログアウトし、認証情報をセッション／リクエストから破棄します。

サンプル request/LogoutServlet.java

```
protected void doGet(HttpServletRequest request, HttpServletResponse response)
  throws ServletException, IOException {
  request.logout();
  response.sendRedirect("/pocketJsp");
}
```

参考

サーブレット 2.5以前の環境では、ログアウトをHttpSession#invalidateメソッドで代替していましたが、セッションから破棄したくない情報までまとめて消えてしまう問題がありました。logoutメソッドを利用することで、そうした事態を防げます。

参照

P.103「セッションを破棄する」

独自の認証機能を実装する②

● javax.servlet.http.HttpServletRequest インターフェイス

メソッド
authenticate 認証処理 3.0

書式

```
public boolean authenticate(HttpServletResponse response)
  throws IOException, ServletException
```

引数 　response：レスポンス情報

authenticateメソッドは、コンテナー標準のログイン機構を利用して、認証を実行します。たとえば未認証の状態で以下のサンプルにアクセスすると、ログインページが表示されます。認証済みの場合、authenticateメソッドはtrueを返します。結果、以下のサンプルであれば、「認証成功」というメッセージが表示されます。

サンプル　request/AuthenticateServlet.java

```
protected void doGet(HttpServletRequest request, HttpServletResponse response)
  throws ServletException, IOException {
  response.setContentType("text/html; charset=UTF-8");
  PrintWriter out = response.getWriter();
  // 認証チェック（未認証であればログインページへ）
  if (request.authenticate(response)) {
    out.println("認証成功");
  }
}
```

参照
P.72「独自の認証機能を実装する①」

リクエスト情報を転送する

● javax.servlet.RequestDispatcher インターフェイス

メソッド
forward　　　　　　　　　　　　　　　　　　　　　　　　　　　　　　転送

書式

```
public void forward(ServletRequest request, ServletResponse response)
  throws ServletException, IOException
```

引数　　*request*：リクエスト情報　　*response*：レスポンス情報

RequestDispatcher#forwardメソッドは、現在のリクエストを異なるJSP／サーブレットに転送します。一般的には、サーブレット＆JavaBeansで処理した結果を、最終的にビューとしてのJSPページに引き継ぐような用途で利用します。

見た目の挙動はHttpServletResponse#sendRedirectメソッドにも似ていますが、sendRedirectメソッドがリクエスト情報を転送先に引き継ぐことができないのに対し、forwardメソッドではそのまま引き継がれる点が決定的に異なります。具体的な挙動についてはP.91の図も参照してください。

サンプル request/ForwardServlet.java
```java
// サーブレットでの処理結果をリクエスト属性に設定
request.setAttribute("result", "HogeHoge");
// 表示そのものはforward.jspに転送
application.getRequestDispatcher("/chap2/request/forward.jsp").
forward(request,response);
```

サンプル request/forward.jsp
```
result -> <%=request.getAttribute("result") %>　　　　　　　→ HogeHoge
```

注意

forwardメソッドの実行前にレスポンスが出力されている場合には、IllegalStateException例外を発生します。

参考

RequestDispatcherオブジェクトは、ServletContext#getRequestDispatcherメソッドで取得できます。

外部ファイルをインクルードする

● javax.servlet.RequestDispatcher インターフェイス

メソッド
include インクルード

書式
```
public void include(ServletRequest request, ServletResponse response)
  throws ServletException, IOException
```

引数
request：リクエスト情報　　*response*：レスポンス情報

includeメソッドは、指定されたサーブレット&JSPを、現在のサーブレット&JSPにインクルードします。インクルード先のサーブレット&JSPでは、応答ステータスやHTTPヘッダーを変更することはできません(そのような操作はすべて無視されます)。

サンプル request/include.jsp
```
request.setAttribute("name", "山田");
// included.jspで生成されたコンテンツを引用
application.getRequestDispatcher("/chap2/request/included.jsp").
  include(request, response); ──────────▶ こんにちは、山田さん！
```

サンプル request/included.jsp
```
こんにちは、<%=request.getAttribute("name") %>さん！
```

参照
P.75「リクエスト情報を転送する」
P.76「外部ファイルをインクルードする」

サーブレットを非同期に実行する

> javax.servlet.http.HttpServletRequestインターフェイス

メソッド
startAsync　　　　　　　　　　　　　　　　　　　　　　　非同期処理の開始 3.0

書式

```
public AsyncContext startAsync([ServletRequest request,
  ServletResponse response]) throws IllegalStateException
```

引数　request：リクエスト情報　　response：レスポンス情報

startAsyncメソッドは、非同期処理のためのコンテキストをAsyncContextオブジェクトとして返します。AsyncContextオブジェクトで利用できるおもなメンバーには、以下のようなものがあります。

▼ AsyncContextインターフェイスのおもなメソッド

メソッド	概要
void addListener(AsyncListener listener)	非同期処理イベントに関するリスナーを登録
void complete()	非同期処理を完了
<T extends AsyncListener>T createListener(Class<T> clazz)	リスナーを作成
void dispatch([String path])	指定のパスに現在のコンテキストをディスパッチ
ServletRequest getRequest()	リクエストを取得
ServletResponse getResponse()	レスポンスを取得
long getTimeout()	非同期のタイムアウト時間（ミリ秒）を取得
boolean hasOriginalRequestAndResponse()	現在のリクエスト／レスポンスがオリジナルのものであるか
void setTimeout(long time)	非同期のタイムアウト時間（ミリ秒）を設定
void start(Runnable run)	非同期処理を開始

非同期処理そのものは、AsyncContextオブジェクトのstartメソッドにRunnableオブジェクトを渡すことで起動します。また、非同期処理完了タイミングなどで処理を実施したい場合には、addListenerメソッドでAsyncListenerリスナーを登録してください。以下は、AsyncListenerインターフェイスのおもなメンバーです。

▼ AsyncListenerインターフェイスのおもなメンバー

メンバー	実行タイミング
void onComplete(AsyncEvent *ev*)	非同期処理の終了時
void onError(AsyncEvent *ev*)	非同期処理が失敗したとき
void onStartAsync(AsyncEvent *ev*)	新しい非同期処理が開始されたとき
void onTimeout(AsyncEvent *ev*)	非同期処理がタイムアウトしたとき

サンプル　request/AsyncRequestServlet.java

```java
@WebServlet(urlPatterns="/chap2/request/AsyncRequestServlet",
  asyncSupported=true)
public class AsyncRequestServlet extends HttpServlet {
  @Override
  protected void doGet(HttpServletRequest request, HttpServletResponse response)
    throws ServletException, IOException {
    // 非同期コンテキストを取得
    AsyncContext context = request.startAsync();
    // 非同期リスナーを準備
    context.addListener(new AsyncListener(){
      @Override
      public void onComplete(AsyncEvent ev) throws IOException { ... }

      @Override
      public void onError(AsyncEvent ev) throws IOException { ... }

      @Override
      public void onStartAsync(AsyncEvent ev) throws IOException { ... }

      @Override
      public void onTimeout(AsyncEvent ev) throws IOException { ... }
    });
    // 非同期処理を開始
    context.start(new Runnable() {
      @Override
      public void run() {
        try {
          PrintWriter out = context.getResponse().getWriter();
          out.write("This is async servlet.");
          out.close();
          context.complete();
        } catch (IOException e) {
          e.printStackTrace();
        }
      }
    });
  }
}
```

> **注意**

　非同期処理を有効にするには、現在のサーブレットはもちろん、リクエストに関わるすべてのフィルターで非同期処理が有効でなければいけません。つまり、@WebServlet／@WebFilterアノテーションのasyncSupported属性、もしくは<servlet>／<filter>要素配下で<async-supported>要素はtrueである必要があります。

> **参照**

P.131「フィルタークラスを定義する」
P.151「サーブレットの基本情報を宣言する」
P.287「サーブレットクラスの設定を定義する」
P.295「フィルターを有効化する。

COLUMN　Tomcat Web Application Manager(2)
**　　　　　― テキストインターフェイス**

　Tomcat Manager(P.70)にはHTMLインターフェイスのほか、テキストインターフェイス版も用意されています。テキストインターフェイスを利用するには、manager-scriptロールに属するユーザーを用意して、以下のようなアドレスでアクセスしてください。

```
http://localhost:8080/manager/text/コマンド?クエリー情報
```

　たとえばアプリケーションの一覧を取得したいならば、「http://localhost:8080/manager/text/list」にアクセスします。認証の後、以下のような結果が得られれば、正しくアクセスできています（P.87に続く）。

```
OK - バーチャルホスト localhost のアプリケーション一覧です
/:running:0:ROOT
/pocketJsp:running:0:pocketJsp
/manager:running:1:manager
/docs:running:0:docs
```
※配置しているアプリケーションによって結果は異なります。

レスポンス

出力のための PrintWriter オブジェクトを生成する

● `javax.servlet.http.HttpServletResponse` **インターフェイス**

メソッド

`getWriter`   PrintWriterオブジェクト

書式

```
public PrintWriter getWriter() throws IOException
```

　getWriterメソッドは、新たなPrintWriterオブジェクトを生成し、返します。PrintWriterは、サーブレットからクライアントに対して文字データを出力するためのオブジェクトです。JSPでは、あらかじめ暗黙オブジェクトとしてoutが用意されていますが、サーブレットでは、getWriterメソッドで明示的にPrintWriterオブジェクトを生成する必要があります。

サンプル response/GetWriterServlet.java

```
response.setContentType("text/html;charset=UTF-8");
PrintWriter out = response.getWriter();
out.println("こんにちは、サーブレット！");  →  こんにちは、サーブレット！
```

注意

　PrintWriterオブジェクトを生成するに先立って、バッファーや文字エンコーディング、コンテンツタイプなどの設定は済ませておいてください。これらの設定をgetWriterメソッドの後で行っても、正しく認識されません。

参考

　PrintWriterはあくまで文字列データを出力するためのオブジェクトです。バイナリデータを出力するには、ServletOutputStreamオブジェクトを利用してください。ServletOutputStreamオブジェクトは、getOutputStreamメソッドで取得できます。

参照

P.96「バイナリデータを出力する」

レスポンス

HTTPヘッダーが出力済みかを判定する

● javax.servlet.http.HttpServletResponseインターフェイス

メソッド
isCommitted   HTTPヘッダーを出力済みか

書式
public boolean isCommitted()

　isCommitedメソッドは、レスポンスがすでにコミットされているかどうかをtrue／falseで返します。コミット済みとは、HTTPステータス／ヘッダーが、クライアントに対してすでに出力されている状態を言います。

　バッファーの破棄や追加ヘッダーの出力などに際しては、レスポンスが未コミットでないと例外を発生します。これらの作業に際しては、最初にisCommittedメソッドでコミットの有無を判定してください。

サンプル response/isCommited.jsp
```
// 応答ヘッダーが未コミットの場合、キャッシュ無効化の指定
if(!response.isCommitted() && !response.containsHeader("Progma")){
  Calendar cal1 = Calendar.getInstance();
  Calendar cal2 = Calendar.getInstance();
  cal2.set(1975,0,1,0,0,0);
  // Last-Modified (最終更新日) ヘッダーに現在の日時をセット (更新を通知)
  response.setDateHeader("Last-Modified", cal1.getTime().getTime());
  // Expires (有効期限) ヘッダーに過去日を設定 (リフレッシュを強制)
  response.setDateHeader("Expires", cal2.getTime().getTime());
  // Progma (HTTP/1.0) ／Cache-Control (HTT/P1.1)でキャッシュを無効化
  response.setHeader("Progma", "no-cache");
  response.setHeader("Cache-Control", "no-cache");
}
```

参照
P.86「応答ヘッダーを発行する」

レスポンス

コンテンツタイプ／文字コード／ロケール情報を取得する

● javax.servlet.http.HttpServletResponse インターフェイス

メソッド

getCharacterEncoding	文字エンコーディング
getContentType	コンテンツタイプ
getLocale	ロケール

書式

```
public String getCharacterEncoding()
public String getContentType()
public Locale getLocale()
```

getCharacterEncodingメソッドはレスポンスに関わる文字エンコーディングを取得します。同様に、getContentTypeメソッドはコンテンツタイプの情報、getLocaleメソッドはロケールの情報を取得します。

文字エンコーディングは、setCharacterEncoding／setContentType／setLocaleなど複数のメソッドによって宣言できますが、複数指定された場合には、より明示的に宣言されたものが優先されます(たとえばsetLocaleメソッドによる指定は、あくまで暗黙的なものと見なされます)。

サンプル response/setCharacterEncoding.jsp

```
ロケール -> <%=response.getLocale()%><br />
文字コード -> <%=response.getCharacterEncoding()%><br />
コンテンツタイプ -> <%=response.getContentType()%>
```

▼

```
ロケール -> ja_JP
文字コード -> UTF-8
コンテンツタイプ -> text/html;charset=UTF-8
```

参考

Localeクラスのおもなメソッドは、P.54「Localeオブジェクトのおもなgetterメソッド」を参照してください。

参照

P.83「コンテンツタイプ／コンテンツサイズ／文字コード／ロケール情報を設定する」

レスポンス

コンテンツタイプ／コンテンツサイズ／文字コード／ロケール情報を設定する

● javax.servlet.http.HttpServletResponseインターフェイス

メソッド

setCharacterEncoding	文字エンコーディング
setContentLength	コンテンツのサイズ
setContentLengthLong	コンテンツのサイズ（long値） 3.1
setContentType	コンテンツタイプ
setLocale	ロケール

書式

```
public void setCharacterEncoding(String enc)
public void setContentLength(int len)
public void setContentLengthLong(long len)
public void setContentType(String type)
public void setLocale(Locale loc)
```

引数　enc：文字エンコーディング名（UTF-8、Windows-31J、EUC_JPなど）
　　　　len：コンテンツサイズ（バイト単位）
　　　　type：コンテンツタイプ（charset含む）　　loc：ロケール情報

setXxxxxメソッドは、レスポンスに関する諸情報を設定します。

setContentLengthメソッドは、出力コンテンツのサイズを設定します。サーブレット＆JSPは標準でContent-Lengthヘッダーを返しませんが、一部のデバイスではContent-Lengthヘッダーがないと正しく処理が行われないものもあります。コンテンツサイズをlong値で指定したい場合には、setContentLengthLongメソッドもあります。

setCharacterEncodingメソッドは、レスポンスで使用している文字エンコーディングを宣言します。レスポンスにマルチバイト文字（日本語）を含んでいる場合には、setCharacterEncodingメソッドによる宣言は必須です。さもないと、文字化けの原因ともなりますので、注意してください。

文字エンコーディング名は、ほかにもsetContentType／setLocaleメソッドでも指定できますが、複数のメソッドによって指定された場合には、より明示的に指定されたsetCharacterEncoding ＞ setContentType ＞ setLocaleメソッドの順に優先されます（setLocaleメソッドはロケールそれ自体だけでなく、Content-Typeなどのヘッダーにも適切な値にセットします）。

サンプル response/setCharacterEncoding.jsp

```
response.setLocale(Locale.JAPAN);
response.setCharacterEncoding("UTF-8");
response.setContentType("text/html;charset=UTF-8");
```

注意

これらsetterメソッドは、getWriterメソッドの実行に先立ってコールしなければなりません。さもないと、出力にこれらの設定が正しく反映されません。

参考

Localeクラスで利用できるおもなロケールを、以下にまとめます。

▼ おもなロケール(java.util.Localeクラスのおもなフィールド)

設定値	概要
CANADA	カナダ
CANADA_FRENCH	カナダ
CHINA	中国
FRANCE	フランス
GERMANY	ドイツ
ITALY	イタリア
JAPAN	日本
KOREA	韓国
TAIWAN	台湾
UK	イギリス
US	アメリカ合衆国

レスポンス

クッキーをクライアントに送信する

> javax.servlet.http.HttpServletResponseインターフェイス

メソッド

addCookie　　　　　　　　　　　　　　　　　　　　　　　　　　　　　クッキーの発行

書式

public void addCookie(Cookie *cookie*)

引数　　*cookie*：クライアントに送信するクッキー

addCookieメソッドは、与えられたクッキー（Cookieオブジェクト）をクライアントに送信します。以下は、Cookieオブジェクトのおもなメンバーです。

▼ Cookieクラス（javax.servlet.httpパッケージ）のメンバー

メソッド	概要	設定値（例）
Cookie(name, value)	コンストラクター	―
setComment／getComment	コメント	CookieSample
setDomain／getDomain	対象のドメイン	wings.msn.to
setMaxAge／getMaxAge	有効期限（秒）	60 * 60 * 24 * 180
getName	クッキー名	email
setPath／getPath	対象のパス	/
setSecure／getSecure	SSL通信を必要とするか	false
setValue／getValue	クッキー値	yamada@wings.msn.to
setVersion／getVersion	バージョン	0
setHttpOnly／isHttpOnly 3.0	HTTPクッキー	true

サンプル　response/addCookie.jsp

```
request.setCharacterEncoding("UTF-8");
String value = URLEncoder.encode(request.getParameter("email"), "UTF-8");
Cookie cook = new Cookie("email", value);
cook.setMaxAge(60 * 60 * 24 * 180);
cook.setPath("/pocketJsp/");
response.addCookie(cook);
```

※サンプルの動作を確認するには、request/getCookies.jspから起動してください。

参考

保存されたクッキー情報には、HttpServletRequest#getCookiesメソッドでアクセスできます。

参照

P.57「クッキー情報を取得する」

応答ヘッダーを発行する

レスポンス

▶ javax.servlet.http.HttpServletResponseインターフェイス

メソッド

addHeader	追加（文字列）
addDateHeader	追加（日付）
addIntHeader	追加（数値）
setHeader	設定（文字列）
setDateHeader	設定（日付）
setIntHeader	設定（数値）
containsHeader	ヘッダーの有無

書式

```
public void addHeader(String name, String value)
public void addDateHeader(String name, long date)
public void addIntHeader(String name, int value)
public void setHeader(String name, String value)
public void setDateHeader(String name, long date)
public void setIntHeader(String name, int value)
public boolean containsHeader(String name)
```

引数 *name*：ヘッダー名　*value*：ヘッダー値を表す文字列／数値
date：ヘッダー値を表す日付（1970/1/1からの経過ミリ秒）

addXxxxxHeader／setXxxxxHeaderメソッドは、指定されたヘッダーを応答ヘッダーに追加／設定します。

一般的にはaddHeader／setHeaderメソッドを利用しますが、数値型／日付型の値をヘッダー値として設定したい場合には、それぞれaddIntHeader／setIntHeader、addDateHeader／setDateHeaderメソッドを利用してください。

addXxxxxHeader／setXxxxxHeaderメソッドの違いは、前者が同名のヘッダーがあってもそのままヘッダーを追加するのに対し、後者は同名のヘッダーが存在する場合にはそれを上書きします。複数の値を持つヘッダーを設定したい場合にはaddXxxxxHeaderメソッドを使用します。

特定のヘッダーがすでに存在するかどうかは、containsHeaderメソッドで判定できます。

サンプル response/addHeader.jsp

```
<!--5秒おきにページをリフレッシュ-->
<% response.addIntHeader("Refresh",5); %>
...中略...
現在時刻：<%=(new Date()) %>
```

▼ 5秒おきに現在時刻を書き換え

 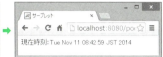

参考

利用できるおもなヘッダーは、P.51も参照してください。

参考

containsHeaderメソッドの例は、P.81も参照してください。

参照

P.50「リクエストヘッダー情報を取得する」

COLUMN Tomcat Web Application Manager(3) ― テキストインターフェイスのコマンド

Tomcat Managerのテキストインターフェイス(P.79)では、以下のようなコマンドを利用できます。

▼ Tomcat Managerのおもなコマンド

コマンド(例)	概要
list	配置済みアプリケーションを一覧
start?path=/pocketJsp	アプリケーションを開始
stop?path=/pocketJsp	アプリケーションを停止
reload?path=/pocketJsp	アプリケーションをリロード
deploy?path=/pocketJsp&war=file:c:/data/pocketJsp	指定されたアプリケーションを配置
deploy?path=/pocketJsp&war=file:c:/data/pocketJsp.war	.warファイルを配置
undeploy?path=/pocketJsp	アプリケーションの配置を解除
sessions?path=/pocketJsp	セッション情報(タイムアウト時間、有効なセッション)
resources	有効なグローバルリソースの一覧
serverinfo	サーバー情報

レスポンス

HTTPステータスコードを発行する

▶ javax.servlet.http.HttpServletResponse インターフェイス

メソッド
setStatus	ステータス（成功）
sendError	ステータス（失敗）

書式

```
public void setStatus(int code)
public void sendError(int code [,String msg]) throws IOException
```

引数 code：ステータスコード　　msg：メッセージ

　setStatusメソッドは、HTTPステータスコードをクライアントに送信します。一般的には成功ステータスを送信するのに使用します。setStatusメソッドを使用してエラーのHTTPステータスを送信することも可能ですが、sendErrorメソッドを用いることで、自前のエラーメッセージを合わせて送信できます。HTTPステータスの中でエラーコードは400／500番台にあたります。

　引数codeに指定できるステータスコードはHttpServletResponseインターフェイスのフィールドとして用意されており、以下のようなものを指定できます。

▼ おもなHTTPステータスコード

分類	設定値	コード	概要
情報	SC_CONTINUE	100	クライアントによる継続が可能
	SC_SWITCHING_PROTOCOLS	101	プロトコルを変更
成功	SC_OK	200	成功
	SC_CREATED	201	リクエスト成功。サーバーに新しいリソースを生成
	SC_ACCEPTED	202	受付完了したが、未処理
	SC_NON_AUTHORITATIVE_INFORMATION	203	サーバーが発行していないメタ情報
	SC_NO_CONTENT	204	成功。ただし、返すべき新情報がない
	SC_RESET_CONTENT	205	クライアントがコンテンツをリセットすべきであることを通知
	SC_PARTIAL_CONTENT	206	部分的なGETを完了
リダイレクト	SC_MULTIPLE_CHOICES	300	リクエストに該当するリソースが複数存在
	SC_MOVED_PERMANENTRY	301	リソースが永続的に移動
	SC_MOVED_TEMPORARILY	302	リソースが一時的に移動
	SC_SEE_OTHER	303	リソースが別の場所に存在

（続く）

▼ おもなHTTPステータスコード（続き）

分類	設定値	コード	概要
リダイレクト	SC_NOT_MODIFIED	304	リソースが変更されていない。If-Modified-Sinceヘッダーなど条件GETに対する応答
クライアントエラー	SC_BAD_REQUEST	400	リクエストが文法的に不正
	SC_UNAUTHORIZED	401	HTTP認証を要求
	SC_FORBIDDEN	403	アクセス拒否
	SC_NOT_FOUND	404	リソースが見つからない
	SC_METHOD_NOT_ALLOWED	405	HTTPメソッドが不許可
	SC_NOT_ACCEPTABLE	406	要求されたリソースがAcceptヘッダーで認められたコンテンツを生成できない
	SC_REQUEST_TIMEOUT	408	リクエストタイムアウト
	SC_CONFLICT	409	リソースの競合
	SC_GONE	410	リソースが利用不可。アドレス不明
	SC_LENGTH_REQUIRED	411	Content-Lengthヘッダーが必要
	SC_PRECONDITION_FAILED	412	複数ヘッダーによって指定された条件が拒否
	SC_REQUEST_URI_TOO_LONG	414	リクエストURIが長すぎる
	SC_REQUESTED_RANGE_NOT_SATISFIABLE	416	Rangeヘッダーが不正
	SC_EXPECTATION_FAILED	417	Expectヘッダーへの応答に失敗
サーバーエラー	SC_INTERNAL_SERVER_ERROR	500	HTTPサーバーの内部エラー
	SC_NOT_IMPREMENTED	501	応答に必要な機能を実装していない
	SC_BAD_GATEWAY	502	ゲートウェイからの不正なレスポンス
	SC_SERVICE_UNAVAILABLE	503	HTTPサーバーが利用不可
	SC_GATEWAY_TIMEOUT	504	ゲートウェイのタイムアウト
	SC_HTTP_VERSION_NOT_SUPPORTED	505	リクエストに含まれるHTTPバージョンにサーバーが未対応

サンプル auth/setStatus.jsp

```
if (!request.isUserInRole("admin")) {
  response.sendError(HttpServletResponse.SC_FORBIDDEN,
    "ページアクセスには管理者権限が必要です。");
} else {
  out.println("管理者権限でアクセス中です。");
}
```

注意

レスポンスがすでにコミットされている場合、IllegalStateException例外を発生します。レスポンスがコミット済みかどうかは、isCommittedメソッドで確認できます。

参照

P.81「HTTPヘッダーが出力済みかを判定する」

HTTPステータス／レスポンスヘッダーを取得する

レスポンス

> javax.servlet.http.HttpServletResponseインターフェイス

メソッド

getStatus	HTTPステータス	3.0
getHeader	ヘッダー値（単一値）	3.0
getHeaders	ヘッダー値（複数値）	3.0
getHeaderNames	すべてのヘッダー名	3.0

書式

```
public int getStatus()
public String getHeader(String name)
public Collection<String> getHeaders(String name)
public Collection<String> getHeaderNames()
```

引数　　name：ヘッダー名

getStatusメソッドは、現在のHTTPステータスを取得します。具体的な戻り値については、P.88の表を参照してください。

getHeader／getHeadersメソッドは、設定済みの応答ヘッダーを取得します。両者の違いは、前者が単一値として返すのに対して、後者は複数値（コレクション）として返す点です。すべての応答ヘッダーを取得するには、getHeaderNamesメソッドを利用します。

サンプル　response/getStatus.jsp

```jsp
<%@ page contentType="text/html;charset=UTF-8" import="java.util.*" %>
...中略...
ステータスコード -> <%=response.getStatus() %><br />
<%
Collection<String> names = response.getHeaderNames();
for (String name : names) {
  out.print(names + " -> " + response.getHeader(name));
}
%>
```

▼

```
ステータスコード -> 200
[Set-Cookie] -> JSESSIONID=4A20E3454E1DA1A9BEC2157E9AD5C500; Path=/pocketJsp/
```

参考

P.88「HTTPステータスコードを発行する」

レスポンス

ページをリダイレクトする

○ javax.servlet.http.HttpServletResponseインターフェイス

メソッド

sendRedirect   リダイレクト

書式

public void sendRedirect(String *url*) throws IOException

引数　*url*：リダイレクト先のURL

　sendRedirectメソッドは、指定のページにリダイレクトします。

　見た目の挙動は、RequestDispatcher#forwardメソッドと似ていますが、内部的なしくみは異なります。

▼ リダイレクトと転送（フォワード）

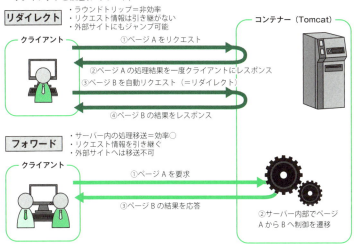

リダイレクトの挙動は、クライアントにいったん処理を返して、あらためて再リクエストをかけさせる**ラウンドトリップ**です。その性質上、リダイレクト前後のページ間ではリクエスト属性を共有することはできません。たとえばサーブレットでの処理結果をJSPページで表示するようなケースでは、フォワードを利用してください。

サンプル response/sendRedirect.jsp

```
// 別ページに移動
response.sendRedirect("http://www.wings.msn.to/");
```

▼ 指定されたページにリダイレクト

注意

レスポンスがすでにコミットされている場合、IllegalStateException例外を発生します。レスポンスがコミット済みかどうかは、isCommittedメソッドで確認できます。

参照

P.75「リクエスト情報を転送する」
P.81「HTTPヘッダーが出力済みかを判定する」

バッファーの内容を参照／制御する

▶ javax.servlet.http.HttpServletResponseインターフェイス

メソッド

flushBuffer	バッファーの出力
getBufferSize	バッファーサイズの取得（バイト単位）
setBufferSize	バッファーサイズの設定（バイト単位）
reset	バッファーのクリア
resetBuffer	バッファーのクリア（HTTPヘッダーを除く）

書式

```
public void flushBuffer() throws IOException
public int getBufferSize()
public void setBufferSize(int size)
public void reset()
public void resetBuffer()
```

引数　*size*：バッファーサイズ（バイト単位。0の場合、バッファー処理は無効）

　バッファー処理とは、サーブレット＆JSPで処理された結果をそのまま垂れ流すのではなく、いったんバッファーと呼ばれる一時的な記憶領域に蓄積し、処理が（一定量）完了したところで、まとめて出力する処理のことを言います。バッファー処理によって出力にかかるシステムのオーバーヘッドが節減されますので、システム全体としてのパフォーマンスは向上します。

　バッファー処理を有効にするには、setBufferSizeメソッドの引数sizeに0以上の値をセットしてください。現在のバッファーサイズは、getBufferSizeメソッドで取得できます。

　ただし、重い処理を含んだページを実行する場合、バッファー処理によってページの送信タイミングが遅れ、ユーザーの体感速度はむしろ低下することがあります。そのような場合には、flushBufferメソッドで、処理途中でバッファーの内容を出力することで、体感速度を改善できる場合があります。

　reset／resetBufferメソッドは、現在のバッファーをクリアしたい場合に用います。resetメソッドがHTTPステータスやヘッダーまでも消去するのに対し、resetBufferメソッドはHTTPステータス／ヘッダーを除くコンテンツ本体部分だけを破棄します。ただし、レスポンスがすでにコミットされている（＝出力済みである）場合、コンテンツを取り消すことはできず、IllegalStateException例外を発生します。

> サンプル　response/FlushBufferServlet.java

```java
public void doGet(HttpServletRequest request, HttpServletResponse response)
  throws ServletException, IOException {
  response.setContentType("text/html;charset=UTF-8");
  PrintWriter out=response.getWriter();
  try {
    out.println("バッファーサイズ -> " + response.getBufferSize());
    // 500ミリ秒おきにバッファーの中身を出力
    out.print("開始");
    for(int i = 0; i < 20; i++) {
    Thread.sleep(500);
    out.print("…");
    response.flushBuffer();
    }
    out.println("完了");
  }catch(Exception e) {
    e.printStackTrace();
  }
}
```

▼ 500ミリ秒おきにバッファーの内容がフラッシュされ、徐々に出力される

> 注意

一度クローズした出力ストリームに対してflushメソッドをコールした場合、IOException例外が発生します。

> 注意

これらバッファー関連のメソッドをJSPページ内で使用しても、期待したような効果を得ることはできません。サーブレットクラス内で使用するか、JSPページで使用する場合にはHttpServletResponse#getWriterメソッドで新しいPrintWriterオブジェクトを明示的に宣言する必要があります。あるいは、@pageディレクティブ／JspWriterクラスの対応する属性／メソッドを使用してください。

> 参照

P.164「ページ出力時のバッファー処理を有効にする」
P.219「出力バッファーを制御する」

レスポンス

クッキーが使えないブラウザーに セッションIDを渡す

▶ javax.servlet.http.HttpServletResponseインターフェイス

メソッド

encodeRedirectURL	sendRedirectメソッドに対応
encodeURL	通常リンクに対応

書式

```
public String encodeRedirectURL(String url)
public String encodeURL(String url)
```

引数 url:エンコードするURL

セッション管理に際して、サーブレット&JSPではセッション情報を取得するためのキーとなる**セッションID**をクッキー経由で授受しています。しかし、時には、クッキーをサポートしていないクライアントや、そもそもクッキーを無効化しているクライアントでセッションを利用したい場合もあります。そのような状況のために、サーブレット&JSPでは代替の手段としてクエリー情報を経由したセッションIDの授受に対応しています。

encodeURL/encodeRedirectURLメソッドは、クライアントの状態を判定し、クライアントがクッキーを使用できない場合のみ、URLにセッションIDを付与します(**URLリライティング**)。

encodeURL/encodeRedirectURLメソッドが区別されるのは、アンカータグの場合とsendRedirectメソッドの場合とでセッションIDを付与すべきかどうか判定するロジックが異なるためです。sendRedirectメソッドに指定されたURLにセッションIDを付加するにはencodeRedirectURLメソッドを、それ以外で指定されたURLにはencodeURLメソッドを用います。

サンプル response/encodeURL.jsp

```
<a href="<%=response.encodeURL("./")%>">メニュー</a>
<% response.sendRedirect(response.encodeRedirectURL("./")); %>
```

※サンプルの動作を確認するには、ブラウザーのクッキー機能を無効にしてください。

注意

クッキーと異なり、URLに埋め込まれたセッションIDを保護する手段はありません(つまり、セッションの盗聴リスクが高まります)。URLリライティング利用の是非は、セキュリティの観点からも十分に検討してください。

参照

P.101「セッション属性を取得/設定/削除する」

バイナリデータを出力する

レスポンス

▶ `javax.servlet.http.HttpServletResponse` インターフェイス

メソッド

`getOutputStream`   バイナリストリーム

書式

```
public ServletOutputStream getOutputStream() throws IOException
```

　getOutputStream メソッドは ServletOutputStream オブジェクトを生成します。ServletOutputStreamオブジェクトは、クライアントに対してバイナリデータを出力するためのストリームを表します。

　文字データを出力するならば、getWriterメソッドでPrintWriterオブジェクトを生成してください。

サンプル response/GetOutputStreamServlet.java

```java
// データベースの内容をタブ区切りテキストに整形&db.zipとしてダウンロードするサンプル
@WebServlet("/chap2/response/db.zip")
public class GetOutputStreamServlet extends HttpServlet {
  @Override
  public void doGet(HttpServletRequest request, HttpServletResponse response)
    throws ServletException, IOException {
    response.setContentType("text/html;charset=UTF-8");
    Connection db = null;
    try {
      // 処理結果をdb.zipとして出力
      response.setContentType("application/x-zip-compressed");
      response.setHeader("Content-Disposition", "attachment; filename=db.zip");
      // 出力先を表すストリームを取得
      OutputStream os = response.getOutputStream();
      ZipOutputStream zos = new ZipOutputStream(os);
      // 圧縮レベルを設定
      zos.setLevel(9);
      Context ctx = new InitialContext();
      DataSource ds = (DataSource)ctx.lookup("java:comp/env/jdbc/pocketjsp");
      db = ds.getConnection();
      Statement sql = db.createStatement();
      DatabaseMetaData schema = db.getMetaData();
      // データベースに含まれる全テーブルを走査し、順にタブ区切りファイルを生成
      ResultSet rst = schema.getTables(null, null, "%", null);
      while(rst.next()) {
        ByteArrayOutputStream baos = new ByteArrayOutputStream();
```

```
          OutputStreamWriter out = new OutputStreamWriter(baos, "UTF-8");
          String type = rst.getString("TABLE_TYPE");
          String table = rst.getString("TABLE_NAME");
          // 取得した型がテーブルの場合のみタブ区切りテキストを作成
          if (type.equals("TABLE")) {
            ResultSet rs = sql.executeQuery("SELECT * FROM " + table);
            ResultSetMetaData rsm = rs.getMetaData();
            for(int i = 1; i <= rsm.getColumnCount(); i++) {
              out.write(rsm.getColumnName(i));
              if(i != rsm.getColumnCount()) { out.write("\t"); }
            }
            out.write("\r\n");
            while(rs.next()){
              for(int j = 1; j <= rsm.getColumnCount(); j++) {
              String data = rs.getString(j);
              if(data == null){
                out.write("");
              } else {
                out.write(data);
              }
              if(j != rsm.getColumnCount()) { out.write("\t"); }
            }
            out.write("\r\n");
            }
            out.close();
            // 生成されたタブ区切りファイルをZipアーカイブにエントリー
            ZipEntry ze = new ZipEntry(table + ".txt");
            ze.setMethod(ZipOutputStream.DEFLATED);
            byte[] bs = baos.toByteArray();
            zos.putNextEntry(ze);
            zos.write(bs,0,bs.length);
            zos.closeEntry();
          }
        }
        zos.close();
      } catch(Exception e) {
        e.printStackTrace();
      } finally {
        try {
          if(db != null) { db.close(); }
        } catch (SQLException e) {
          e.printStackTrace();
        }
      }
    }
  }
}
```

HTTP リクエスト／レスポンスの処理をカスタマイズする

レスポンス

▶ javax.servlet.http.HttpServletRequestWrapper／
 HttpServletResponseWrapper クラス

コンストラクター

HttpServletRequestWrapper	HttpServletRequestのラッパー
HttpServletResponseWrapper	HttpServletResponseのラッパー

書式

```
public HttpServletRequestWrapper(HttpServletRequest request)
public HttpServletResponseWrapper(HttpServletResponse response)
```

引数 *request*：リクエスト情報　　*response*：レスポンス情報

HttpServletRequestWrapper／HttpServletResponseWrapperクラスは、HttpServletRequest／HttpServletResponseインターフェイスの実装手段を提供します。開発者がサーブレットへのリクエストやレスポンスを拡張する場合、HttpServletRequest／HttpServletResponseインターフェイスを直接実装するのではなく、このHttpServletRequestWrapper／HttpServletResponseWrapperクラスを拡張することでより簡易に（＝必要なメソッドだけを）拡張できます。たとえば、以下のサンプルでは標準的なレスポンスをHttpServletResponseWrapperクラスでいったんプールすることで、フィルター経由でのXSLT変換の機能を実装します。

HttpServletRequestWrapper／HttpServletResponseWrapperクラスは、いずれも標準でHttpServletRequest／HttpServletResponseインターフェイス相当のメソッドを提供します。

サンプル response/db2xml.jsp

```jsp
<?xml version="1.0" encoding="UTF-8" ?>
<%@ page contentType="text/xml;charset=UTF-8"
         import="javax.sql.*,javax.naming.*,java.sql.*"  %>
<output>
<%
Context ctx = new InitialContext();
DataSource ds = (DataSource)ctx.lookup("java:comp/env/jdbc/pocketjsp");
Connection db = ds.getConnection();
Statement sql =db.createStatement();
// booksテーブルの内容をXML形式で整形
ResultSet rs = sql.executeQuery("SELECT * FROM books");
ResultSetMetaData schema = rs.getMetaData();
while(rs.next()) {
  out.println("<record>");
  for(int i = 1; i <= schema.getColumnCount(); i++) {
```

```
    out.print("<" + schema.getColumnName(i) + ">");
    out.print(rs.getString(i));
    out.print("</" + schema.getColumnName(i) + ">");
  }
  out.println("</record>");
  }
sql.close();
db.close();
%>
</output>
```

サンプル response/ResponseWrapperFilter.java

```
@WebFilter("/chap2/response/db2xml.jsp")
public class ResponseWrapperFilter implements Filter {
  …中略…
  // リクエスト対象のリソース（ここではdb2xml.jspの結果）をXSLT変換
  @Override
  public void doFilter(ServletRequest request, ServletResponse response, ⤵
FilterChain chain)
    throws ServletException, IOException {
    response.setContentType("text/html;charset=UTF-8");
    PrintWriter out = response.getWriter();
    ServletContext application = request.getServletContext();
    // リソースを実行した結果をResponseWrapperオブジェクトにプール
    ResponseWrapper wrap = new ResponseWrapper((HttpServletResponse)response);
    chain.doFilter(request,(ServletResponse) wrap);
    // プールしたコンテンツをもとにXSLT変換を実施（PrintWriterで出力）
    String tmp = wrap.body.toString();
    StreamSource xml = new StreamSource(new StringReader(tmp));
    StreamSource xsl = new StreamSource(
      application.getRealPath("/WEB-INF/data/table.xsl"));
    StreamResult result = new StreamResult(out);
    try {
      TransformerFactory factory = TransformerFactory.newInstance();
      Transformer trans = factory.newTransformer(xsl);
      trans.transform(xml,result);
    } catch (Exception e){
      e.printStackTrace();
    }
    out.close();
  }
}
```

サンプル response/ResponseWrapper.java

```java
public class ResponseWrapper extends HttpServletResponseWrapper {
  StringWriter body = null;
  PrintWriter  writer = null;

  // 出力結果を文字列 (StringWriter) としてプール
  public ResponseWrapper(HttpServletResponse response) throws IOException {
    super(response);
    body = new StringWriter();
    writer = new PrintWriter(body);
  }

  @Override
  public PrintWriter getWriter() { return writer; }
  @Override
  public void setContentType(String type) {}
}
```

▼ JSPページで生成されたXML文書をXSLT変換

セッション情報

セッション属性を取得／設定／削除する

> javax.servlet.http.HttpSessionインターフェイス

メソッド

getAttribute	取得
getAttributeNames	取得（すべて）
setAttribute	設定
removeAttribute	削除

書式

```
public Object getAttribute(String name)
public Enumeration<String> getAttributeNames()
public void setAttribute(String name, Object value)
public void removeAttribute(String name)
```

引数 name：属性名　　value：属性値

HttpSessionインターフェイスは、ユーザーセッションを管理するための手段を提供します。**セッション属性**とはHttpSessionによって管理される属性で、複数ページ間でユーザー単位の情報を維持するために利用します。たとえば認証済みユーザーの情報を管理する場合も、セッションを利用することでごくかんたんに実装できます。

セッション属性を取得するには、getAttributeメソッドを利用します。もしも現在のセッションで有効なすべてのセッション属性（の名前）を取得するならば、getAttributeNamesメソッドを使用してください。

セッション属性の設定／削除には、それぞれsetAttribute／removeAttributeメソッドを利用します。

サンプル session/getAttribute.jsp

```jsp
// セッション属性を設定
session.setAttribute("user.name", "Y.Yamada");
session.setAttribute("user.roles", "admin");

// セッション属性の一覧を表示
Enumeration<String> names = session.getAttributeNames();
while(names.hasMoreElements()){
  String name = names.nextElement();
  out.print(name + " -> " + session.getAttribute(name) + "<br />");
}

// セッション属性user.nameを削除
session.removeAttribute("user.name");
```

▼

```
user.name -> Y.Yamada
user.roles -> admin
```

注意

セッション属性は持続期間が長いため、多用すべきではありません。特に、オブジェクトなどの構造化データを格納する際にはメモリーを大きく消費する場合がありますので、注意してください。

参考

HttpSessionは、JSPの暗黙オブジェクトsessionに相当します(ただし、@page属性のsession属性がfalseの場合は利用できません)。サーブレットでは、HttpServletRequest#getSessionメソッドなどで明示的に取得してください。

参照

P.104「セッションに関わる諸情報を取得する」
P.170「セッション機能を利用するかどうかを指定する」

セッションを破棄する

セッション情報

> javax.servlet.http.HttpSession インターフェイス

メソッド
invalidate　　　　　　　　　　　　　　　　　　　　　　　　　　　　　　　　　　　　破棄

書式
```
public void invalidate()
```

invalidateメソッドは、現在のセッションを破棄し、セッションにひも付いているすべてのオブジェクトを解放します。

サンプル　session/invalidate.jsp
```
session.invalidate();
```

注意
無効なセッションに対してinvalidateメソッドが呼び出された場合、IllegalStateException例外を発生します。

注意
セッション属性は持続期間が長いため、多用すべきではありません。特に、オブジェクトなどの構造化データを格納する際にはメモリーを大きく消費する場合がありますので、早めに破棄する癖をつけてください。

参考
サーブレット3.0以前では、フォーム認証からログアウトする際にも利用できます。3.0以降では、専用のlogoutメソッドを利用してください。

参照
P.278「認証方法を定義する」

セッションに関わる諸情報を取得する

● javax.servlet.http.HttpSessionインターフェイス

メソッド

getCreationTime	生成時刻
getId	セッションID
getLastAccessedTime	最終アクセス時刻
getMaxInactiveInterval	タイムアウト時間（秒）
isNew	新規セッションか

書式

```
public long getCreationTime()
public String getId()
public long getLastAccessedTime()
public int getMaxInactiveInterval()
public boolean isNew()
```

HttpSessionインターフェイスでは、セッションに関連する情報にアクセスするために、上記のようなgetterメソッドを提供しています。

getCreationTime／getLastAccessedTimeメソッドは、該当する日時値を1970/1/1からの経過ミリ秒として取得します。人間が視認しやすい日付情報として加工するならば、Dateオブジェクトを介する必要があります。

getMaxInactiveIntervalメソッドは、セッションのタイムアウト時間を秒単位で指定します。タイムアウト時間を設定したい場合には、setMaxInactiveIntervalメソッド、または、<session-config>要素を使用してください。

サンプル session/getCreationTime.jsp

```
セッションID ->
<%=session.getId()%><br />
生成時刻 ->
<%=(new Date(session.getCreationTime())).toString()%><br />
最終アクセス時刻 ->
<%=(new Date(session.getLastAccessedTime())).toString()%><br />
タイムアウト時間 ->
<% session.setMaxInactiveInterval(600); %>
<%=session.getMaxInactiveInterval()%>秒<br />
新規セッションか ->
<%=(session.isNew() ? "Yes" : "No")%>
```

▼

```
セッションID -> 85A4E44077D5F788EA1D48346E7B931A
生成時刻 -> Wed Sep 24 16:41:10 JST 2014
最終アクセス時刻 -> Wed Sep 24 16:42:18 JST 2014
タイムアウト時間 -> 600秒
新規セッションか -> No
```

注意

無効なセッションに対して処理が行われた場合、それぞれのメソッドはIllegalStateException例外を発生します。

注意

セッションIDをデータベースなどのキーとして使用するべきではありません。なぜなら、セッションIDは一度破棄された後、将来にわたって必ずしも一意であることを保証しない(＝将来的に重複する可能性がある)ためです。

参照

P.101「セッション属性を取得／設定／削除する」

セッションのタイムアウト時間を設定する

セッション情報

> javax.servlet.http.HttpSessionインターフェイス

メソッド

setMaxInactiveInterval   タイムアウト時間

書式

```
public void setMaxInactiveInterval(int time)
```

引数   time：タイムアウト時間（デフォルトは1800秒）

setMaxInactiveIntervalメソッドは、セッションのタイムアウト時間を秒単位で指定します。現在のタイムアウト時間を取得するには、getMaxInactiveIntervalメソッドを使用してください。

サンプル   session/setMaxInactiveInterval.jsp

```
タイムアウト時間 ->
<% session.setMaxInactiveInterval(600); %>
<%=session.getMaxInactiveInterval()%>秒 ────────────▶ 600秒
```

注意

セッションのタイムアウト時間は、デプロイメントディスクリプター（web.xml）の<session-config>要素でも指定できます。ただし、<session-config>要素での時間単位は（秒ではなく）分です。

参考

セッション破棄のタイミングは、必ずしも秒単位で厳密なものではありません。秒単位の厳密さを要する処理を、セッションの破棄タイミングに委ねるべきではありません。

参照

P.281「セッションに関する挙動を設定する」

コンテキスト情報

複数ユーザー間でコンテキスト情報を共有する

● javax.servlet.ServletContextインターフェイス

メソッド

getAttribute	取得
getAttributeNames	取得（すべて）
removeAttribute	削除
setAttribute	設定

書式

```
public Object getAttribute(String name)
public Enumeration<String> getAttributeNames()
public void removeAttribute(String name)
public void setAttribute(String name, Object value)
```

引数　name：属性名　　value：属性値

コンテキスト属性（**アプリケーション属性**）は、現在のアプリケーションを利用するすべてのユーザーが参照できる属性のことです。ページ／リクエスト／セッション／コンテキスト属性などの中で、最も広いスコープを提供します。

コンテキスト属性を利用することで、たとえばアプリケーション共通で利用するパス情報やリソースなどをまとめてメモリー上に維持できます。

▼ スコープの概念

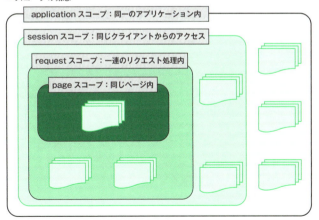

その性質上、個別のページで頻繁に書き換えることはあまりなく、ServletContextListener実装クラスで一元的に初期化／破棄するのが一般的です（個別のページではほぼ読み取り専用の用途となるはずです）。

コンテキスト属性を取得するには、getAttributeメソッドを利用します。もしも現在のアプリケーションで有効なすべてのコンテキスト属性（の名前）を取得するならば、getAttributeNamesメソッドを使用してください。

コンテキスト属性の設定／削除には、それぞれ setAttribute／removeAttribute メソッドを利用します。

サンプル context/getAttribute.jsp

```
// コンテキスト属性jdbcDriverを設定
application.setAttribute("jdbcDriver", "org.gjt.mm.mysql.Driver");
application.setAttribute("site.home", "http://www.wings.msn.to/");

// コンテキスト属性の一覧を表示
Enumeration<String> names = application.getAttributeNames();
while(names.hasMoreElements()) {
  String name = names.nextElement();
  out.print(name + " -> " + application.getAttribute(name) + "<br />");
}

// コンテキスト属性jdbcDriverを削除
application.removeAttribute("jdbcDriver");
```

```
javax.servlet.context.tempdir -> C:\Apache Software Foundation\Tomcat
8.0\work\Catalina\localhost\pocketJsp
org.apache.catalina.resources -> org.apache.catalina.webresources.
StandardRoot@1bdb8fc
jdbcDriver -> org.gjt.mm.mysql.Driver
...後略...
```

注意

コンテキスト属性は持続期間が長いため、多用すべきではありません。特に、オブジェクトなどの構造化データを格納する際にはメモリーを大きく消費する場合がありますので、注意してください。

参考

ServletContextクラスは、JSPの暗黙オブジェクトapplicationに相当します。サーブレットでは、ServletConfig#getServletContextメソッドなどで明示的に取得してください。

参照

P.136「アプリケーション開始／終了時の挙動を定義する」

ほかのアプリケーションコンテキストを取得する

コンテキスト情報

> javax.servlet.ServletContext インターフェイス

メソッド
getContext 別コンテキスト

書式
public ServletContext getContext(String *path*)

引数 *path*：コンテキストパス（同一コンテナー）

---

getContextメソッドは、引数pathで指定されたアプリケーション（コンテキスト）を取得します。たとえば、以下のサンプルのようにgetContextメソッドで取得した別コンテキストをもとにRequestDispatcherオブジェクトを生成することで、ほかのコンテキストに対して処理を転送／インクルードすることもできます。

サンプル context/getContext.jsp
```
// 別コンテキストjavaTips配下のindex.jspに処理を転送
ServletContext app2 = application.getContext("/javaTips");
app2.getRequestDispatcher("/index.jsp").forward(request,response);
```
※本サンプルを動作させるには、別コンテキスト/javaTips/index.jspを「%CATALINA_HOME%/webapps」フォルダーに作成してください（中身はなんでもかまいません）。

注意
ServletContext#getContextメソッドは、用途によってはセキュリティホールの原因になりうるため、デフォルトでは無効となっています（Tomcat 8の場合）。アプリケーションを跨いだ参照を有効にするには、Server.xml(Context.xml)で以下のようにcrossContext属性をtrueに設定してください。

```
<Context path="/pocketJsp" docBase="pocketJsp" crossContext="true" />
```

参照
P.117「別のサーブレット／JSPに処理を転送する」
P.394「アプリケーションの構成情報を定義する」

コンテキスト情報

アプリケーション共通の初期化パラメーターを取得する

▶ javax.servlet.ServletContext インターフェイス

メソッド

getInitParameter	単一の初期化パラメーター
getInitParameterNames	すべての初期化パラメーター

書式

```
public String getInitParameter(String name)
public Enumeration<String> getInitParameterNames()
```

引数　name：パラメーター名

　getInitParameterメソッドは、<context-param>要素で定義された初期化パラメーターを取得します。すべての初期化パラメーターを取得したい場合には、getInitParameterNamesメソッドを使用してください。

サンプル　context/getInitParameter.jsp

```
Enumeration<String> names = application.getInitParameterNames();
while(names.hasMoreElements()) {
  String name = names.nextElement();
  out.println(name + "->" + application.getInitParameter(name) + "<br />");
}
```

▼

```
javax.servlet.jsp.jstl.fmt.locale->ja
javax.servlet.jsp.jstl.sql.maxRows->100
javax.servlet.jsp.jstl.fmt.timeZone->JST
```

※<context-param>要素での宣言によって、結果は変化します。

注意

　サーブレット単位の初期化パラメーターは、<servlet> - <init-param>要素、または@WebServletアノテーションで定義します。サーブレット固有の初期化パラメーターを取得するには、ServletConfig#getInitParameterメソッドを使用します。

参照

P.267「初期化パラメーターを設定する」

アプリケーション共通の初期化パラメーターを設定する

> javax.servlet.http.ServletContextインターフェイス

メソッド
setInitParameter   初期化パラメーターの設定 3.0

書式
boolean setInitParameter(String *name*, String *value*)

引数
name：パラメーター名　　*value*：値

---

setInitParameterメソッドは、アプリケーション共通で利用できる初期化パラメーターを設定します。正しくパラメーターを設定できた場合、setInitParameterメソッドはtrueを、同名のパラメーターがすでに設定されているなどで失敗した場合にはfalseを返します。

サンプル　context/InitParameterListener.java

```
@WebListener
public class InitParameterListener implements ServletContextListener {
  ...中略...
  @Override
  public void contextInitialized(ServletContextEvent ev) {
    ev.getServletContext().setInitParameter("AUTHOR", "WINGSプロジェクト");
  }
}
```

※サンプルの動作は、context/setInitParameter.jspから確認できます。

注意
setInitParameterメソッドは、コンテキストが初期化される前（つまり、ServletContextListener#contextInitializedメソッドのタイミング）に呼び出さなければなりません。

参照
P.110「アプリケーション共通の初期化パラメーターを取得する」

コンテナー／アプリケーションの情報を取得する

● javax.servlet.ServletContext インターフェイス

メソッド

getMajorVersion	メジャーバージョン
getMinorVersion	マイナーバージョン
getEffectiveMajorVersion	メジャーバージョン（コンテナー） `3.0`
getEffectiveMinorVersion	マイナーバージョン（コンテナー） `3.0`
getServerInfo	コンテナー名／バージョン
getServletContextName	アプリケーション名

書式

```
public int getMajorVersion()
public int getMinorVersion()
int getEffectiveMajorVersion()
int getEffectiveMinorVersion()
public String getServerInfo()
public String getServletContextName()
```

ServletContextインターフェイスには、コンテナー／アプリケーションの情報を取得するためのメソッドが用意されています。

getMajorVersion／getEffectiveMajorVersion、getMinorVersion／getEffectiveMinorVersionメソッドはそれぞれ似ていますが、前者(Effectiveなし)がコンテナーがサポートするバージョンを返すのに対して、後者(Effectiveあり)はアプリケーションが前提とするバージョン(web.xmlで宣言されたバージョン)を返す点が異なります。

getServletContextNameメソッドのアプリケーション名とは、デプロイメントディスクリプターの<display-name>要素で指定された表示名です。

サンプル context/getMajorVersion.jsp

```
サーブレットのバージョン ->
<%=application.getMajorVersion()%>.<%=application.getMinorVersion()%><br />   → 3.1
コンテナーの種類／バージョン ->
<%=application.getServerInfo()%><br />   → Apache Tomcat/8.0.14
サーブレットのバージョン (Effective)  ->
<%=application.getEffectiveMajorVersion()%>.
<%=application.getEffectiveMinorVersion()%><br />   → 3.1
アプリケーション名 ->
<%=application.getServletContextName()%><br />   → Pocket Reference Samples
```

コンテキスト情報

ファイルの MIME タイプを取得する

サーブレット API

● javax.servlet.ServletContext インターフェイス

メソッド
getMimeType — MIMEタイプ

書式
public String getMimeType(String *file*)

引数
file:ファイルのパス

getMimeTypeメソッドは、指定されたファイルに対応するMIMEタイプを返します。対応するMIMEタイプが定義されていない場合にはnullを返します。

MIME(Multipurpose Internet Mail Extention) は、RFC822で勧告しているバイナリデータの送受信に関する規格で、「データの種類」を表現します。たとえば、ブラウザーで.htmlファイルが正しく表示できるのも、拡張子とMIMEタイプ、そして、MIMEタイプに応じて起動するプログラムの種類がひも付けされているからにほかなりません。

サンプル context/getMimeType.jsp

```
sample.xsl -> <%=application.getMimeType("sample.xsl")%>    → application/xml
sample.pdf -> <%=application.getMimeType("sample.pdf")%>    → application/pdf
sample.xls -> <%=application.getMimeType("sample.xls")%>    → application/vnd.ms-excel
```

注意
getMimeTypeメソッドは、指定されたファイルが実在するかどうかを保証しません。単純に指定されたパスを文字列として処理し、抽出された拡張子からMIMEタイプを判断するだけです。

参考
Tomcatにおいて使用可能なMIMEタイプは、conf/web.xml上で定義されます。おもに使用するMIMEタイプについては、P.283の表「おもなMIMEタイプ」を参照してください。

参照
P.283「MIMEタイプを設定する」

コンテキスト情報

指定されたフォルダー配下のすべての ファイルを取得する

● javax.servlet.ServletContextインターフェイス

メソッド
getResourcePaths ファイルリスト

書式
public Set<String> getResourcePaths(String *path*)

引数 *path*：任意のパス（「/」で開始）

getResourcePathsメソッドは、指定されたフォルダー配下のすべてのファイルパスをSetオブジェクトとして返します。

サンプル context/getResourcePaths.jsp

```
Iterator<String> iter = application.getResourcePaths("/chap2").iterator();
while(iter.hasNext()) {
  out.print(iter.next() + "<br />");
}
```

▼

```
/chap2/doc/
/chap2/response/
/chap2/listener/
/chap2/session/
/chap2/auth/
/chap2/annotation/
/chap2/context/
/chap2/request/
/chap2/getServletName.jsp
```

コンテキスト情報

仮想パスを絶対パスに変換する

● javax.servlet.ServletContextインターフェイス

メソッド

getRealPath   仮想→物理パス

書式

```
public String getRealPath(String path)
```

引数 path：仮想パス（「/」で始まること）

FileReader／FileInputStreamのように、引数として、ファイルの絶対パスを要求するクラスは少なくありません。このようなクラスに対しては絶対パスをハードコーディングするのではなく、getRealPathメソッドを利用して、仮想パスを絶対パスに変換したものを渡すようにしてください。絶対パスをコードから排除することで、アプリケーションの配置を変更した場合にもコードに影響が出ません。

サンプル context/getRealPath.jsp

```
<%=application.getRealPath("/sample.dat")%><br />
<%=application.getRealPath("/chap2/sample.dat")%><br />
<%=application.getRealPath("chap2/sample.dat")%>
```
▼
```
C:\Apache Software Foundation\Tomcat 8.0\webapps\pocketJsp\sample.dat
C:\Apache Software Foundation\Tomcat 8.0\webapps\pocketJsp\chap2\sample.dat
null
```

注意

getRealPathメソッドは、あらかじめ決められたルールに沿ってパスを変換するだけで、指定されたファイルが実在するかどうかを保証するものではありません。

注意

引数pathには、「/」(アプリケーションルート)で始まるパスを指定してください。それ以外のパスに対しては、getRealPathメソッドはnullを返します。

コンテキスト情報

外部リソースを取得する

▶ javax.servlet.ServletContext インターフェイス

メソッド

getResource	URLオブジェクト
getResourceAsStream	InputStreamオブジェクト

書式

```
public URL getResource(String path) throws MalformedURLException
public InputStream getResourceAsStream(String path)
```

引数 path：アプリケーションルートからの相対パス（「/」で始まること）

getResource／getResourceAsStreamメソッドは、指定されたリソースの内容を、それぞれURL／InputStreamオブジェクトとして返します。指定されたパスが存在しない場合、いずれのメソッドもnullを返します。

サンプル context/getResource.jsp

```
// hoge.datを読み込み、ブラウザーに出力
InputStreamReader reader = new InputStreamReader(
  application.getResourceAsStream("/chap2/context/hoge.dat"));
// getResorceメソッドで以下のように置き換えも可
// URL url = application.getResource("/chap2/context/hoge.dat");
// InputStreamReader reader = new InputStreamReader(url.openStream());
BufferedReader buffer = new BufferedReader(reader);
while(buffer.ready()){
  out.println(buffer.readLine() + "<br />");
}
```

注意

引数pathが正しい形式でない場合、MalformedURLException例外を発生します。

コンテキスト情報

別のサーブレット／JSPに処理を転送する

● javax.servlet.ServletContextインターフェイス

メソッド

getRequestDispatcher	転送
getNamedDispatcher	転送（名前付サーブレット）

書式

```
public RequestDispatcher getRequestDispatcher(String path)
public RequestDispatcher getNamedDispatcher(String name)
```

引数 *path*：転送先のパス（「/」で始まるパス）　　*name*：サーブレットの論理名

　RequestDispatcherインターフェイスは、クライアントからのリクエストを受け取り、別のリソースに転送するためのオブジェクトです。getRequestDispatcher／getNamedDispatcherメソッドは、いずれもこのRequestDisptcherオブジェクトを生成するためのメソッドです。

　前者は引数として転送先のパスを、後者はサーブレットの論理名を、それぞれ指定します。論理名とは、デプロイメントディスクリプターの<servlet>－<servlet-name>要素、もしくは@WebServletアノテーションのname属性で定義された名前のことです。

サンプル context/GetNamedDispatcherServlet.java

```java
ServletContext application = this.getServletContext();
request.setAttribute("result", "HogeHoge");
// 論理名Forwardedであるサーブレットに処理を転送
application.getNamedDispatcher("Forwarded").forward(request,response);
// getRequestDispatcherメソッドで以下のように表しても同じ意味
// application.getRequestDispatcher("/chap2/context/ForwardedServlet").
forward(request,response);
```

サンプル context/ForwardedServlet.java

```java
@WebServlet(name="Forwarded", urlPatterns="/chap2/context/ForwardedServlet")
public class ForwardedServlet extends HttpServlet { ... }
```

参照

P.75「リクエスト情報を転送する」

JSP ページの構成情報を取得する

▶ javax.servlet.ServletContext インターフェイス

メソッド
getJspConfigDescriptor   JSPページの構成情報 3.0

書式

```
public JspConfigDescriptor getJspConfigDescriptor()
```

　getJspConfigDescriptorメソッドは、web.xml／web-fragment.xmlの<jsp-config>要素で定義された.jspファイルに関する構成情報を、JspConfigDescriptorオブジェクトとして取得します。JspConfigDescriptorオブジェクトからは、さらに以下のメソッドを介して個別の構成情報にアクセスできます。

▼ JspConfigDescriptorインターフェイスのおもなメンバー

メソッド	概要	
Collection<JspPropertyGroupDescriptor> getJspPropertyGroups()	<jsp-property-group>要素の情報（JspPropertyGroupDescriptorインターフェイスのおもなメンバーは以下）	
	メソッド	概要
	String getBuffer()	<buffer>要素
	String getDefaultContentType()	<default-content-type>要素の値
	String getDeferredSyntaxAllowedAsLiteral()	<deferred-syntax-allowed-as-literal>要素
	String getElIgnored()	<el-ignored>要素
	String getErrorOnUndeclaredNamespace()	<error-on-undeclared-namespace>要素
	Collection<String> getIncludeCodas()	<include-coda>要素
	Collection<String> getIncludePreludes()	<include-prelude>要素
	String getIsXml()	<is-xml>要素
	String getPageEncoding()	<page-encoding>要素
	String getScriptingInvalid()	<scripting-invalid>要素
	String getTrimDirectiveWhitespaces()	<trim-directive-whitespaces>要素
	Collection<String> getUrlPatterns()	<urlPattern>要素
Collection<TaglibDescriptor> getTaglibs()	<taglib>要素の情報（TaglibDescriptorインターフェイスのおもなメンバーは以下）	
	メソッド	概要
	String getTaglibLocation()	<taglib-location>要素
	String getTaglibURI()	<taglib-uri>要素

サンプル context/JspListener.java

```java
@WebListener
public class JspListener implements ServletContextListener {
  ...中略...
  @Override
  public void contextInitialized(ServletContextEvent ev) {
    ServletContext application = ev.getServletContext();
    JspConfigDescriptor config = application.getJspConfigDescriptor();
    // JSPページの構成情報を取得し、コンテナー標準ログに出力
    Collection<JspPropertyGroupDescriptor> props = config.getJspPropertyGroups();
    for (JspPropertyGroupDescriptor prop : props) {
      for (String pattern : prop.getUrlPatterns()) {
        application.log("URLパターン:" + pattern);
      }
      application.log("文字コード:" + prop.getPageEncoding());
    }
  }
}
```

▼

```
17-Nov-2014 11:23:00.864 INFO [localhost-startStop-1] org.apache.catalina.
core.ApplicationContext.log URLパターン:*.jsp
17-Nov-2014 11:23:00.864 INFO [localhost-startStop-1] org.apache.catalina.
core.ApplicationContext.log 文字コード:UTF-8
```

参照

P.290「JSPページの基本設定を宣言する」

コンテキスト情報

セッションクッキーの設定情報を取得／設定する

> javax.servlet.ServletContextインターフェイス

メソッド
getSessionCookieConfig　　　　　　　　　　　　　　　　　　取得 3.0

書式

```
public SessionCookieConfig getSessionCookieConfig()
```

　getSessionCookieConfigメソッドは、**セッションクッキー**の設定情報をSessionCookieConfigオブジェクトとして取得します。SessionCookieConfigオブジェクトのメンバーは、Cookieクラスのそれに準じますので、P.85の表も参照してください。setterメソッドを利用することで、設定情報を変更できます。

サンプル context/SessionCookieListener.java

```java
@WebListener
public class SessionCookieListener implements ServletContextListener {
...中略...
@Override
  public void contextInitialized(ServletContextEvent sce)  {
    SessionCookieConfig config = sce.getServletContext().getSessionCookieConfig();
    config.setName("JSSID_JSP");
    config.setMaxAge(180);
    config.setHttpOnly(true);
  }
}
```

※配布サンプルでは、ほかのサンプルに影響が出ないように＠WebListenerをコメントアウトしています。

注意

　セッションクッキーの設定は、コンテキストの初期化前（たとえば、ServletContextListener#contextInitializedメソッドの配下）でのみ可能です。

参照

P.281「セッションに関する挙動を設定する」

サーブレットの登録情報を取得する

> javax.servlet.http.ServletContextインターフェイス

メソッド

getServletRegistration	登録情報（個別）	3.0
getServletRegistrations	登録情報（すべて）	3.0

書式

```
public ServletRegistration getServletRegistration(String name)
public Map<String,? extends ServletRegistration> getServletRegistrations()
```

引数
name：サーブレット名

---

getServletRegistration／getServletRegistrationsメソッドを利用することで、現在のアプリケーションに登録済みのサーブレット情報にアクセスできます。

戻り値のServletRegistrationオブジェクトからアクセスできるメンバーには、以下のようなものがあります。

▼ ServletRegistrationインターフェイスのおもなメンバー

メソッド	概要
String getClassName()	サーブレットの完全修飾名を取得
String getInitParameter (String name)	指定された初期化パラメーターを取得
Map<String,String> getInitParameters()	すべての初期化パラメーターを取得
String getName()	サーブレットの論理名を取得
boolean setInitParameter (String name, String value)	初期化パラメーターを設定
Set<String> setInitParameters (Map<String,String> initParameters)	初期化パラメーターを設定（複数）
Set<String> addMapping (String... urlPatterns)	サーブレットのマッピングを追加
Collection<String> getMappings()	現在利用できるサーブレットのマッピングを取得
String getRunAsRole()	サーブレットを実行するロール名を取得

サンプル context/getServletRegistrations.jsp

```
// 登録済みのサーブレットを列挙
Set<String> names = application.getServletRegistrations().keySet();
for (String name : names) {
  ServletRegistration reg = application.getServletRegistration(name);
  out.println(name + " -> " + reg.getClassName() + "<br />");
}
```

▼

```
to.msn.wings.chap2.EntryPointServlet -> to.msn.wings.chap2.EntryPointServlet
...中略...
to.msn.wings.chap2.request.GetInputStreamServlet -> to.msn.wings.chap2.
request.GetInputStreamServlet
to.msn.wings.chap2.request.GetReaderServlet -> to.msn.wings.chap2.request.
GetReaderServlet
to.msn.wings.chap2.request.LoginServlet -> to.msn.wings.chap2.request.
LoginServlet
Forwarded -> to.msn.wings.chap2.context.ForwardedServlet
to.msn.wings.chap2.response.FlushBufferServlet -> to.msn.wings.chap2.response.
FlushBufferServlet
to.msn.wings.chap2.request.PathServlet -> to.msn.wings.chap2.request.PathServlet
to.msn.wings.chap2.request.GetSessionServlet -> to.msn.wings.chap2.request.
GetSessionServlet
```

参照

P.126「サーブレットをアプリケーションに登録する」
P.151「サーブレットの基本情報を宣言する」
P.287「サーブレットクラスの設定を定義する」

コンテキスト情報

フィルターの登録情報を取得する

▶ javax.servlet.http.ServletContextインターフェイス

メソッド
getFilterRegistration	登録情報(個別) 3.0
getFilterRegistrations	登録情報(すべて) 3.0

書式

```
public FilterRegistration getFilterRegistration(String name)
public Map<String,? extends FilterRegistration> getFilterRegistrations()
```

引数　name：フィルター名

---

getFilterRegistration／getFilterRegistrationsメソッドを利用することで、現在のアプリケーションに登録済みのフィルター情報にアクセスできます。

戻り値のFilterRegistrationオブジェクトからアクセスできるメンバーには、以下のようなものがあります。

▼ FilterRegistrationインターフェイスのおもなメンバー

メソッド	概要
String getClassName()	フィルターの完全修飾名を取得
String getInitParameter(String name)	指定された初期化パラメーターを取得
Map<String,String> getInitParameters()	すべての初期化パラメーターを取得
String getName()	フィルターの論理名を取得
boolean setInitParameter(String name, String value)	初期化パラメーターを設定
Set<String> setInitParameters(Map<String,String> initParameters)	初期化パラメーターを設定(複数)
void addMappingForServletNames(EnumSet<DispatcherType> types, boolean isMatchAfter, String... servletNames)	指定されたサーブレット名とディスパッチャー型でフィルターマッピングを追加
void addMappingForUrlPatterns(EnumSet<DispatcherType> types, boolean isMatchAfter, String... urlPatterns)	指定されたURLパターンとディスパッチャー型でフィルターマッピングを追加
Collection<String> getServletNameMappings()	利用可能なサーブレット名のマッピングを取得
Collection<String> getUrlPatternMappings()	利用可能なURLパターンのマッピングを取得

サンプル context/getFilterRegistrations.jsp

```jsp
// 登録済みのフィルターを列挙
Set<String> names = application.getFilterRegistrations().keySet();
for (String name : names) {
  FilterRegistration reg = application.getFilterRegistration(name);
  out.println(name + " -> " + reg.getClassName() + "<br />");
}
```

▼

```
InitParameterFilter -> to.msn.wings.chap2.filter.InitParameterFilter
InitAnnotationFilter -> to.msn.wings.chap2.annotation.InitAnnotationFilter
to.msn.wings.chap2.response.ResponseWrapperFilter -> to.msn.wings.chap2.↩
response.ResponseWrapperFilter
Tomcat WebSocket (JSR356) Filter -> org.apache.tomcat.websocket.server.WsFilter
AnnotationFilter -> to.msn.wings.chap2.annotation.AnnotationFilter
EncodeFilter -> to.msn.wings.chap2.filter.EncodeFilter
```

参照

P.127「フィルターをアプリケーションに登録する」
P.152「フィルターの基本情報を定義する」
P.295「フィルターを有効化する」

COLUMN Jasper 2 JSP Engineの設定方法(1)

Jasper 2とは、Tomcat 8でJSP 2.3実装を提供するために内部的に使用している実行エンジンで、その実体はサーブレットクラス(org.apache.jasper.servlet.JspServlet)です。Jasper 2の動作設定は、デフォルトサーブレット(P.269)と同じく、conf/web.xml上でサーブレット初期化パラメーターとして設定できます(P.132に続く)。

サンプル conf/web.xml

```xml
<servlet>
    <servlet-name>jsp</servlet-name>
    <servlet-class>org.apache.jasper.servlet.JspServlet</servlet-class>
    <init-param>
        <param-name>fork</param-name>
        <param-value>false</param-value>
    </init-param>
    <init-param>
        <param-name>xpoweredBy</param-name>
        <param-value>false</param-value>
    </init-param>
    <load-on-startup>3</load-on-startup>
</servlet>
```

コンテキスト情報

サーブレット／フィルター／リスナーをインスタンス化する

> javax.servlet.http.ServletContext インターフェイス

メソッド

createServlet	サーブレット 3.0
createFilter	フィルター 3.0
createListener	リスナー 3.0

書式

```
public <T extends Servlet> T createServlet(Class<T> clazz)
  throws ServletException
public <T extends Filter> T createFilter(Class<T> clazz)
  throws ServletException
public <T extends EventListener> T createListener(Class<T> clazz)
  throws ServletException
```

引数 *clazz*：インスタンス化するサーブレット／フィルター／リスナー

createServlet／createFilter／createListenerメソッドは、指定されたサーブレット／フィルター／リスナークラスをそれぞれインスタンス化します。インスタンス化されたオブジェクトは、addServlet／addFilter／addListenerメソッドに渡すことで、アプリケーションに登録することが可能です。

サンプル context/CreateServletListener.java

```
// MyServletサーブレットを登録
Servlet s = application.createServlet(to.msn.wings.chap2.context.MyServlet.class);
ServletRegistration reg = application.addServlet("MyServlet", s);
reg.addMapping("/chap2/context/MyServlet");
```

参照

P.126「サーブレットをアプリケーションに登録する」

コンテキスト情報

サーブレットをアプリケーションに登録する

▶ `javax.servlet.ServletContext`インターフェイス

メソッド
`addServlet` サーブレットの登録 **3.0**

書式

```
①public ServletRegistration.Dynamic addServlet(
    String name, String className)
②public ServletRegistration.Dynamic addServlet(
    String name, Servlet servlet)
③public ServletRegistration.Dynamic addServlet(
    String name, Class<? extends Servlet> clazz)
```

引数
name：サーブレットの論理名
className：サーブレットクラスの完全修飾名
servlet／*clazz*：サーブレット

addServletメソッドは、サーブレットをアプリケーションに登録します。戻り値は、ServletRegistration.Dynamicオブジェクトなので、あとはこれを介して、URLマッピング／初期化パラメーターなども登録できます。具体的なメンバーは、P.121の表を参照してください。

サンプル context/AddServletListener.java

```
// MyServletサーブレットを登録
ServletRegistration.Dynamic sreg = application.addServlet(
  "MyAddServlet", to.msn.wings.chap2.context.MyAddServlet.class);
sreg.addMapping("/chap2/context/MyAddServlet");
```

注意
サーブレットを登録できるのは、アプリケーションの初期化タイミング(たとえばServletContextListener#contextontexInitializedメソッド)だけです。

参照
P.125「サーブレット／フィルター／リスナーをインスタンス化する」

コンテキスト情報

フィルターをアプリケーションに登録する

> javax.servlet.ServletContextインターフェイス

メソッド

addFilter　　　　　　　　　　　　　　　　　　　　　　　　　　　　フィルターの登録 3.0

書式

①public FilterRegistration.Dynamic addFilter(
　　String *name*, String *className*)
②public FilterRegistration.Dynamic addFilter(
　　String *name*, Filter *filter*)
③public FilterRegistration.Dynamic addFilter(
　　String *name*, Class<? extends Filter> *clazz*)

引数
name：フィルターの論理名　　*className*：フィルタークラスの完全修飾名
filter／*clazz*：フィルター

addFilterメソッドは、フィルターをアプリケーションに登録します。戻り値は、FilterRegistration.Dynamicオブジェクトなので、あとはこれを介して、URLマッピング／初期化パラメーターなどを登録します。具体的なメンバーは、P.123の表を参照してください。

サンプル　context/AddServletListener.java

```
// MyFilterフィルターを登録
FilterRegistration.Dynamic freg = application.addFilter(
  "MyFilter", to.msn.wings.chap2.context.MyFilter.class);
freg.addMappingForUrlPatterns(EnumSet.of(DispatcherType.REQUEST),
  true, "/chap2/context/*");
```

注意

フィルターを登録できるのは、アプリケーションの初期化タイミング（たとえばServletContextListener#contextontexInitializedメソッド）だけです。

参照
P.125「サーブレット／フィルター／リスナーをインスタンス化する」

コンテキスト情報

リスナーをアプリケーションに登録する

● javax.servlet.ServletContextインターフェイス

メソッド
addListener　　　　　　　　　　　　　　　　　　　　　　　リスナーの登録 3.0

書式
```
①public void addListener(String className)
②public <T extends EventListener> void addListener(T listener)
③public void addListener(Class<? extends EventListener> clazz)
```

引数　　className：リスナークラスの完全修飾名　　listener／clazz：リスナー

　addListenerメソッドは、リスナーをアプリケーションに登録します。EventListenerオブジェクト（書式②）は、createListenerメソッドから生成できます。

サンプル　context/AddServletListener.java
```
// MyListenerリスナーを登録
application.addListener(to.msn.wings.chap2.context.MyListener.class);
```

注意
　リスナーを登録できるのは、アプリケーションの初期化タイミング（たとえばServletContextListener#contextontexInitializedメソッド）だけです。

参照
P.125「サーブレット／フィルター／リスナーをインスタンス化する」

コンテキスト情報

Jar ファイルのサーブレット／フィルター／リスナーをアプリケーションに登録する

> `javax.servlet.ServletContainerInitializer` インターフェイス

メソッド

onStartup　　　　　　　　　　　　　　　　　　　　　　　　スタートアップ処理　3.0

書式

```
public void onStartup(Set<Class<?>> c, ServletContext context)
  throws ServletException
```

引数　　c：@HandlesTypesアノテーション経由で渡されたクラス
　　　　　context：コンテキスト情報

ServletContainerInitializerは、アプリケーションのスタートアップを検出し、そのタイミングでサーブレット／フィルター／リスナーを動的に登録するためのインターフェイス（イニシャライザー）です。具体的なスタートアップ処理は、ServletContainerInitializerインターフェイスの唯一のメソッドであるonStartupメソッドをオーバーライドすることで記述します。

ServletContainerInitializer実装クラスは、Jarファイル配下に配置しなければならない点に注意してください。また、/META-INF/services/javax.servlet.ServletContainerInitializerファイルに、イニシャライザーの完全修飾名を明示的に宣言しておく必要があります。

サンプル　context/MyInitializer.java

```java
public class MyInitializer implements ServletContainerInitializer {
  @Override
  public void onStartup(Set<Class<?>> clazz, ServletContext application)
    throws ServletException {
    // MyInitServletサーブレットを登録
    ServletRegistration.Dynamic sreg = application.addServlet(
      "MyInitServlet", to.msn.wings.chap2.context.MyInitServlet.class);
    sreg.addMapping("/chap2/context/MyInitServlet");
  }
}
```

※MyInitServlet.javaのコードは配布サンプルから参照してください。

サンプル　javax.servlet.ServletContainerInitializer

```
to.msn.wings.chap2.context.MyInitializer
```

> **参考**

上記のサンプルであれば、以下のようなフォルダー構造となります。

```
/myLib
├─/META-INF
│  └─/services
│     └─javax.servlet.ServletContainerInitializer
└─/to
   └─/msn
      └─/wings
         └─/chap2
            └─/context
               ├─MyInitializer.class
               └─MyInitServlet.class
```

あとは/myLibフォルダー配下で、以下のコマンドを実行することでmyLib.jarを作成できます。できた.jarファイルをアプリケーションの/WEB-INF/libフォルダーに配置して、「~/chap2/context/MyInitServlet」でサーブレットにアクセスできることを確認してください。

```
> jar cvf ../myLib.jar *
```

> **参考**

onStartupメソッドの引数clazzには、@HandlesTypesアノテーション経由で渡されたクラス(群)を継承／実装したクラスがセットされます。たとえば以下であれば、HttpServlet継承クラス(群)が渡されます。

```
@HandlesTypes({ javax.servlet.http.HttpServlet.class })
public class MyInitializer implements ServletContainerInitializer {
```

参照

P.126「サーブレットをアプリケーションに登録する」

フィルター

フィルタークラスを定義する

● javax.servlet.Filterインターフェイス

メソッド

init	初期化処理
doFilter	実処理
destroy	終了処理

書式

```
public void init(FilterConfig config) throws ServletException
public void doFilter(ServletRequest request, ServletResponse response,
  FilterChain chain) throws IOException, ServletException
public void destroy()
```

引数 config：フィルターの設定情報　　request：リクエスト情報
response：レスポンス情報　　chain：フィルターチェーン

フィルターを定義するには、Filterインターフェイスのinit(初期化処理)／doFilter(実処理)／destroy(終了処理)を実装します。doFilterメソッドの最後では、原則として、FilterChain#doFilterメソッドで、後続のフィルターを明示的に起動します(後続のフィルターがない場合には、リクエストされた本来のサーブレット＆JSPが呼び出されます)。

サンプル filter/EncodeFilter.java

```java
public class EncodeFilter implements Filter {
  private String encoding = null;

  // 初期化パラメーターをプライベート変数encodingに退避
  @Override
  public void init(FilterConfig config) {
    this.encoding = config.getInitParameter("encoding");
  }

  // 初期化パラメーターに基づいてリクエストデータの文字コードを設定
  @Override
  public void doFilter(ServletRequest request, ServletResponse response, ↩
FilterChain chain) throws ServletException, IOException {
    request.setCharacterEncoding(this.encoding);
    chain.doFilter(request, response);
  }
```

```
    @Override
    public void destroy() {}
}
```

> **参考**
>
> フィルターは、<filter>/<filter-mapping>要素、もしくは@WebFilterアノテーションで有効にできます。本サンプルを動作させるための設定については、P.296も合わせて参照してください。

> **参考**
>
> 初期化パラメーターは、initメソッドであらかじめprivateフィールドに読み込んでおきます。これによって、doFilterメソッドなどで都度、初期化パラメーターへの読み込みが発生するのを防げます。

参照

P.134「フィルター名/初期化パラメーターを取得する」
P.295「フィルターを有効化する」

COLUMN Jasper 2 JSP Engineの設定方法(2) ― 初期化パラメーター

Jasper 2で利用できる初期化パラメーターには、以下のようなものがあります。すでに記述されている初期化パラメーターについては値を書き換え、特に記述がないものについては新たに<init-param>要素を追記してください。

▼Jasper 2実行エンジンのおもな初期化パラメーター

パラメーター名	概要	デフォルト値
checkInterval	再コンパイルの要否を確認する時間間隔（developmentがfalseの場合）	0（秒）
classdebuginfo	コンパイル時にデバッグ情報を付与するか	true
classpath	コンパイル時に使用するクラスパス	（WebAppsベースに動的に生成）
development	開発モードであるか	true
enablePooling	タグハンドラーのプーリングを有効にするか	true
errorOnUseBeanInvalidClassAttribute	<jsp:useBean>要素で無効なclass属性が指定された場合にエラーを発生させるか	true
fork	Tomcatとは別プロセスでページコンパイルを実行するか	true
javaEncoding	生成されるJavaファイルの文字エンコーディング	UTF-8
maxLoadedJsps	ロード可能なJSPの最大数	-1
jspIdleTimeout	アンロードされるまでの待機時間	-1
keepgenerated	生成されたJavaファイルを削除せずに保存するか	true
scratchdir	JSPページ処理時に使用する一時ファイルの保存先	workフォルダー

フィルター

フィルターチェーン上の次のフィルターを起動する

● javax.servlet.FilterChainインターフェイス

メソッド
doFilter 次のフィルター

書式

```
public void doFilter(ServletRequest request, ServletResponse response)
  throws IOException, ServletException
```

引数
request：リクエスト情報　　*response*：レスポンス情報

　FilterChainインターフェイスは、アプリケーションに登録された一連のフィルター(**フィルターチェーン**)を管理します。一般的には、Filter#doFilterメソッドの末尾で、次のフィルターを呼び出すために利用します。もしも次に呼び出すべきフィルターが存在しない場合には、もともとリクエストされたページが呼び出されます。

サンプル　filter/EncodeFilter.java

```
@Override
public void doFilter(ServletRequest request, ServletResponse response,
FilterChain chain) throws ServletException, IOException {
  request.setCharacterEncoding(this.encoding);
  chain.doFilter(request, response);
}
```

参照
P.131「フィルタークラスを定義する」

フィルター

フィルター名／初期化パラメーターを取得する

● `javax.servlet.FilterConfigインターフェイス`

メソッド

getFilterName	フィルター名
getInitParameter	初期化パラメーター
getInitParameterNames	初期化パラメーター（すべて）

書式

```
public String getFilterName()
public String getInitParameter(String name)
public Enumeration<String> getInitParameterNames()
```

引数　　name：初期化パラメーターの名前

　FilterConfigインターフェイスは、フィルターの論理名や初期化パラメーターなど、<filter>要素、もしくは@WebFilterアノテーションで定義されたフィルター設定を管理します。文字コードやパス情報など、フィルターから参照している環境情報にアクセスするために利用します。

　個別のパラメーター値を取得するにはgetInitParameterメソッドを、すべてのパラメーター（名前）を取得するにはgetInitParameterNamesメソッドを、それぞれ利用します。

サンプル　filter/InitParameterFilter.java

```java
@Override
public void init(FilterConfig config){
  ServletContext application = config.getServletContext();
  // web.xml上で定義されたフィルターの論理名を取得
  application.log("Filter Name -> " + config.getFilterName());
  // web.xml上で定義された初期化パラメーターを順に出力
  application.log("Filter InitParameter -> ");
  Enumeration<String> names = config.getInitParameterNames();
  while(names.hasMoreElements()) {
    String name = names.nextElement();
    application.log(name + ":" + config.getInitParameter(name));
  }
}
```

サンプル web.xml

```xml
<!--フィルターの論理名/初期化パラメーターを定義-->
<filter>
  <description>Filter to Get InitParameter</description>
  <display-name>InitParameter Sample</display-name>
  <filter-name>InitParameterFilter</filter-name>
  <filter-class>to.msn.wings.chap2.filter.InitParameterFilter</filter-class>
  <init-param>
    <param-name>SITE_HOME</param-name>
    <param-value>http://www.wings.msn.to/</param-value>
  </init-param>
  <init-param>
    <param-name>SITE_NAME</param-name>
    <param-value>サーバサイド技術の学び舎 - WINGS</param-value>
  </init-param>
</filter>
<!--InitParameterFilterフィルターを「/*」にひも付け-->
<filter-mapping>
  <filter-name>InitParameterFilter</filter-name>
  <url-pattern>/*</url-pattern>
  <dispatcher>REQUEST</dispatcher>
</filter-mapping>
```

参考

初期化パラメーターに都度アクセスするのは非効率です。一般的には、Filter#initメソッドで初期化パラメーターをいったんインスタンス変数に読み込んだうえで、あとはそのインスタンス変数を利用するようにします。

参照

P.131「フィルタークラスを定義する」
P.295「フィルターを有効化する」

リスナー

アプリケーション開始/終了時の挙動を定義する

▶ javax.servlet.ServletContextListener インターフェイス

メソッド

contextInitialized	開始時
contextDestroyed	終了時

書式

```
public void contextInitialized(ServletContextEvent ev)
public void contextDestroyed(ServletContextEvent ev)
```

引数 ev：コンテキストの変更情報

　ServletContextListenerインターフェイスは、アプリケーションの開始/終了を監視するためのcontextInitialized/contextDestroyedといったメソッドを提供しています。ServletContextListenerインターフェイスを実装したリスナークラスを、あらかじめアプリケーションに登録しておくことで、アプリケーションの起動/終了時に実行すべき処理を定義できます。

　リスナークラスを利用することで、(たとえば)アプリケーションの起動時にアプリケーション共通で使用するリソースを初期化したり、終了時にその後始末をしたりすることが可能になります。

　contextInitialzed/contextDestroyedメソッドでは、引数ev(ServletContextEventクラス)のgetServletContextメソッドを介して、コンテキスト情報(ServletContextオブジェクト)にアクセスできます。

サンプル listener/MyContextListener.java

```java
public class MyContextListener implements ServletContextListener {
  // アプリケーション起動時にロギング
  @Override
  public void contextInitialized(ServletContextEvent sce) {
    ServletContext application = sce.getServletContext();
    application.log(application.getServletContextName() + " Started!");
  }

  // アプリケーション終了時にロギング
  @Override
  public void contextDestroyed(ServletContextEvent sce) {
    ServletContext application = sce.getServletContext();
    application.log(application.getServletContextName() + " Closed!");
  }
}
```

サンプル web.xml

```xml
<listener>
  <display-name>Application Listener</display-name>
  <listener-class>to.msn.wings.chap2.listener.MyContextListener</listener-class>
</listener>
```

注意

ServletContextListenerインターフェイスが正しくアプリケーションの終了を捕捉するには、強制的に終了させるのではなく、コンテナーの正しい終了手続きを踏む必要があります。

参考

リスナークラスが動作するには、あらかじめ<listener>要素、もしくは@WebListenerアノテーションで登録しておく必要があります。

参照

P.154「リスナークラスを定義する」

リスナー

コンテキスト属性の追加／削除／更新時の処理を定義する

● javax.servlet.ServletContextAttributeListenerインターフェイス

メソッド

attributeAdded	追加時
attributeRemoved	削除時
attributeReplaced	更新時

書式

```
public void attributeAdded(ServletContextAttributeEvent ev)
public void attributeRemoved(ServletContextAttributeEvent ev)
public void attributeReplaced(ServletContextAttributeEvent ev)
```

引数 ev：コンテキスト属性の変更情報

ServletContextAttributeListenerインターフェイスは、コンテキスト属性の追加／削除／更新を監視するためのattributeAdded／attributeRemoved／attributeReplacedといったメソッドを提供しています。ServletContextAttributeListenerインターフェイスを実装したリスナークラスを、あらかじめアプリケーションに登録しておくことで、コンテキスト属性の変化に応じて実行すべき処理を定義できます。

一般的には、コンテキスト属性をもとに生成しているデータを、コンテキスト属性の変更タイミングでリフレッシュするような用途で利用します。

attributeAdded／attributeRemoved／attributeReplacedメソッドの引数ev（ServletContextAttributeEventオブジェクト）からは、コンテキスト属性に関わる以下のような情報にアクセスできます。

▼ ServletContextAttributeEventクラスのおもなメソッド

メソッド	概要
ServletContext getServletContext()	コンテキスト情報
String getName()	登録／更新／削除されたコンテキスト属性の名前
Object getValue()	登録／更新／削除されたコンテキスト属性の値

サンプル listener/MyContextAttributeListener.java

```java
public class MyContextAttributeListener implements ServletContextAttributeListener {
  // コンテキスト属性の追加時に、属性名と値のセットをロギング
  @Override
  public void attributeAdded (ServletContextAttributeEvent scab) {
    ServletContext application = scab.getServletContext();
    application.log(scab.getName() + ":" + scab.getValue() + " Added!");
  }

  // コンテキスト属性の削除時に、属性名と値のセットをロギング
  @Override
  public void attributeRemoved (ServletContextAttributeEvent scab) {
    ServletContext application = scab.getServletContext();
    application.log(scab.getName() + ":" + scab.getValue() + " Removed!");
  }

  // コンテキスト属性の更新時に、属性名と値のセットをロギング
  @Override
  public void attributeReplaced (ServletContextAttributeEvent scab) {
    ServletContext application = scab.getServletContext();
    application.log(scab.getName() + ":" + scab.getValue() + " Replaced!");
  }
}
```

サンプル web.xml

```xml
<listener>
  <display-name>Application Attribute Listener</display-name>
  <listener-class>to.msn.wings.chap2.listener.MyContextAttributeListener ↲
</listener-class>
</listener>
```

※本サンプルの動作を確認するには、P.108のcontext/getAttribute.jspにアクセスしてください。

参考

リスナークラスが動作するには、あらかじめ<listener>要素、もしくは@WebListenerアノテーションで登録しておく必要があります。

参照

P.154「リスナークラスを定義する」
P.297「アプリケーションイベントのリスナーを登録する」

リスナー
セッション生成／破棄時の処理を定義する

● javax.servlet.http.HttpSessionListener インターフェイス

メソッド
sessionCreated	生成時
sessionDestroyed	破棄時

書式

```
public void sessionCreated(HttpSessionEvent ev)
public void sessionDestroyed(HttpSessionEvent ev)
```

引数 ev：セッションの変更情報

・・

　HttpSessionListenerインターフェイスは、セッションの生成／破棄を監視するためのsessionCreated／sessionDestroyedといったメソッドを提供しています。HttpSessionListenerインターフェイスを実装したリスナークラスを、あらかじめアプリケーションに登録しておくことで、セッションの開始／終了時に実行すべき処理を定義します。

　リスナークラスを利用することで、（たとえば）セッションを開始したタイミングで、アプリケーションで利用するユーザー固有のリソースを初期化したり、終了時にその後始末をしたりすることが可能になります。

　sessionCreated／sessionDestroyedメソッドでは、引数ev（HttpSessionEventクラス）のgetSessionメソッドを介して、セッション情報にアクセスできます。

サンプル listener/MySessionListener.java

```java
public class MySessionListener implements HttpSessionListener {
  // セッションの開始時に、セッションIDをロギング
  @Override
  public void sessionCreated(HttpSessionEvent se) {
    HttpSession session = se.getSession();
    ServletContext application = session.getServletContext();
    application.log(session.getId() + " Created");
  }

  // セッションの破棄時に、セッションIDをロギング
  @Override
  public void sessionDestroyed(HttpSessionEvent se) {
    HttpSession session = se.getSession();
    ServletContext application = session.getServletContext();
    application.log(session.getId() + " Destroyed");
  }
}
```

サンプル web.xml

```xml
<listener>
  <display-name>Session Listener</display-name>
  <listener-class>to.msn.wings.chap2.listener.MySessionListener</listener-class>
</listener>
```

参考

リスナークラスが動作するには、あらかじめ<listener>要素、もしくは@WebListenerアノテーションで登録しておく必要があります。

参考

セッションは、あらかじめ決められたセッションの有効期限を超過するか、明示的にHttpSession#invalidateメソッドが呼び出された場合に、破棄されます。

参照

P.154「リスナークラスを定義する」
P.297「アプリケーションイベントのリスナーを登録する」

セッション属性の追加／削除／更新時の処理を定義する

● javax.servlet.http.HttpSessionAttributeListener インターフェイス

メソッド

attributeAdded	追加時
attributeRemoved	削除時
attributeReplaced	更新時

書式

```
public void attributeAdded(HttpSessionBindingEvent ev)
public void attributeRemoved(HttpSessionBindingEvent ev)
public void attributeReplaced(HttpSessionBindingEvent ev)
```

引数 *ev*：セッション属性の変更情報

HttpSessionAttributeListenerインターフェイスは、セッション属性の追加／削除／更新を監視するためのattributeAdded／attributeRemoved／attributeReplacedといったメソッドを提供しています。HttpSessionAttributeListenerインターフェイスを実装したリスナークラスを、あらかじめアプリケーションに登録しておくことで、セッション属性の変化に応じて実行すべき処理を定義できます。

一般的には、セッション属性をもとに生成しているデータを、セッション属性の変更タイミングでリフレッシュするような用途で利用します。

attributeAdded／attributeRemoved／attributeReplacedメソッドの引数ev(HttpSessionBindingEventオブジェクト)からは、セッション属性に関わる以下のような情報にアクセスできます。

▼ HttpSessionBindingEventクラスのおもなメソッド

メソッド	概要
HttpSession getSession()	セッション情報
String getName()	登録／更新／削除されたセッション属性の名前
Object getValue()	登録／更新／削除されたセッション属性の値

サンプル listener/MySessionAttributeListener.java

```java
public class MySessionAttributeListener implements HttpSessionAttributeListener {
  // セッション属性の追加時に、属性名と値のセットをロギング
  @Override
  public void attributeAdded (HttpSessionBindingEvent se) {
    ServletContext application = se.getSession().getServletContext();
    application.log(se.getName() + "=" + se.getValue() + " Added");
  }

  // セッション属性の削除時に、属性名と値のセットをロギング
  @Override
  public void attributeRemoved (HttpSessionBindingEvent se) {
    ServletContext application = se.getSession().getServletContext();
    application.log(se.getName() + "=" + se.getValue() + " Removed");
  }

  // セッション属性の更新時に、属性名と値のセットをロギング
  @Override
  public void attributeReplaced (HttpSessionBindingEvent se) {
    ServletContext application = se.getSession().getServletContext();
    application.log(se.getName() + "=" + se.getValue() + " Replaced");
  }
}
```

サンプル web.xml

```xml
<listener>
  <display-name>Session Attribute Listener</display-name>
  <listener-class>to.msn.wings.chap2.listener.MySessionAttributeListener ⮐
</listener-class>
</listener>
```

※本サンプルの動作を確認するには、P.102のsession/getAttribute.jspからアクセスしてください。

参考

リスナークラスが動作するには、あらかじめ<listener>要素、もしくは@WebListenerアノテーションで登録しておく必要があります。

参照

P.154「リスナークラスを定義する」
P.297「アプリケーションイベントのリスナーを登録する」

セッションIDが変更されたときの挙動を定義する

> javax.servlet.http.HttpSessionIdListener インターフェイス

メソッド

sessionIdChanged　　　　　　　　　　　　　　　　　　　　　　　　ID変更時 3.1

書式

public void sessionIdChanged(HttpSessionEvent *ev*, String *old*)

引数　　*ev*：セッションの変更情報　　*old*：変更前のセッションID

　HttpSessionIdListener インターフェイスは、セッションID の変更を監視するための sessionIdChanged メソッドを提供します。HttpSessionIdListener インターフェイスを実装したリスナークラスを、あらかじめアプリケーションに登録しておくことで、セッションIDの変化を追跡できます。

　sessionIdChanged メソッドでは、引数 ev（HttpSessionEvent クラス）の getSession メソッドを介して、セッション情報にアクセスできます。

サンプル　listener/IdChangedListener.java

```java
public class IdChangedListener implements HttpSessionIdListener {
  // 新旧のセッションIDをロギング
  @Override
  public void sessionIdChanged(HttpSessionEvent ev, String old) {
    HttpSession session = ev.getSession();
    ServletContext application = session.getServletContext();
    application.log(old + "->" + session.getId() + " changed");
  }
}
```

サンプル　web.xml

```xml
<listener>
  <display-name>Id Changed Listener</display-name>
  <listener-class>to.msn.wings.chap2.listener.IdChangedListener</listener-class>
</listener>
```

※本サンプルの動作を確認するには、P.67 の request/changeSessionId.jsp からアクセスしてください。

参照

P.140「セッション生成／破棄時の処理を定義する」

リスナー

オブジェクトがセッションにバインド／アンバインドされたときの処理を定義する

▶ javax.servlet.http.HttpSessionBindingListener インターフェイス

メソッド

valueBound	バインド
valueUnbound	アンバインド

書式

```
public void valueBound(HttpSessionBindingEvent ev)
public void valueUnbound(HttpSessionBindingEvent ev)
```

引数　ev：セッション属性の変更情報

HttpSessionBindingListenerインターフェイスは、任意のオブジェクトがセッションにバインド／アンバインドされたことを監視するために、valueBound／valueUnboundといったメソッドを提供します。あらかじめHttpSessionBindingListenerインターフェイスを実装したクラスを用意しておくことで、そのクラスがセッション属性にバインド／アンバインドされたタイミングで実行する処理を定義できます。

valueBound／valueUnboundメソッドの引数ev（HttpSessionBindingEventオブジェクト）からアクセスできる情報については、P.142の表も参照してください。

サンプル listener/User.java

```java
public class User implements HttpSessionBindingListener, Serializable {

  private String id;
  private String nam;
  public User() {
    id = "wings";
    nam = "yamada";
  }
  public void setId(String id)   {this.id = id;}
  public void setNam(String nam){this.nam = nam;}
  public String getId()   {return this.id;}
  public String getNam() {return this.nam;}

  // このオブジェクトがセッション属性に追加されたタイミングでロギング
  @Override
  public void valueBound(HttpSessionBindingEvent se) {
    ServletContext application = se.getSession().getServletContext();
    application.log(se.getName() + "=" + se.getValue() + " Bound");
  }
```

```java
// このオブジェクトがセッション属性から削除されたタイミングでロギング
@Override
public void valueUnbound(HttpSessionBindingEvent se) {
  ServletContext application = se.getSession().getServletContext();
  application.log(se.getName() + "=" + se.getValue() + " UnBound");
}
}
```

サンプル listener/valueBound.jsp

```jsp
<%@ page contentType="text/html;charset=UTF-8"
  import="to.msn.wings.chap2.listener.*" %>
...中略...
User user = new User();
session.setAttribute("binding.sample", user);
session.removeAttribute("binding.sample");
```

注意

HttpSessionBindingListener実装クラスは、HttpSessionListener／HttpSessionAttributeListenerなどと異なり、デプロイメントディスクリプター／@WebListenerによる登録は不要です。

参照

P.140「セッション生成／破棄時の処理を定義する」

リスナー

リクエスト処理開始／終了時の処理を定義する

▶ javax.servlet.ServletRequestListener インターフェイス

メソッド

requestInitialized	開始時
requestDestroyed	終了時

書式

```
public void requestInitialized(ServletRequestEvent ev)
public void requestDestroyed(ServletRequestEvent ev)
```

引数 *ev*：リクエストの変更情報

　ServletRequestListener インターフェイスは、リクエスト処理の開始／終了を監視するためのrequestInitialized／requestDestroyed といったメソッドを提供します。ServletRequestListener インターフェイスを実装したリスナークラスを、あらかじめアプリケーションに登録しておくことで、リクエスト処理の開始／終了時に実行すべき処理を定義します。

　リスナークラスを利用することで、（たとえば）リクエスト処理を開始したタイミングで、ログを記録したり、共通のヘッダー情報を追加したりすることが可能になります。

　requestInitialized／requestDestroyed メソッドでは、引数 ev（ServletRequestEvent クラス）を介して、以下のような情報にアクセスできます。

▼ ServletRequestEvent クラスのおもなメソッド

メソッド	概要
ServletContext getServletContext()	コンテキスト情報
ServletRequest getServletRequest()	リクエスト情報

サンプル listener/MyRequestListener.java

```java
public class MyRequestListener implements ServletRequestListener {

  // リクエスト処理の開始時に、リクエストURLをロギング
  @Override
  public void requestInitialized(ServletRequestEvent sre) {
    HttpServletRequest request = (HttpServletRequest)(sre.getServletRequest());
    ServletContext application = sre.getServletContext();
    application.log(request.getRequestURL() + " Request Initialized");
  }

  // リクエスト処理の終了時に、リクエストURLをロギング
  @Override
  public void requestDestroyed(ServletRequestEvent sre) {
    HttpServletRequest request = (HttpServletRequest)(sre.getServletRequest());
    ServletContext application = sre.getServletContext();
    application.log(request.getRequestURL() + " Request Destroyed");
  }
}
```

サンプル web.xml

```xml
<listener>
  <display-name>Request Listener</display-name>
  <listener-class>to.msn.wings.chap2.listener.MyRequestListener</listener-class>
</listener>
```

※本サンプルの動作を確認するには、任意のサーブレット＆JSPにアクセスしてください。

参考

リスナークラスを動作させるには、あらかじめ<listener>要素、もしくは@WebListenerアノテーションで登録しておく必要があります。

参照

P.154「リスナークラスを定義する」
P.297「アプリケーションイベントのリスナーを登録する」

リクエスト属性の追加／削除／更新時の処理を定義する

● javax.servlet.ServletRequestAttributeListenerインターフェイス

メソッド

attributeAdded	追加時
attributeRemoved	削除時
attributeReplaced	更新時

書式

```
public void attributeAdded(ServletRequestAttributeEvent ev)
public void attributeRemoved(ServletRequestAttributeEvent ev)
public void attributeReplaced(ServletRequestAttributeEvent ev)
```

引数 ev：リクエスト属性の変更情報

　ServletRequestAttributeListenerインターフェイスは、リクエスト属性の追加／削除／更新を監視するためのattributeAdded／attributeRemoved／attributeReplacedといったメソッドを提供します。ServletRequestAttributeListenerインターフェイスを実装したリスナークラスを、あらかじめアプリケーションに登録しておくことで、リクエスト属性の追加／削除／更新時の処理を定義できます。

　一般的には、リクエスト属性をもとに生成しているデータを、リクエスト属性の変更タイミングでリフレッシュするような用途で利用します。

　attributeAdded／attributeRemoved／attributeReplacedメソッドの引数ev（ServletRequestAttributeEventオブジェクト）からは、リクエスト属性に関わる以下のような情報にアクセスできます。

▼ ServletRequestAttributeEventクラスのおもなメソッド

メソッド	概要
ServletContext getServletContext()	コンテキスト情報
ServletRequest getServletRequest()	リクエスト情報
String getName()	登録／更新／削除されたリクエスト属性の名前
Object getValue()	登録／更新／削除されたリクエスト属性の値

サンプル listener/MyRequestAttributeListener.java

```java
public class MyRequestAttributeListener implements ServletRequestAttributeListener {

  // リクエスト属性追加時に、属性名と値のセットをログに記録
  @Override
  public void attributeAdded (ServletRequestAttributeEvent srae) {
    HttpServletRequest request = (HttpServletRequest)(srae.getServletRequest());
    ServletContext application = srae.getServletContext();
    application.log(request.getRequestURL() + ":" +
      srae.getName() + "=" + srae.getValue() + " Added");
  }

  // リクエスト属性削除時に、属性名と値のセットをログに記録
  @Override
  public void attributeRemoved (ServletRequestAttributeEvent srae) {
    HttpServletRequest request = (HttpServletRequest)(srae.getServletRequest());
    ServletContext application = srae.getServletContext();
    application.log(request.getRequestURL() + ":" +
      srae.getName() + "=" + srae.getValue() + " Removed");
  }

  // リクエスト属性更新時に、属性名と値のセットをログに記録
  @Override
  public void attributeReplaced (ServletRequestAttributeEvent srae) {
    HttpServletRequest request = (HttpServletRequest)(srae.getServletRequest());
    ServletContext application = srae.getServletContext();
    application.log(request.getRequestURL() + ":" +
      srae.getName() + "=" + srae.getValue() + " Replaced");
  }
}
```

サンプル web.xml

```xml
<listener>
  <display-name>Request Attribute Listener</display-name>
  <listener-class>to.msn.wings.chap2.listener.MyRequestAttributeListener ↵
</listener-class>
</listener>
```

※本サンプルの動作を確認するには、P.63のrequest/getAttribute.jspを起動してください。

参考

リスナークラスが動作するには、あらかじめ<listener>要素、もしくは@WebListenerアノテーションで登録しておく必要があります。

参照

P.154「リスナークラスを定義する」
P.297「アプリケーションイベントのリスナーを登録する」

アノテーション

サーブレットの基本情報を宣言する

● javax.servlet.annotation.WebServletアノテーション

アノテーション

@WebServlet サーブレットの基本情報 3.0

書式

```
@WebServlet(urlPatterns = patterns, initParams = params,
  loadOnStartup = index, asyncSupported = async,
  displayName = disp, largeIcon = lpath, smallIcon = spath,
  name = name, description = desc)
```

引数　　*patterns*：URIパターン（配列も可）
　　　　　params：初期化パラメーター（用法はP.153も参照）
　　　　　index：サーブレットをロードする順序
　　　　　async：非同期モードを有効にするか
　　　　　disp：表示名　　*lpath*：アイコン（大）のパス
　　　　　spath：アイコン（小）のパス
　　　　　name：論理名　　*desc*：サーブレットの説明

@WebServletアノテーションは、サーブレットの基本情報を表します。デプロイメントディスクリプターの<servlet>／<servlet-mapping>要素に相当します。

サーブレットを動作させるには、最低限、urlPatterns属性で呼び出しのためのURLパターンを宣言してください。たとえば以下のサンプルは、AnnotationServletサーブレットを「/chap2/AnnotationServlet」で呼び出すための宣言です。その他の属性については、<servlet>／<servlet-mapping>要素（P.287）も合わせて参照してください。

サンプル annotation/AnnotationServlet.java

```
@WebServlet(urlPatterns = "/chap2/annotation/AnnotationServlet",
  name="AnnotationServlet", description="AnnotationServletのサンプルです")
public class AnnotationServlet extends HttpServlet { ... }
```

参考

urlPatterns属性だけを指定するならば、以下のように属性名を省略することも可能です。

```
@WebServlet("/chap2/annotation/AnnotationServlet")
```

参考

一般的には、<servlet>／<servlet-mapping>要素よりも@WebServletアノテーションを利用したほうがシンプルに表現できます。

アノテーション

フィルターの基本情報を定義する

● javax.servlet.annotation.WebFilterアノテーション

アノテーション

@WebFilter　　　　　　　　　　　　　　　　　　　　　　　　　フィルターの基本情報 3.0

書式

```
@WebFilter(urlPatterns = patterns, servletNames = names,
  dispatcherTypes = types, initParams = params, asyncSupported = async,
  displayName = disp, largeIcon = lpath, smallIcon = spath,
  filterName = name, description = desc)
```

引数　　patterns：URLパターン（配列も可）　　names：サーブレット名
　　　　　types：フィルターの適用タイミング（設定値はP.296の表を参照）
　　　　　params：初期化パラメーター（用法はP.153を参照）
　　　　　async：非同期モードを有効にするか　　disp：表示名
　　　　　lpath：アイコン（大）のパス　　spath：アイコン（小）のパス
　　　　　name：論理名　　desc：フィルターの説明

@WebFilterアノテーションは、フィルターの基本情報を表します。デプロイメントディスクリプターの<filter>／<filter-mapping>要素に相当します。

フィルターを動作させるには、最低限、urlPatterns属性で呼び出しのためのURLパターンを宣言してください。たとえば以下のサンプルは、AnnotationFilterフィルターを「/*」（すべてのリクエスト）で有効にするための宣言です。その他の属性については、<filter>／<filter-mapping>要素（P.295）も合わせて参照してください。

サンプル annotation/AnnotationFilter.java

```
@WebFilter(urlPatterns = "/chap2/annotation/*", filterName = "AnnotationFilter",
  description = "AnnotationFilterのサンプルです")
public class AnnotationFilter implements Filter { ... }
```

参考

urlPatterns属性だけを指定するならば、以下のように属性名を省略することも可能です。

```
@WebFilter("/chap2/annotation/*")
```

参考

着脱を頻繁に行うようなフィルターは、できるだけ<filter>／<filter-mapping>要素で定義し、いちいちコード本体を編集しなくてもよいようにすべきです（Javaを理解していないユーザーがフィルターの設定だけを変更することはよくあることです）。

サーブレット／フィルターの初期化パラメーターを定義する

> javax.servlet.annotation.WebInitParam アノテーション

アノテーション
@WebInitParam   初期化パラメーター 3.0

書式
@WebInitParam(name = *name*, value = *value*)

引数
name：パラメーター名　　*value*：パラメーター値

@WebServlet／@WebFilterアノテーションのinitParams属性には、初期化パラメーターを@WebInitParamアノテーションで指定します。

以下はフィルターの場合の例を示していますが、サーブレットでも同じ要領で設定できます。初期化パラメーターはServletConfig／FilterConfigオブジェクトのgetInitParameterメソッドで取得できます。

サンプル annotation/InitAnnotationFilter.java
```
// 初期化パラメーターSITE_HOME／SITE_NAMEを宣言
@WebFilter(urlPatterns = "/chap2/annotation/*",
  filterName = "InitAnnotationFilter",
  initParams = {
    @WebInitParam(name = "SITE_HOME", value = "http://www.wings.msn.to/"),
    @WebInitParam(name = "SITE_NAME", value = "サーバサイド技術の学び舎")
  }
)
public class InitAnnotationFilter implements Filter { ... }
```

参考

開発者以外が変更する目的での初期化パラメーターは、できるだけ<filter>／<filter-mapping>要素で定義すべきです。初期化パラメーターを編集するために、いちいちコード本体を編集しなければならないのは迂遠であるからです。

参照
P.131「フィルタークラスを定義する」
P.151「サーブレットの基本情報を宣言する」

リスナークラスを定義する

アノテーション

● javax.servlet.annotation.WebListenerアノテーション

アノテーション
@WebListener リスナーの有効化 3.0

書式
@WebListener(*desc*)

引数
desc：リスナーの説明

リスナークラスを有効にするには、@WebListenerアノテーションを利用します。<listener>要素に相当します。

ここで言うリスナーとは、ServletContextListener／ServletContextAttributeListener／HttpSessionListener／HttpSessionAttributeListener／ServletRequestListener／ServletRequestAttributeListenerなどのインターフェイスを実装したクラスです。

サンプル annotation/AnnotationListener.java
```
@WebListener
public class AnnotationListener implements ServletContextListener { ... }
```

参考
着脱を頻繁に行うようなリスナーは、できるだけ<listener>要素で定義すべきです。リスナーを有効／無効にする際に、いちいちコード本体を編集しなければならないのは迂遠であるからです(Javaを理解していないユーザーが用途に応じてリスナーの設定だけを変更することはよくあることです)。

参照
P.297「アプリケーションイベントのリスナーを登録する」

アップロードファイルの上限／一時保存先を設定する

> javax.servlet.annotation.MultipartConfigアノテーション

アノテーション
@MultipartConfig　　　　　　　　　　　　　　　　　　　アップロードの設定 **3.0**

書式

```
@MultipartConfig(fileSizeThreshold=buffer, location=path,
  maxFileSize=maxFile, maxRequestSize=maxReq)
```

引数　　buffer：バッファーサイズ（バイト単位）
　　　　　path：アップロードファイルの一時的な保存先
　　　　　maxFile：アップロードファイルのサイズ上限（バイト単位）
　　　　　maxReq：リクエストデータのサイズ上限（バイト単位）

　サーブレットでファイルをアップロードする際に、その設定情報を宣言するのが @MultipartConfigアノテーションの役割です。最低限、location属性でアップロードファイルの一時的な保存先を設定しておきましょう。

　maxFileSize／maxRequest属性は必須ではありませんが、意図しない巨大なファイルをアップロードされてしまうのを防ぐために明示的に宣言しておくことをおすすめします。

サンプル request/GetPartServlet.java

```java
@MultipartConfig(location="C:/tmp/", maxFileSize=1048576)
@WebServlet("/chap2/request/GetPartServlet")
public class GetPartServlet extends HttpServlet { ... }
```
※サンプル全文は、P.61も合わせて参照してください。

参照

P.60「ファイルをアップロードする」

アノテーション

アクセス規則を定義する

● javax.servlet.annotation.ServletSecurityアノテーション

アノテーション

@ServletSecurity　　　　　　　　　　　　　　　　　　　　　アクセス規則 3.0

書式

@ServletSecurity(*constraint*, httpMethodConstraints = *methods*)

引数　*constraint*：アクセス規則（HttpConstraintアノテーション）
　　　　methods：HTTPメソッドを含んだアクセス規則（HttpMethodConstraintオ
　　　　　　　　　ブジェクト）

　@ServletSecurityアノテーションは、現在のサーブレットに対してアクセスできるロール／HTTPメソッドを表します。<security-constraint>要素に相当します。

　引数constraintには、アクセス規則をHttpConstraintアノテーションとして指定します。HttpConstraintで指定可能な属性は、以下のとおりです。

▼ HttpConstraintアノテーションのおもなメンバー

属性	概要	
String[] rolesAllowed	許可するロール	
TransportGuarantee transportGuarantee	通信の保護方法	
	設定値	概要
	CONFIDENTIAL	暗号化されていること
	NONE	なし
EmptyRoleSemantic value	デフォルトの認可方法（rolesAllowedが空の場合に指定）	
	設定値	概要
	DENY	すべてのロールを拒否
	PERMIT	すべてのロールを許可（デフォルト）

　HTTPメソッドを加味したアクセス規則を表現するならば、httpMethodConstraints属性を利用してください。こちらには、アクセス規則をHttpMethodConstraintアノテーションとして指定します。

▼ HttpMethodConstraintアノテーションのおもなメンバー

属性	概要
String value	HTTPメソッド名
EmptyRoleSemantic emptyRoleSemantic	デフォルトの認可方法
String[] rolesAllowed	許可するロール
TransportGuarantee transportGuarantee	通信の保護方法

サンプル annotation/SecurityServlet.java

```
// HTTP GET以外のアクセスではadminロールを要求（HTTP GETは無制限）
@ServletSecurity(value = @HttpConstraint(rolesAllowed = { "admin" }),
  httpMethodConstraints = @HttpMethodConstraint("GET"))

// HTTP POSTからのアクセスはadminロールを要求（それ以外は無制限）
// @ServletSecurity(httpMethodConstraints =
//   @HttpMethodConstraint(value = "POST", rolesAllowed = "admin"))
@WebServlet("/chap2/annotation/SecurityServlet")
public class SecurityServlet extends HttpServlet { ... }
```

※HTTP POSTでのアクセスを確認するには、annotation/security.jspにアクセスしてください。

参考

フォルダー単位でアクセス規則を管理するならば、<security-constraint>要素を利用するのが便利です。

参照

P.273「特定のフォルダーに対して認証を設定する」

CHAPTER ▶▶▶ 3

Servlet & JSP Pocket Reference

JSP基本構文

JSP の基本

概要

すべてのJSPページでは、実行に先立ってサーブレットに変換／コンパイルされます。そうした意味で「JSPはサーブレットである」と言えます。

そのため、JSPではサーブレットが公開する一連のAPIをそのまま利用することができますが、一方で、できるだけ開発者(デザイナー)がレイアウトの作成に注力できるよう、さまざまなしかけを用意しています。個々の構文を紹介するに先立って、ここではJSPページの構造を俯瞰してみることにしましょう。

JSPページの構成要素

JSPページは、以下の要素から構成されます。No.はサンプルコード内の番号に対応しています。

▼ JSPページの構成要素

No.	要素名	構文	概要
①	ディレクティブ	<%@ ディレクティブ名 属性名1="属性値1" ... %>	ページ単位の処理方法を宣言
②	スクリプトレット	<% 任意のコード %>	断片的なJavaのコードを記述
③	式(Expression)	<%=任意の式 %>	<% out.print("…"); %>の省略形
④	宣言部	<%! 宣言文 %>	変数／定数／ユーザー定義メソッドを宣言
⑤	アクションタグ	<接頭辞:タグ名 属性名1="属性値1" ... />	定型的な処理をタグ形式で表記
⑥	式言語(Expression Language)	${式構文}	指定した式を出力
⑦	コメント	<%-- コメント文 --%>	サーブレット＆JSPコンテナーによって解析されないメモ領域を定義
⑧	HTMLテンプレート	―	上記①〜⑦のいずれにも属さない静的なHTML部分

サンプル basic/basic.jsp

```
<%@ page contentType="text/html;charset=UTF-8" %>          ①
<%! String title="JSP基本構文"; %>                          ④
<!DOCTYPE html>
<html>
<head>
<meta charset="UTF-8" />
<title><%=title %></title>                                  ③
</head>
<body>
<h1><% out.print(title); %></h1>                            ②
<%--外部ファイルincluded.jspをインクルードします--%>          ⑦
```

```
<jsp:include page="included.jsp" />    ←    ⑤
</body>
</html>
```

サンプル basic/included.jsp

```
<%@ taglib prefix="fn" uri="http://java.sun.com/jsp/jstl/functions" %>
<hr />
<div align="right">${fn:escapeXml("<Written By Y.Yamada>")}</div>    ←    ⑥
```

▼ 実行結果

「宣言部」「スクリプトレット」「式(Expression)」を総称して**スクリプティング要素**とも言います。これらスクリプティング要素は、JSP 1.2まではJSPページの重要な構成要素でしたが、JSP 2.0以降においては極力使用するべきではありません。ロジックに関わる部分は、できるだけサーブレットやカスタムタグ(タグファイル)に委ねるべきですし、出力はアクションタグ、式構文(Expression Language)で賄うことをおすすめします。スクリプティング要素を.jspファイルから排除することで、.jspファイルにおける可読性／保守性の改善を期待できます。

注意

ただし、本書では解説の便宜上、スクリプティング要素を必要に応じて利用しています。ご了承ください。

暗黙オブジェクト

暗黙オブジェクトとは、JSPが自動的にインスタンス化し、自ら宣言することなく使用できる特別なオブジェクトのことを言います。スクリプトレットで使用できます(宣言部では不可)。

以下には、JSPページで使用することのできるおもな暗黙オブジェクトと、オブジェクトのもととなるクラスの関係とを示すことにします。それぞれのクラス／インターフェイスに関する詳細は、それぞれ第2章と第4章を参照してください。

▼ おもな暗黙オブジェクト

暗黙オブジェクト	実装クラス	概要
application	javax.servlet.ServletContext	コンテナーに関する情報、ユーザー間での共有情報を管理
config	javax.servlet.ServletConfig	web.xmlで定義した初期化パラメーターにアクセスするための手段を提供
exception	java.lang.Throwable	ページ内で発生した例外情報を管理。@pageディレクティブのisErrorPage属性がtrueの場合のみ使用可能
out	javax.servlet.jsp.JspWriter	クライアントにコンテンツを出力する手段を提供
page	java.lang.Object	JSPページそのものを表現(JSPページ内で直接使用することはほとんどない)
pageContext	javax.servlet.jsp.PageContext	JSPページで定義された名前空間、もしくはその他、暗黙オブジェクトへのアクセス手段を提供(カスタムタグなどで使用し、JSPページ内で直接使用することはない)
request	javax.servlet.http.HttpServlet.Request	クライアントから送信されたリクエスト情報にアクセスする手段を提供
response	javax.servlet.http.HttpServlet.Response	クライアントに送信するレスポンス情報を制御する手段を提供
session	javax.servlet.http.HttpSession	アプリケーション内でユーザーが保持すべきセッション情報を管理。@pageディレクティブのsession属性がfalseの場合には使用不可

.jspファイルのモジュール化

JSP 2.2以降では、.jspファイルを.jarファイルとしてモジュール化できるようになりました。これには、.jarファイル配下の/META-INF/resourcesフォルダー配下に.jspファイルを配置するだけです。たとえば、/META-INF/resources/module.jspのように配置したmodule.jarファイルを、pocketJspアプリケーションの/WEB-INF/libフォルダーに配置することで、以下のように呼び出しが可能となります。

```
http://localhost:8080/pocketJsp/module.jsp
```

ディレクティブとは

ディレクティブ（Directive）とは、日本語で「指令」と訳されるように、JSPページの処理方式をコンテナに対して伝えるためのしくみです。以下は、ディレクティブの共通的な構文です。

```
<%@ ディレクティブ名 属性名1="値1" [属性名2="値2" ...] %>
```

属性値は、数値であると文字列であるとに関わらず、ダブルクォートで括らなければなりません。また、ディレクティブ名、属性名、（文字列型である場合には）属性値についても、大文字／小文字が区別されるので注意してください。

JSP 2.3で利用可能なディレクティブ

JSP 2.3で利用できるおもなディレクティブは、以下のとおりです。ただし、ディレクティブによっては利用できる場所が限定されるものもあるので、注意してください。

▼ JSP 2.3で使用できるおもなディレクティブ

ディレクティブ	概要
@page	JSPページの処理方法を規定（.jspファイルでのみ利用可）
@include	外部ファイルをインクルード
@taglib	タグライブラリを定義
@tag	タグファイルの基本情報を定義（タグファイルでのみ利用可）
@attribute	タグファイルで利用する属性を宣言（タグファイルでのみ利用可）
@variable	タグファイルで利用する変数を宣言（タグファイルでのみ利用可）

ほとんどのディレクティブはページ内で何度登場してもかまいませんが、@page／@tagディレクティブだけは同じ属性を含んだ宣言を2回以上繰り返すことはできません（import属性を除く）。

また、ほとんどのディレクティブは、ページの先頭にまとめて記述するのが一般的です。構文規則ではありませんが、コードの可読性という観点からも、特別な理由がない限り、ディレクティブがページのあちこちに散在するのは避けるべきです。

ページ出力時のバッファー処理を有効にする

ディレクティブ

ディレクティブ

@page (autoFlush) 自動フラッシュ
@page (buffer) バッファーサイズ

書式

```
<%@ page autoFlush="flush" buffer="size" %>
```

引数　*flush*：バッファーの上限を超えたときに自動出力するか（デフォルトはtrue）
　　　　size：バッファーサイズ（キロバイト。デフォルトは"8kb"）

出力バッファーとは、JSPによって生成された出力を一時的に保持するための、サーバー側の記憶領域のことを言います。バッファー処理を有効にすることで、処理結果をいったんサーバーサイドで蓄積し、処理終了後にまとめてクライアントに送信できます。これによって、出力のオーバーヘッドが軽減し、処理パフォーマンスも改善します。

buffer属性は、バッファー処理で利用するバッファーサイズをキロバイト単位で設定します。特別な値として「none」を指定した場合、出力データはバッファーに蓄積されることなく、そのままクライアントに送出されます。

出力がbuffer属性の指定サイズを超えた場合に自動的に出力するかを決めるのが、autoFlush属性です。autoFlush属性がfalseの場合、出力がバッファーサイズを超えたところで例外を発生します。buffer属性が「none」（バッファー無効）の場合は、autoFlush属性をfalseにすることはできません。

サンプル　directive/buffer.jsp

```
<%@ page buffer="4kb" autoFlush="true" %>
```

参考

重い処理を含んだページを実行する場合、バッファー処理によってページの送信タイミングが遅れ、ユーザーの体感速度はむしろ低下することがあります。そのような場合には、buffer属性の値をやや小さめに設定するか、JspWriter#flushメソッドで処理途中に適宜バッファーの内容を出力することで、体感速度を改善できます。

参照

P.219「出力バッファーを制御する」

ディレクティブ

ページのコンテンツタイプ／出力文字コードを宣言する

ディレクティブ
@page（contentType）　　　　　　　　　　　　　　　コンテンツタイプ

書式
`<%@ page contentType="type" %>`

引数
type：コンテンツタイプ（おもな設定値はP.283）

---

contentType属性は、ページが出力するコンテンツの種類（コンテンツタイプ）を宣言します。デフォルトは「text/html;charset=ISO-8859-1」（＝文字コードがISO-8859-1であるHTML文書）です。ただし、ISO-8859-1(Latin-1)は欧米系の文字コードなので、ページに日本語（マルチバイト文字）が含まれている場合には正しく表示することができません。マルチバイト文字を含むページを出力する場合には、contentType属性で必ずマルチバイト文字に対応した文字コード（UTF-8、Windows-31J、EUC-JPなど）を指定しなければなりません。

また、そもそもJSPページで出力するのが、常にHTML文書であるとは限りません。XML文書やJSONデータ、プレーンテキストなどを出力するケースもあるでしょう。そのような場合にも、contentType属性で適切なコンテンツタイプを宣言し、クライアントに対してコンテンツの種類を明示的に宣言する必要があります。さもないと、クライアントサイド（ブラウザー）で正しくページをレンダリングできない場合がありますので、注意してください。

サンプル　directive/contentType.jsp
`<%@ page contentType="text/html;charset=UTF-8" %>`

参考
Windows-31Jは、標準的なShift-JISに加えて、Windows固有の機種依存文字を含んだ「Windows版Shift-JIS」です。ページに「～」のような依存文字を含む場合には文字化けの原因となる可能性があるので、（Shift-JISではなく）Windows-31Jを利用するようにしてください。

参照
P.166「.jspファイルの文字コードを宣言する」
P.290「JSPページの基本設定を宣言する」

ディレクティブ

.jspファイルの文字コードを宣言する

ディレクティブ
@page (pageEncoding)　　　　　　　　　　　　　　　　　　　　　　ページの文字コード

書式
`<%@ page pageEncoding="encode" %>`

引数
encode：文字コード

---

　pageEncoding属性は、.jspファイルを記述した文字コードを宣言します。pageEncoding属性が省略された場合には、デフォルトでcontentType属性で指定された文字コードでソースコードを読み込みますので、ソースコードの文字コードと出力文字コードが等しい場合にはpageEncoding属性は省略してもかまいません。

　たとえば、UTF-8で記述したソースコードの処理結果をWindows-31Jで出力したいなどという場合にのみ、pageEncoding／contentType属性の双方を宣言します。

サンプル directive/pageEncoding.jsp
`<%@ page contentType="text/html;charset=Windows-31J" pageEncoding="UTF-8" %>`

参考
　インクルードファイルにマルチバイト文字を含んでいる場合には、pageEncoding属性の指定は必須です。インクルード元のページでcontentType属性を指定している場合、インクルードファイルでcontentType属性を重ねて指定することはできませんので、注意してください(コンテナーによって挙動は異なりますが、Tomcatでは二重に指定した場合にはインクルードファイルの指定は無視されるようです)。

参照
P.165「ページのコンテンツタイプ／出力文字コードを宣言する」

エラーページを設定する

ディレクティブ

ディレクティブ

@page (errorPage)	エラーページのパス
@page (isErrorPage)	エラーページか

書式

```
<%@ page errorPage="path" isErrorPage="error" %>
```

引数　path：例外発生時に表示するエラーページのパス
　　　　 error：エラーページであるか（デフォルトはfalse）

errorPage属性にはエラーページのパスを指定します。**エラーページ**とは、ページで処理できない例外が発生した場合に表示するエラー通知用のページです。Tomcatなど多くのコンテナーでは、デフォルトで表示するエラーページを用意していますが、それはあくまで開発者向けのページであり、ソースコードを含んだトレース情報を出力します。当然、ソースコードが見えてしまうのはセキュリティの観点からも好ましいことではありませんし、そもそもエンドユーザーにとってもわかりにくい情報です。そこで、（たとえば）「復旧予定」「管理者の連絡先」などを示した、よりわかりやすいエラーページを提供するわけです。

エラーページの側ではisErrorPage属性にtrueを指定し、エラーページであることを明示的に宣言する必要があります。暗黙オブジェクトexceptionは、isErrorPage属性がtrueである場合にしかアクセスできません。

サンプル　directive/error.jsp

```
<%@ page contentType="text/html;charset=UTF-8"
  errorPage="errorPage.jsp" isErrorPage="false" %>
<%
if (true) {
  throw new Exception("エラー");
}
%>
```

※エラーページについては、P.223のサンプルを参照してください。

参考

エラーページはデプロイメントディスクリプター（web.xml）でも設定できます。普通は個別のページ単位にエラーページを変更するようなケースはほとんどないはずなので、確実に例外を捕捉するためにも、エラーページはweb.xmlで設定することをおすすめします。

参照

P.223「エラー情報を取得する」
P.270「エラーページを設定する」

ディレクティブ

パッケージをインポートする

ディレクティブ
@page (import)　　　　　　　　　　　　　　　　　　　　　　　　パッケージのインポート

書式

```
<%@ page import="package" %>
```

引数　　*package*：参照するパッケージ／クラス名（カンマ区切り。デフォルトはjava.lang.*,javax.servlet.*,javax.servlet.jsp.*,javax.servlet.http.*）

import属性は、ページで使用するパッケージ／クラスをインポートします。スクリプトレットや式(Expression)などのスクリプティング要素からクラスライブラリを利用する場合には、まずimport属性で該当するパッケージ／クラスをインポートしておく必要があります。

サンプル　directive/import.jsp

```
<%@ page import="java.util.Date" %>
<%@ page import="java.io.*,java.sql.*" %>
```

参考▶

@pageディレクティブでは、原則、同一ページで同一の属性を使うことができません。ただし、import属性だけは例外で、複数のパッケージ／クラスをインポートする場合には、import属性も複数回宣言できます。複数回記述した場合には、最終的にその合算したものとして評価します。サンプルのように、カンマ区切りで列記することも可能ですが、複数に分割したほうがコードは読みやすいでしょう。

注意▶

そもそもimport属性を列記しなければならないJSPは避けるべきです。JSPは出力の用途に特化し、処理部分はサーブレットやJavaBeans、タグライブラリに委ねるべきだからです。

ディレクティブ

式言語を利用するかどうかを指定する

ディレクティブ

@page (isELIgnored)   式言語の無効化
@page (deferredSyntaxAllowedAsLiteral)   遅延評価式の無効化 2.1

書式

```
<%@ page isELIgnored="ignore" deferredSyntaxAllowedAsLiteral="literal" %>
```

引数

ignore：式言語を無視するか（デフォルトはfalse）
literal：遅延評価式を無視するか（デフォルトはfalse）

isELIgnored属性は、ページ上の式言語（Expression Language）を無視するかどうかを指定します。isELIgnored属性をtrueに設定した場合、ページ上に記述された式言語はすべて無視され、そのまま出力されます。

deferredSyntaxAllowedAsLiteral属性は、式言語の中でも#{...}で表される遅延評価式をリテラルとして扱うかどうかを表します。trueでリテラルと見なします。

サンプル directive/isELIgnored.jsp

```
<%@ page isELIgnored="true" %>
...中略...
${name}   ← そのまま「${name}」が表示される
```

サンプル directive/deferredEL.jsp

```
<%@ page contentType="text/html;charset=UTF-8"
  deferredSyntaxAllowedAsLiteral="true" %>
...中略...
<wings:Deferred inout="#{h.value}" />   ← 式を評価できないのでエラー
```

参考

式言語／遅延評価式の有効／無効は、デプロイメントディスクリプター（web.xml）でも設定できます。

参照

P.290「JSPページの基本設定を宣言する」
P.307「遅延評価の式言語を利用する」
P.309「遅延評価式でメソッドを受け渡す」

セッション機能を利用するかどうかを指定する

ディレクティブ

ディレクティブ
@page (session)　　　　　　　　　　　　　　　　　　　　　　　　　　　　セッション機能

書式
`<%@ page session="session" %>`

引数　　session：セッションを有効にするかどうか（デフォルトはtrue）

　session属性は、セッション機能の有効／無効を指定します。セッション追跡を必要としないページでは、session属性をfalseに設定することで、処理に要するシステムリソースをいくらか節約することができ、パフォーマンスを改善できます。

　session属性がfalseの場合は、暗黙オブジェクトsessionは利用することができません。

サンプル　directive/session.jsp
```
<%@ page session="false" %>
<%
String email = (String)session.getAttribute("email");
%>
```
← セッションは無効なので例外発生

参照
P.101「セッション属性を取得／設定／削除する」
P.281「セッションに関する挙動を設定する」

ディレクティブ宣言による空行の出力を抑制する

ディレクティブ

@page (trimDirectiveWhitespaces) 空行の削除 2.1

書式

```
<%@ page trimDirectiveWhitespaces="space" %>
```

引数 *space*：空行を削除するか（デフォルトはfalse）

---

trimDirectiveWhitespaces属性をtrueにすることで、ディレクティブ宣言によって発生する空行をサプレス(削除)できます。デフォルトのfalseでは、ディレクティブ宣言の行数だけページ先頭に空行ができてしまいます。そうした不要な空行を削除したい場合に、この属性をtrueに設定します。

サンプル directive/trim.jsp

```
<%@ page trimDirectiveWhitespaces="true" %>
```

参考

web.xmlの<jsp-property-group> - <trim-directive-whitespaces>要素を設定しても同じです。一般的には、ページ個別で設定するよりも、web.xmlでまとめて管理するのが望ましいでしょう。

参照

P.290「JSPページの基本設定を宣言する」

ページに関する説明を記述する

ディレクティブ

ディレクティブ
@page (info) — ページの説明

書式
```
<%@ page info="description" %>
```

引数
description：ページに関する説明

---

info属性は、現在のページに関するメモ情報を記述します。info属性で定義した値はHttpServlet#getServletInfoメソッドによって取得できます。

サンプル directive/info.jsp
```
<%@ page contentType="text/html;charset=UTF-8" info="info属性によるメモ" %>
...中略...
情報 -> <%=getServletInfo() %>
```
→ `情報 -> info属性によるメモ`

参照
P.41「サーブレットクラスの情報を取得する」

ディレクティブ

外部ファイルをインクルードする

ディレクティブ
@include　　　　　　　　　　　　　　　　　　　　　　　　　　　　　　　　　インクルード

書式
`<%@ include file="path" %>`

引数　path：インクルードファイルへの絶対／相対パス

@includeディレクティブは、外部のJSP/サーブレットを呼び出し、現在のページにインクルードします。file属性の値が「/」で始まる場合、指定されたパスはアプリケーションルート(コンテキストパス)を基点とした絶対パスと見なされます。「/」以外で始まる場合、パスは現在のページを基点とする相対パスと見なされます。

サンプル directive/include.jsp
```
<%@ include file="/chap3/basic/included.jsp" %>
```

注意

よく似た機能として<jsp:include>要素がありますが、内部的な挙動が異なります。具体的には、@includeディレクティブがページをコンパイルする際にインクルードするのに対して、<jsp:include>要素はリクエスト都度にファイルをインクルードします。一般的には、@includeディレクティブでは@taglib／@importディレクティブなど静的なコンテンツの共有に、<jsp:include>要素は結果が動的に変化するコンテンツに対して利用します。

参照
P.203「外部ファイルをインクルードする」

タグライブラリをページに登録する

ディレクティブ
@taglib タグライブラリの宣言

書式
<%@ taglib prefix="*prefix*" uri="*uri*" %>

引数　*prefix*：カスタムタグの接頭辞
　　　　uri：タグライブラリディスクリプターを一意に表すURI

@taglibディレクティブは、現在のページで使用するカスタムタグを宣言します。

prefix属性は、タグの接頭辞（<sql:query>であればsql）を指定します。ただし、jsp:、jspx:、java:、javax:、servlet:、sun:、sunw:などはJSPの仕様で予約されているため、利用できません。

uri属性は、カスタムタグを特定するためのキーとなる情報です。JSPコンテナーは、uri属性の値をキーに、以下の情報を検索します。

1. web.xmlの<taglib-uri>要素
2. /WEB-INF、またはそのサブフォルダー配下のタグライブラリディスクリプター（<uri>要素）
3. .jarファイル内のタグライブラリディスクリプター（<uri>要素）

タグライブラリディスクリプター（TLD）とは、カスタムタグの情報を定義した設定ファイルです。JSPでは、検出したタグライブラリディスクリプターからカスタムタグの情報（名前と、対応する実装クラス）を検索し、カスタムタグを実行するわけです。

たとえば以下は、2.の場合のカスタムタグ実行の流れです。

▼ カスタムタグ実行の流れ

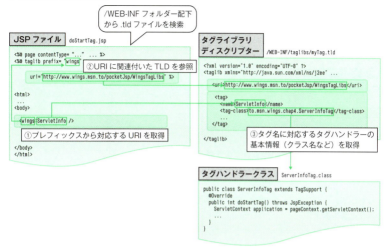

サンプル directive/taglibs.jsp

```
<%@ page contentType="text/html;charset=UTF-8" %>
<%@ taglib prefix="c" uri="http://java.sun.com/jsp/jstl/core" %>
<%@ taglib prefix="sql" uri="http://java.sun.com/jsp/jstl/sql" %>
<%@ taglib prefix="fmt" uri="http://java.sun.com/jsp/jstl/fmt" %>
<%@ taglib prefix="x" uri="http://java.sun.com/jsp/jstl/xml" %>
<%@ taglib prefix="fn" uri="http://java.sun.com/jsp/jstl/functions" %>
```

注意

uri属性には、TLDへのパスを直接指定することも可能です。ただし、TLDの配置先が変更になった場合、この記法は関係するすべての.jspファイルに影響してしまうため、原則として避けてください。

```
<%@ taglib prefix="req" uri="/WEB-INF/taglibs-request.tld" %>
```

参考

たとえばJSTL（第7章）のTLDを確認するには、/WEB-INF/libフォルダーに配置したjavax.servlet.jsp.jstl-1.2.1.jarを解凍し、配下の/META-INFフォルダーを開くことで確認できます。たとえばCoreタグライブラリのTLDであるc.tldを開くと、以下のような記述が見つかるはずです。

```
<uri>http://java.sun.com/jsp/jstl/core</uri>
```

参照

P.293「JSPページで利用するタグライブラリを登録する」

ディレクティブ

タグファイルをページに登録する

ディレクティブ

@taglib   タグファイルの宣言

書式

<%@ taglib prefix="*prefix*" tagdir="*path*" %>

引数
prefix：カスタムタグの接頭辞
path：タグファイルが格納されているフォルダーのパス

@taglibディレクティブのtagdir属性を利用することで、現在のページで使用するタグファイルを宣言できます。

タグファイルとは、カスタムタグを(タグハンドラークラスとしてでなく)JSPの構文で定義するためのしくみです。タグハンドラークラス、タグライブラリディスクリプターの記述が不要となるため、シンプルなカスタムタグを手軽に実装したいときには便利なしくみです。

tagdir属性には、タグファイルを格納したパスを指定します。一般的には、/WEB-INF/tagsフォルダーに配置します。

サンプル directive/tag.jsp

```
<%@ page contentType="text/html;charset=UTF-8" %>
<%@ taglib prefix="wings" tagdir="/WEB-INF/tags" %>
...中略...
<wings:calculate x="10" y="5" operator="+" />  ─────── 15
```
※タグファイルの実体calculate.tagは、P.177を参照してください。

参照

P.177「タグファイルの基本情報を定義する」

ディレクティブ

タグファイルの基本情報を定義する

ディレクティブ

@tag　　　　　　　　　　　　　　　　　　　　　　　タグファイルの情報

書式

```
<%@ tag [body-content="content"]
  [import="package"] [pageEncoding="encode"] [isELIgnored="ignore"]
  [deferredSyntaxAllowedAsLiteral="literal"]
  [trimDirectiveWhitespaces="space"]
  [description="description"] [example="example"] [language="lang"]
  [display-name="name"] [small-icon="small"] [large-icon="large"] %>
```

引数　　content：タグ本体の処理方法（scriptless | tagdependent | empty）
　　　　　package：ページ内で参照するパッケージ／クラス（カンマ区切り）
　　　　　encode：ソースコードで利用している文字コード
　　　　　ignore：式言語を無視するか（デフォルトはfalse）
　　　　　literal：遅延評価式を無視するか（デフォルトはfalse）
　　　　　space：空行を削除するか（デフォルトはfalse）
　　　　　description：タグファイルの概要
　　　　　example：タグファイルの利用例　　lang：使用する言語（Javaで固定）
　　　　　name：タグの表示名（デフォルトはタグファイルのベース名）
　　　　　small：アイコン画像（小）のパス　　large：アイコン画像（大）のパス

　@tagディレクティブは、タグファイル(.tagファイル)の処理方法を宣言します。.jspファイルの @pageディレクティブに相当します。

　それぞれの属性については、@pageディレクティブとタグライブラリディスクリプターの<tag-file>要素も参照してください。

サンプル calculate.tag

```
<%@ tag pageEncoding="UTF-8" body-content="empty"
  display-name="Tag Sample" description="四則演算" %>
<%@ taglib prefix="c" uri="http://java.sun.com/jsp/jstl/core" %>
<!--演算の対象（x、y）、演算子（operator）を属性として宣言-->
<%@ attribute name="x" required="true" rtexprvalue="true" %>
<%@ attribute name="y" required="true" rtexprvalue="true" %>
<%@ attribute name="operator" required="true" rtexprvalue="true" %>
<!--operator属性に応じて四則演算を実行-->
<c:if test="${operator == '+'}">${x + y}</c:if>
<c:if test="${operator == '-'}">${x - y}</c:if>
<c:if test="${operator == '*'}">${x * y}</c:if>
```

```
<c:if test="${operator == '/'}">${x / y}</c:if>
```
※タグファイルを呼び出す.jspファイルの例は、P.176を参照してください。

> **注意**
>
> タグファイルに日本語(マルチバイト文字)が含まれている場合には、pageEncoding属性は必須です。呼び出し元の.jspファイル(@pageディレクティブ)でpageEncoding(contentType)属性が指定されていても、あらためてタグファイル内で指定する必要がありますので、漏れのないようにしてください。

> **参考**
>
> タグファイルの実行に必要なファイルの関係は、以下のとおりです。タグハンドラークラスの実行に較べると、格段にかんたんな配置で賄えることがわかるはずです。

▼ タグファイルの挙動

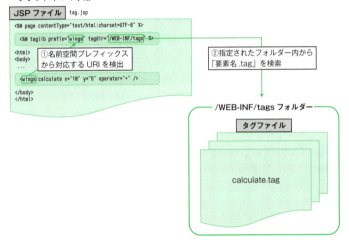

タグファイルの拡張子は「.tag」とし、/WEB-INF/tagsフォルダーに配置します。

参照

P.163「ディレクティブとは」
P.179「タグファイルで利用可能な属性を宣言する」
P.183「タグファイル内で利用可能な変数を宣言する」
P.311「タグファイルの情報を定義する」

ディレクティブ

タグファイルで利用可能な属性を宣言する

ディレクティブ

@attribute　　　　　　　　　　　　　　　　　　　　　　　　　　属性の宣言

書式

```
<%@ attribute name="name" [required="required"] [fragment="fragment"]
  [rtexprvalue="expression"] [type="type"] [description="description"]
  [deferredValue="dvalue"] [deferredValue-Type="dtype"]
  [deferredMethod="dmethod"] [deferredMethod-Signature="dsignature"] %>
```

引数
- *name*：属性名　　*required*：属性は必須か（デフォルトはfalse）
- *fragment*：属性をフラグメントとして認識するか（デフォルトはfalse）
- *expression*：属性値に式／スクリプトレットを使用可能か（デフォルトはtrue）
- *type*：属性値のデータ型（デフォルトはjava.lang.String）
- *description*：属性の説明
- *dvalue*：属性が遅延評価式（値）で表されるか 2.1
- *dtype*：遅延評価式（値）の型 2.1
- *dmethod*：属性が遅延評価式（メソッド）で表されるか 2.1
- *dsignature*：遅延評価式（メソッド）のシグニチャー 2.1

　@attributeディレクティブは、タグファイルで使用する属性を宣言します。タグライブラリディスクリプターの<attribute>要素に相当します。指定できる値の詳細については、<tag>／<tag-file>要素を参照してください。@attributeディレクティブで宣言された属性は、${属性名}のように、式言語によって参照できます。

　fragment属性がtrueの属性（＝フラグメント）については、.jspファイル上、<jsp:attribute>要素で表す必要があります。フラグメントに関する詳細は、<jsp:attribute>／<jsp:invoke>要素も合わせて参照してください。

　deferredXxxxx属性は、属性値として遅延評価式を指定する場合の設定です。遅延評価式についてはP.307でも扱っていますので、くわしくはそちらを参照してください。

サンプル directive/attribute.jsp

```
<%@ page contentType="text/html;charset=UTF-8" %>
<%@ taglib prefix="wings" tagdir="/WEB-INF/tags" %>
...中略...
<!--三角形の面積を求める<wings:triangle>要素を実行-->
<wings:triangle height="10" base="5" />
```
→ `25.0`

サンプル triangle.tag

```
<%@ tag pageEncoding="UTF-8" body-content="empty"
  display-name="Attribute Sample" %>
<!--base(底辺)、height(高さ)のような属性を定義-->
<%@ attribute name="base" required="true" rtexprvalue="true" %>
<%@ attribute name="height" required="true" rtexprvalue="true" %>
${base * height / 2}
```

> **注意**
>
> @attributeディレクティブは、タグファイルでのみ利用可能です。.jspファイルでは使用できません。

> **参照**
>
> P.177「タグファイルの基本情報を定義する」
> P.207「属性値をタグ本体に記述する」
> P.209「タグファイルからフラグメントを実行する」
> P.304「カスタムタグの情報を定義する」
> P.311「タグファイルの情報を定義する」

ディレクティブ

タグファイルで動的属性を利用する

ディレクティブ
@tag (dynamic-attributes)   動的属性

書式
`<%@ tag dynamic-attributes="dynamic" %>`

※その他の属性については、P.179を参照してください。

引数
dynamic：動的属性を格納するための変数名

動的属性とは、タグライブラリディスクリプター／@attributeディレクティブであらかじめ宣言しなくても使用できる属性のことを言います。動的属性を利用することで、実行時に動的に決まる任意の属性を、カスタムタグ上で処理できるようになります。

動的属性を利用するには、@tagディレクティブのdynamic-attributes属性で動的属性を受け取るための変数名を指定します。これによって、動的属性の情報が「名前＝値」のリストとして変数にセットされるようになりますので、あとはそれをタグファイルの中で処理するだけです。

たとえば以下の<wings:iterator>要素は、与えられた動的属性の値をテーブルに整形するためのカスタムタグです。

サンプル directive/dynamicAttribute.jsp
```
<%@ page contentType="text/html;charset=UTF-8" %>
<%@ taglib prefix="wings" tagdir="/WEB-INF/tags" %>
...中略...
<!--動的属性をテーブルに整形-->
<wings:iterator lastName="YAMADA" firstName="Yoshihiro" />
```

サンプル iterator.tag

```
<%@ tag pageEncoding="UTF-8" body-content="empty"
  description="動的属性をテーブルに整形"
  dynamic-attributes="result" display-name="Tag Sample" %>
<%@ taglib prefix="c" uri="http://java.sun.com/jsp/jstl/core" %>
<table class="table">
<tr>
  <th>属性名</th><th>属性値</th>
</tr>
<!--動的属性(「名前=値」のリスト)から順に属性を取得-->
<c:forEach var="item" items="${result}">
  <tr>
    <!--名前/値を「=」で分割し、テーブルに整形-->
    <c:forTokens items="${item}" delims="=" var="value">
      <td>${value}</td>
    </c:forTokens>
  </tr>
</c:forEach>
</table>
```

▼ 動的属性の値をテーブルに整形

参考

タグハンドラークラスで動的属性を利用するならば、DynamicAttributesインターフェイスを実装して、そのsetDynamicAttributeメソッドをオーバーライドしてください。

参照

P.245「動的属性の値を処理する」

タグファイル内で利用可能な変数を宣言する

ディレクティブ
@variable　　　　　　　　　　　　　　　　　　　　　　　　　　　　　　　　　　　変数の宣言

書式

```
<%@ variable name-given="name" [variable-class="type"]
 [declare="declare"] [scope="scope"] [description="description"] %>
```

引数　　*name*：変数名　　*type*：変数のデータ型（デフォルトはjava.lang.String）
　　　　　　declare：スクリプティング変数を宣言するか（デフォルトはtrue）
　　　　　　scope：変数のスコープ（デフォルトはNESTED）
　　　　　　description：変数の説明

@variableディレクティブは、タグファイルで使用する変数（**スクリプティング変数**）を宣言します。ここで宣言されたスクリプティング変数は、scope属性で指定された範囲に従って、.jspファイルからも参照できます。scope属性で指定可能な値は、以下のとおりです。

▼ scope属性で指定できる値

設定値	概要
NESTED	開始タグと終了タグで囲まれた範囲
AT_BEGIN	開始タグからスコープの終わりまで
AT_END	終了タグからスコープの終わりまで

変数の名前は、name-given属性で指定します。たとえば、以下のサンプルであれば、タグファイルで処理した結果（渡されたparam1、param2という属性を結合した結果）を変数resultにセットします。変数resultは、カスタムタグの登場以降、ページの末尾まで有効です。

サンプル directive/variable.jsp

```
<%@ page contentType="text/html;charset=UTF-8" %>
<%@ taglib prefix="wings" tagdir="/WEB-INF/tags" %>
...中略...
<wings:variable param1="WINGS" param2="プロジェクト" />
結果は、${result}です。
```

サンプル variable.tag

```
<%@ tag pageEncoding="UTF-8" body-content="empty"
  description="param1／param2属性の値を連結した値を変数resultとして返す" %>
<%@ taglib prefix="c" uri="http://java.sun.com/jsp/jstl/core" %>
<%@ attribute name="param1" required="true" rtexprvalue="true" %>
<%@ attribute name="param2" required="true" rtexprvalue="true" %>
<!--タグの処理結果を格納するための変数result（ページ末尾まで有効）-->
<%@ variable name-given="result" scope="AT_END" %>
<!--変数resultに値を設定-->
<c:set var="result" value="${param1} ${param2}" />
```

▼

結果は、WINGS プロジェクトです。

注意

@variableディレクティブは、タグファイルでのみ利用できます。.jspファイルで使用することはできません。

参照

P.177「タグファイルの基本情報を定義する」
P.179「タグファイルで利用可能な属性を宣言する」
P.207「属性値をタグ本体に記述する」
P.304「カスタムタグの情報を定義する」
P.311「タグファイルの情報を定義する」

スクリプティング変数の名前を.jspファイルで設定する

ディレクティブ

ディレクティブ

@variable 変数の宣言

書式

```
<%@ variable name-from-attribute="attr" alias="alias"
  [variable-class="type"] [declare="declare"]
  [scope="scope"] [description="description"] %>
```

引数

attr：変数名を決定する属性の名前
alias：タグファイルで利用する変数の別名
type：変数のデータ型（デフォルトはjava.lang.String）
declare：スクリプティング変数を宣言するか（デフォルトはtrue）
scope：変数のスコープ（デフォルトはNESTED）
description：変数の説明

@variableディレクティブでは、name-given属性で変数名を直接指定するほか、name-from-attribute／alias属性を利用することで、.jspファイルから動的に変数を命名することが可能になります。たとえば<c:forEach>要素のvarStatus属性を思い起こすとイメージしやすいでしょう。

以下のサンプルであれば、result属性（.jspファイル）で指定された値xがタグファイルで生成されるスクリプティング変数の名前となります。

ただし、タグファイルからは、name-from-attribute属性で指定された変数（ここではx）にそのままアクセスすることはできません。そこで、タグファイルでだけ利用できる変数名の別名をalias属性で指定するわけです。以下のサンプルでは、tmpがそれにあたります。

サンプル directive/variable2.jsp

```
<%@ page contentType="text/html;charset=UTF-8" %>
<%@ taglib prefix="wings" tagdir="/WEB-INF/tags" %>
...中略...
<!--スクリプティング変数の名前はx-->
<wings:variable2 param1="WINGS" param2="プロジェクト" result="x" />
結果は、${x}です。
```

サンプル variable2.tag

```
<%@ tag pageEncoding="UTF-8" body-content="empty" %>
<%@ taglib prefix="c" uri="http://java.sun.com/jsp/jstl/core" %>
<%@ attribute name="param1" required="true" rtexprvalue="true" %>
<%@ attribute name="param2" required="true" rtexprvalue="true" %>
<!--スクリプティング変数の名前を決めるresult属性を宣言-->
<%@ attribute name="result" required="true" rtexprvalue="false" %>
<!--スクリプティング変数がresult属性の値によって決まることを宣言-->
<%@ variable name-from-attribute="result" alias="tmp" scope="AT_END" %>
<c:set var="tmp" value="${param1} ${param2}" />
```

▼

結果は、WINGS プロジェクトです。

参照

P.183「タグファイル内で利用可能な変数を宣言する」
P.323「指定回数だけ処理を繰り返す」

スクリプティング要素

変数／定数／ユーザー定義メソッドを宣言する

デリミター

<%! ... %>   宣言部

書式

<%! declaration %>

引数 declaration：変数／定数／ユーザー定義メソッドなどの宣言

<%!...%>で括られた部分は**宣言部**と呼ばれ、変数／定数／ユーザー定義メソッドを宣言します。宣言部の中では暗黙オブジェクトは使用できません。

宣言部で宣言された変数は、サーブレットでのインスタンス変数に相当します。つまり、コンテナーがJSPページをロードしてから破棄するまでの間、継続して値が保持される——宣言された変数は、複数のユーザー間で共有されるということです(リクエスト単位に破棄されるローカル変数ではない点に注意してください)。通常、宣言部では定数(読み取り専用のフィールド)のみを定義するべきです。ページ内の処理で利用する変数は、スクリプトレットで宣言してください。

サンプル script/declaration.jsp

```jsp
<%!
private String htmlEncode(String value) {
  StringBuffer result=new StringBuffer();
  for(int i = 0; i < value.length(); i++) {
    switch(value.charAt(i)) {
      case '&' :
        result.append("&amp;");
        break;
      case '<' :
        result.append("&lt;");
        break;
      case '>' :
        result.append("&gt;");
        break;
      default :
        result.append(value.charAt(i));
        break;
    }
  }
  return result.toString();
}
%>
```

```
...中略...
<%=this.htmlEncode("<Tom & Jerry>")%>                          ►&lt;Tom &amp; Jerry&gt;
```

> **参考**

サーブレット＆JSPは、パフォーマンスの観点から、1つのサーブレットをインスタンス化した後、そのインスタンスを複数のリクエストによって再利用します。そのようなしくみのことを**シングルインスタンス・マルチスレッド**と言います。シングルインスタンス・マルチスレッドでは、アプリケーションが複数のスレッドから同時にアクセスされても問題なく動作するか（＝スレッドセーフか）を意識してコードを記述しなければなりません。たとえば、インスタンス変数を利用したコードはスレッドセーフではないので、利用すべきではありません。

▼ シングルインスタンス・マルチスレッド（＝インスタンス共有）

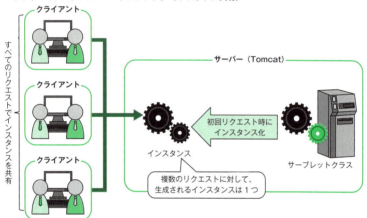

> **参照**

P.160「JSPの基本」

スクリプティング要素

JSP ページの初期化／終了処理を定義する

メソッド

jspInit	初期化
jspDestroy	終了

書式

```
public void jspInit()
public void jspDestroy()
```

jspInit／jspDestroyメソッドはいずれもJSPの予約メソッドで、それぞれ

- アプリケーション起動後に.jspファイルを初めて呼び出したとき(jspInit)
- アプリケーション終了時に.jspファイルが破棄されるとき(jspDestroy)

に呼び出されます。これらのメソッドはデフォルトでは何もしませんので、アプリケーション開発者が必要に応じてオーバーライドします。

jspInitメソッドはおもにリソースの準備、jspDestroyメソッドはリソースの破棄などの用途で利用します。

サンプル script/jspInit.jsp

```jsp
<%@ page contentType="text/html;charset=UTF-8"
  import="java.io.*, java.util.*" %>
<%!
private static final String PATH = "record.dat";
// ページの初回呼び出し時にrecord.datに現在時刻を出力
public void jspInit() {
  try {
    synchronized(this){
      BufferedWriter writer = new BufferedWriter(new FileWriter(PATH, true));
      writer.write("開始時刻：" + (new Date()).toString() + "\r\n");
      writer.close();
    }
  } catch (Exception e) {
    e.printStackTrace();
```

```
    }
  }
  // アプリケーションの終了時にrecord.datに現在時刻を出力
  public void jspDestroy() {
    try {
      synchronized(this){
        BufferedWriter writer = new BufferedWriter(new FileWriter(PATH, true));
        writer.write("終了時刻:" + (new Date()).toString() + "\r\n");
        writer.close();
      }
    } catch (Exception e) {
      e.printStackTrace();
    }
  }
%>
```

▼ ページの初回呼び時、アプリケーション終了時にテキストファイルに記録

参考

サーブレットで初期化／終了処理を実装するには、HttpServlet#init／destroyメソッドをオーバーライドしてください。

参照

P.38「サーブレットクラスの初期化／終了処理を定義する」
P.187「変数／定数／ユーザー定義メソッドを宣言する」

JSPページ内にコードを埋め込む

デリミター

`<% ... %>`	スクリプトレット
`<%= ... %>`	式 (Expression)

書式

```
<% statements %>
<%=expression %>
```

引数 statements：任意のステートメント　expression：任意の式

スクリプトレットとは、その名のとおり、Javaによるスクリプトの断片(-let)を記述するための要素です。<%...%>で括られた中に記述し、任意のJavaコードを記述できます。<%...%>で表すのはあくまでJavaの文(ステートメント)ですから、末尾にはセミコロン(;)を付与します。

式の出力には、**式(Expression)**──<%=...%>を利用します。式(Expression)はスクリプトレットによる出力命令「<% out.print(...); %>」の省略形です。<%=...%>で表すのは式なので、末尾にセミコロンは不要である点に注意してください。

サンプル　script/scriptlets.jsp

```
<%@ page contentType="text/html;charset=UTF-8" %>
<%!
private static final String SITE_URL = "http://www.wings.msn.to/";
private static final String SITE_TITLE = "サーバサイド技術の学び舎 - WINGS";
%>
...中略...
<% out.println("こんにちは"); %>────────────────▶ こんにちは

<!--以下の例はいずれも同じ結果。可読性の点では3番目が良い-->
<% out.print("<a href='" + SITE_URL + "'>" + SITE_TITLE + "</a>"); %>
<a href="<% out.print(SITE_URL); %>"><% out.print(SITE_TITLE); %></a>
<a href="<%=SITE_URL%>"><%=SITE_TITLE%></a>
```

<a href='http://www.wings.msn.to/'>サーバサイド技術の学び舎 - WINGS</a>

> **注意**
>
> スクリプトレットは、HTMLテンプレートの任意の場所に埋め込むことができます。ただし、スクリプトレットの配下にスクリプトレットを入れ子で記述することはできません。

> **注意**
>
> 式(Expression)は単一の式の値を出力するためのものです。たとえば、以下のような記述は不可です。

```
<%=value1
  =value2 %>
```

> **注意**
>
> 変数は、原則としてスクリプトレットの中で宣言してください。宣言部で宣言された変数はすべてのユーザー間で共有されてしまいます。宣言部では定数(=読み取り専用のフィールド)だけを宣言すべきです。

> **参考**
>
> よく似たキーワードとして、式言語(Expression Language)がありますが、これとExpression(式)とはまったくの別物です。

参照

P.169「式言語を利用するかどうかを指定する」
P.187「変数/定数/ユーザー定義メソッドを宣言する」
P.194「式言語とは」

スクリプティング要素

コメントを定義する

デリミター
<%-- ... --%>　　　　　　　　　　　　　　　　　　　　　　　　　　　コメント

書式
`<%--comment--%>`

引数
comment：コメント

<%--...--%>は、コンテナーからは一切解釈されないメモ書き、**コメント**を表します。HTMLテンプレート部分の任意の場所に記述できます。

スクリプトレットや式(Expression)、宣言部、アクションタグなどを括ることで、一連の要素を無効化することもできます。デバッグ時に特定領域の動作だけを確認したい場合などに便利です。

サンプル　script/comment.jsp
```
<%-- ここはコメントです --%>
<% out.println("コメントの使い方"); %>
```

参考

<%--...--%>のほか、.jspファイルでは以下のようなコメント構文も利用できます。式(Expression)や式言語(Expression Language)の中にはコメントを含めることはできません。

▼ .jspファイルで利用できるコメント構文

コメント	構文	使用可能な場所	クライアントに出力？
HTMLコメント	<!--...-->	HTMLテンプレート	○
Javaコメント(単一行)	//...	スクリプトレット／宣言部	×
Javaコメント(複数行)	/*〜*/	スクリプトレット／宣言部	×
JSPコメント	<%--...--%>	HTMLテンプレート	×

式言語とは

式言語（Expression Language）は、JSP 2.0から導入された比較的新しい要素です。「${...}」の形式で、指定された式を出力します。簡易な出力の手段といった意味では、式（Expression）にもよく似ていますが、式（Expression）があくまでJavaの言語構文に基づくのに対して、式言語はJavaScript（ECMAScript）とXPathをもとに定義されており、以下のような理由から非Java開発者でも比較的容易に利用できます。

- 式の自由度が高い
- データ型の制約が比較的緩い

JSP 2.0以降では、スクリプトレット／式（Expression）などのスクリプティング要素に代わって、値を出力するための主要な要素です。式言語はHTMLテンプレートの中で利用できるほか、アクションタグの属性値としても利用できます。

ただし、式言語はあくまであらかじめ用意された式を出力するためだけのしくみです。変数を設定するには、（式言語ではなく）JSTLの<c:set>要素（P.318）などを利用しなければなりません。

> **参考**
> 式言語には、「#{...}」で表される遅延評価式と呼ばれる構文もあります。ただし、こちらはカスタムタグと密接に関連しますので、P.307であらためて解説します。

式言語の暗黙オブジェクト／演算子

式言語では、以下のような暗黙オブジェクトや演算子を利用できます。演算子はエイリアス（別名）で置き換えることも可能です。演算子には、「<」や「>」のようなHTML／JSPの区切り文字として使われるような記号が含まれるため、もしもパーサー（解析エンジン）が混乱するような場合には、エイリアスで代替してください。

▼式言語で使用できるおもな暗黙オブジェクト

暗黙オブジェクト	概要
param	リクエストパラメーターを取得（HttpServletRequest#getParameterメソッド）
paramValues	複数の値を持つリクエストパラメーターを取得（HttpServletRequest#getParameterValuesメソッド）
header	リクエストヘッダーを取得（HttpServletRequest#getHeaderメソッド）
headerValues	複数の値を持つリクエストヘッダーを取得（HttpServletRequest#getHeadersメソッド）
initParam	アプリケーションの初期化パラメーターを取得（ServletContext#getInitParameterメソッド）
cookie	クッキー値を取得（HttpServletRequest#getCookiesメソッド）
pageScope	pageスコープの属性を取得
requestScope	requestスコープの属性を取得
sessionScope	sessionスコープの属性を取得
applicationScope	applicationスコープの属性を取得
pageContext	PageContextオブジェクトを参照

▼式言語で使用できるおもな演算子

分類	演算子	エイリアス（別名）	概要
比較演算子	==	eq	等しい
	!=	ne	等しくない
	<	lt	より小さい
	>	gt	より大きい
	<=	le	以下
	>=	ge	以上
代数演算子	+	—	加算
	-	—	減算
	*	—	積算
	/	div	除算
	%	mod	剰余
論理演算子	&&	and	集合積
	||	or	集合和
	!	not	否定
その他演算子	empty	—	nullまたは空文字列（${empty sessionScope.name}）

式言語の予約語

式言語では、以下の文字列が予約語として規定されています。以下の予約語は、変数などとして利用することはできません。

▼式言語の予約語

and	div	empty	eq	false	ge	gt	instanceof
le	lt	mod	ne	not	null	or	true

Expression Language で式を出力する

式言語

デリミター
${...}   式言語

書式
${expression}

引数 expression：任意の式

式言語は、名前のとおり、出力のためのかんたんな式を表現するための要素で、${...}の形式で記述できます。

JSP 2.0以降では、カスタムタグ（タグファイル）、JSTL、Functionsを利用することで、スクリプトレットや式（Expression）のようなスクリプティング要素を.jspファイルから極力排除することをおすすめします。それによって、レイアウトに関係ないビジネスロジックを除去できますので、.jspファイルの可読性／保守性が向上します。

サンプル el/basic.jsp

```
${param.name}<br />                                              → Wings
${paramValues.name[0]}<br />                                     → Wings
${flag==true}<br />                                              → false
${pageContext.request.method}<br />                              → GET
${header['User-Agent']}<br />
    ↓
    Mozilla/5.0 (Windows NT 6.3; WOW64) AppleWebKit/537.36
    (KHTML, like Gecko) Chrome/37.0.2062.124 Safari/537.36

${headerValues['Accept-Language'][0]}<br />                      → ja
${initParam['javax.servlet.jsp.jstl.sql.maxRows']}<br />         → 100
<%
Map<String, String> map = new HashMap<String, String>() {
  {
    put("hello", "こんにちは");
    put("thanks", "ありがとう");
  }
};
request.setAttribute("map", map);
%>
${map.hello}<br />                                               → こんにちは

<%
session.setAttribute("email", request.getParameter("email"));
%>
```

```
${sessionScope.email}<br />                              ──→ yamada@wings.msn.to

<%
Cookie cook = new Cookie("email", request.getParameter("email"));
cook.setMaxAge(60 * 60 * 24 * 180);
response.addCookie(cook);
%>
${cookie.email.value}<br />                              ──→ yamada@wings.msn.to

<%
pageContext.setAttribute("pageData", "ページデータ");
%>
${pageScope.pageData}<br />                              ──→ ページデータ

<%
application.setAttribute("author", "山田");
%>
${applicationScope['author']}                            ──→ 山田
```
※「~chap3/el/basic.jsp?name=Wings&email=yamada@wings.msn.to」でアクセスした場合

注意

${object.field}は、${object['field']}と同じ意味です。いずれの記法を選ぶにせよ、アプリケーション内では統一するのが好ましいでしょう。

参考

式言語は、データ型の制限が緩いのが特徴です。たとえば、数値演算子に文字列を渡した場合にも内部的に数値に変換されますし、出力用の変数として指定された場合にはすべてのオブジェクトはtoStringメソッドで内部的に文字列へと変換されます。式言語においては、ほとんどJavaScriptのようなスクリプト言語と同じ感覚で、データ型が暗黙的に変換されます。

参考

式言語は、@pageディレクティブのisELIgnored属性、またはweb.xmlの<el-ignored>要素で無効化できます。コードの可搬性という観点からも、式言語と式/スクリプトレットの併用は極力避けてください。

参照

P.169「式言語を利用するかどうかを指定する」

式言語からJavaクラスの静的メソッドを呼び出す

式言語

デリミター
${prefix:function} 関数

書式
${prefix :function(arg,...)}

引数　*prefix*：関数の接頭辞　　*function*：メソッド名　　*arg*：引数

式言語では、Javaクラスの静的メソッドを呼び出すこともできます。そのようなしくみを**関数（Functions）** と言います。かんたんな演算や文字列の加工などは、あらかじめ静的メソッドとして用意しておくことで、.jspファイル内に冗長なコードを記述するのを避けられます。

サンプル　el/function.jsp
```
<%@ page contentType="text/html;charset=UTF-8" import="java.util.*"%>
<%@ taglib prefix="c" uri="http://java.sun.com/jsp/jstl/core" %>
<%@ taglib prefix="wings" uri="http://www.wings.msn.to/pocketJsp/WingsTagLibs" %>
...中略...
<c:set var="x" value="123456.789" />
<!--Javaクラスで定義された関数を呼び出す-->
${x} -> ${wings:NumberFormat(x,'#,###円')}
```

サンプル　NumberFormatFunction.java
```
public static String NumberFormat(double x, String format) {
  DecimalFormat df = new DecimalFormat(format);
  return df.format(x);
}
```
※本項のサンプルを動作させるには、タグライブラリディスクリプターに<function>要素（P.313）の宣言が必要です。

```
123456.789 -> 123,457円
```

注意
Functionsで複雑な処理を行うべきではありません。複雑なビジネスロジックはサーブレットやJavaBeansクラスに委ね、Functionsはあくまでかんたんな数値／日付演算、文字列加工などの用途でのみ利用するようにしてください。

> **参考**

Functionsを利用するには、タグライブラリディスクリプター（TLD）、静的メソッドを実装したJavaクラス、関数を呼び出す.jspファイルが必要です。

▼ 関数（Functions）実行の流れ

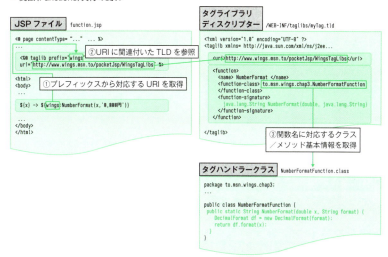

参照

P.196「Expression Languageで式を出力する」
P.313「Function（関数）の情報を定義する」

アクションタグとは

アクションタグとは、JSPページでよく利用する処理を、HTMLのようなタグの形式で記述するためのしくみです。ページの制作者が必ずしもJava言語を知らなくともよいため、プログラマーとデザイナーとが分業しやすいというメリットがあります。

アクションタグの一般的な構文は、以下のとおりです。

```
<要素名 属性名1="属性値1" ...>
  ［本体］
</要素名>
```

本体／終了タグがない場合には、開始タグを「〜/>」で閉じなければなりません。

JSP 2.3で利用できるアクションタグ

JSP 2.3で利用できるアクションタグには、以下のようなものがあります。

▼ JSP 2.3で使えるおもなアクションタグ

分類	アクションタグ	概要
基本	<jsp:forward>	ページの処理を転送
	<jsp:include>	外部ファイルをインクルード
	<jsp:param>	ほかのタグにパラメーターを引き渡す
JavaBeans	<jsp:useBean>	JSPページ内でJavaBeansクラスをインスタンス化
	<jsp:getProperty>	JavaBeansクラスのプロパティ値を取得
	<jsp:setProperty>	JavaBeansクラスのプロパティ値を設定
タグファイル	<jsp:attribute>	属性値をタグ本体に記述
	<jsp:body>	タグ本体を定義
	<jsp:doBody>	タグの本体を実行
	<jsp:invoke>	フラグメントを実行

JSP標準で用意されたアクションタグのほかに、JSTL(第7章)に代表されるカスタムのタグライブラリを追加することもできます。

アクションタグ

ページの処理を転送する

要素
`<jsp:forward>` 　　　　　　　　　　　　　　　　　　　　　　　　　　　　　転送

書式
```
<jsp:forward page="url">
  [<jsp:param name="name" value="value" />...]
</jsp:forward>
```

引数　*url*：転送先のURL
　　　　　name：パラメーター名　　*value*：パラメーター値

　`<jsp:forward>`要素は、指定されたページに処理を転送(フォワード)します。転送先のページにパラメーターを渡すには、`<jsp:forwad>`要素の配下で`<jsp:param>`要素を指定します。複数のパラメーターがある場合には列挙してもかまいません。パラメーター値は、転送先のページでHttpServletRequest#getParameterメソッドによって取得できます。

サンプル tag/forward1.jsp
```
<%@ page contentType="text/html;charset=UTF-8" %>
<%@ taglib prefix="c" uri="http://java.sun.com/jsp/jstl/core" %>
<!--リクエストスコープで変数x／yをセット-->
<c:set var="x" value="30" scope="request" />
<c:set var="y" value="20" scope="request" />
<!--処理を転送するに際して、operationパラメーターを指定-->
<jsp:forward page="forward2.jsp">
  <jsp:param name="operation" value="+" />
</jsp:forward>
```

サンプル tag/forward2.jsp

```
<%@ page contentType="text/html;charset=UTF-8" %>
<%@ taglib prefix="c" uri="http://java.sun.com/jsp/jstl/core" %>
<%@ taglib prefix="fn" uri="http://java.sun.com/jsp/jstl/functions" %>
...中略...
<%--operationパラメーターに応じて加算／減算処理-->
<c:if test="${param.operation eq '+'}">
  ${x} + ${y} -> ${x + y}
</c:if>
<c:if test="${param.operation eq '-'}">
  ${x} - ${y} -> ${x - y}
</c:if>
```

▼

```
30 + 20 -> 50
```

注意

<jsp:forward>要素は、RequestDispatcher#forwardメソッドに相当します。したがって、page属性には「http://～」で始まる外部サイトを指定することはできないので、注意してください。あくまでアプリケーション内部での遷移にのみ使用します。外部サイトへのリダイレクトには、<c:redirect>要素を利用します。

注意

サンプルで転送前のページで変数x／yをリクエストスコープで設定している点に注目してください。ページスコープ（デフォルト）では、転送後のページで変数を参照できません。

参考

転送先のページに、クエリー情報と<jsp:param>要素とで同名のパラメーターが渡された場合、getParameterメソッドは<jsp:param>要素の値を優先して取得します。複数の値を取得したい場合には、getParameterValuesメソッドを使用してください。

参照

P.46「リクエストパラメーターを取得する」
P.47「複数値のリクエストパラメーターを取得する」
P.75「リクエスト情報を転送する」
P.91「ページをリダイレクトする」

アクションタグ

外部ファイルをインクルードする

要素
`<jsp:include>` インクルード

書式
```
<jsp:include page="url" [flush="flush"]>
  [<jsp:param name="name" value="value" />...]
</jsp:include>
```

引数　　*url*：インクルード先のURL
　　　　　flush：インクルード前に強制的に出力するか（デフォルトはfalse）
　　　　　name：パラメーター名　　*value*：パラメーター値

<jsp:include>要素は、指定されたページをインクルードします。RequestDispatcher#includeメソッドに相当するメソッドです。

インクルード先のページにパラメーターを渡すには、<jsp:include>要素の配下で<jsp:param>要素を指定します。複数のパラメーターがある場合には列挙してもかまいません。パラメーター値は、インクルード先のページでHttpServletRequest#getParameterメソッドによって取得できます。

@includeディレクティブとも似ていますが、インクルードのタイミングに違いがあります。詳細は、@includeディレクティブの項(P.173)を参照してください。

サンプル　tag/include.jsp
```
<%@ page contentType="text/html;charset=UTF-8" %>
<%@ taglib prefix="fmt" uri="http://java.sun.com/jsp/jstl/fmt"%>
<fmt:requestEncoding value="UTF-8" />
...中略...
<jsp:include page="included.jsp">
  <jsp:param name="greet" value="こんにちは" />
</jsp:include>
```

参考
インクルード先のページに、クエリー情報と<jsp:param>要素とで同名のパラメーターが渡された場合、getParameterメソッドは<jsp:param>要素の値を優先して取得します。複数の値を取得したい場合には、getParameterValuesメソッドを使用してください。

参照
P.46「リクエストパラメーターを取得する」
P.47「複数値のリクエストパラメーターを取得する」

アクションタグ

JSPページでJavaBeansをインスタンス化する

要素
`<jsp:useBean>` インスタンス化

書式
```
<jsp:useBean id="obj" scope="scope"
  [class="clazz"] [type="type"] [beanName="bean"]>
  statements
</jsp:useBean>
```

引数
- *obj*：オブジェクト名　　*scope*：スコープ（設定値はP.318)
- *clazz*：クラスの完全修飾名
- *type*：インスタンス化する際の変数のデータ型
- *bean*：JavaBeansの名前（.serファイルからJavaBeansを呼ぶ場合に使用）
- *statements*：新規のインスタンスが生成された時にのみ実行される命令

<jsp:useBean>要素は、指定されたJavaBeansクラスをインスタンス化します。一般的にインスタンス化するクラスの特定にはclass属性のみで十分ですが、インスタンスが生成できないインターフェイスのような型の場合には、type属性で型を特定する必要があります。また、.serファイルからJavaBeansクラスを呼び出す場合にはbeanName属性を使用します。

scope属性にはapplication／session／request／pageのいずれかを指定できます。もしもその時点で、同一スコープで同名のオブジェクトが存在する場合には、そのオブジェクトが引き継がれます。オブジェクトが存在しない場合には新規に作成されます。同名のオブジェクトでも、指定されたスコープが異なる場合には異なるオブジェクトとして認識されるので、注意してください。

サンプル　tag/useBean.jsp
```
<%@ page contentType="text/html;charset=UTF-8" %>
<%@ taglib prefix="fmt" uri="http://java.sun.com/jsp/jstl/fmt"%>
...中略...
<jsp:useBean id="today" class="java.util.Date" />
<fmt:formatDate value="${today}" type="BOTH"
  dateStyle="LONG" timeStyle="LONG" var="result" />
${result}
```
→ `2014/10/08 10:14:48 JST`

参照
P.205「JavaBeansのプロパティを設定する」

アクションタグ

JavaBeans のプロパティを設定する

要素
`<jsp:setProperty>` … プロパティ値の設定

書式

```
①<jsp:setProperty name="obj" property="prop" value="value" />
②<jsp:setProperty name="obj" property="prop" [param="param"] />
```

引数　　obj：オブジェクト名　　prop：プロパティ名
　　　　　value：プロパティ値　　param：パラメーター名

`<jsp:setProperty>`要素は、JavaBeansオブジェクトのプロパティ値を設定します。たとえば、property属性にtitleが指定された場合には、JavaBeansクラスのsetTitleメソッドを使用してプロパティ値を設定します。

プロパティ値はvalue属性で直接指定するほか、param属性を指定することで、パラメーター（フォーム要素など）の値を設定することもできます。param属性は省略することも可能で、省略された場合、property属性と同名のパラメーターが自動的にセットされます。

また、property属性に「*」を指定した場合には、パラメーター名に対応する（同名の）プロパティに自動的に値がセットされます。これは、HTMLフォームから受け取った複数のパラメーター値を、まとめてJavaBeansクラスにセットするような場合に便利です。

サンプル　tag/setProperty.jsp

```
<%@ page contentType="text/html;charset=UTF-8" %>
<%@ taglib prefix="fmt" uri="http://java.sun.com/jsp/jstl/fmt" %>
<fmt:requestEncoding value="UTF-8" />
<!--Userクラスをインスタンス化-->
<jsp:useBean id="my" class="to.msn.wings.chap3.User">
  <!--param属性でパラメーター名を指定-->
  <jsp:setProperty name="my" property="id" param="id" />
  <!--param属性を省略した場合は、property属性と等しいパラメーターを設定-->
  <jsp:setProperty name="my" property="name" />
  <%--
  上の行の代わりに、以下ですべてのパラメーターをセットできる
  <jsp:setProperty name="my" property="*" />
  --%>
</jsp:useBean>
...中略...
<form method="POST" action="setProperty.jsp">
<div>
  <label for="id">id：</label>
```

```html
    <input type="text" id="id" name="id" size="7" />
</div>
<div>
  <label for="name">名前:</label>
  <input type="text" id="name" name="name" size="20" />
</div>
<input type="submit" value="登録" />
</form>
<hr />
<!--現在のプロパティ値を表示-->
${my.id} -> ${my.name}
```

▼ フォームから入力された内容を表示

注意

param属性を使用したときに、対応するパラメーターが空であったり、存在しなかったりした場合、該当するプロパティに対する処理はスキップされます。つまり、すでにプロパティ値に何らかの値がセットされていた場合にも、空文字列/nullをセットするわけではありません。これを理解していないと、以前の値が不用意に残ってしまい、思わぬ振る舞いをすることがあります。

参考

プロパティ値を取得する<jsp:getProperty>要素もあり、サンプルの太字部分は以下のように書き換えることもできます。ただし、式言語のほうがシンプルに表現できるので、あえてこのような書き方を採用する必要はありません。

```
<jsp:getProperty name="my" property="id" />
  -> <jsp:getProperty name="my" property="name" />
```

参照

P.204「JSPページでJavaBeansをインスタンス化する」

属性値をタグ本体に記述する

要素
`<jsp:attribute>` 属性

書式
`<jsp:attribute name="name" [trim="trim"]>value</jsp:attribute>`

引数 name：属性名
trim：属性値の前後の空白を除去するか（デフォルトはtrue）
value：属性値

<jsp:attribute>要素は、アクションタグの属性値を（属性としてではなく）タグ本体で定義するためのアクションタグです。以下のようなケースで利用します。

- 属性値を、別のアクションタグなどを入れ子にして動的に生成したい場合
- 属性値をフラグメントとして利用したい場合

フラグメントとは、属性の特殊な形で、レイアウトの断片を表します。.jspファイルで指定されたフラグメントはタグファイルで<jsp:invoke>要素を呼び出すことで、任意のタイミングで呼び出すことができます。

▼ フラグメントの概念

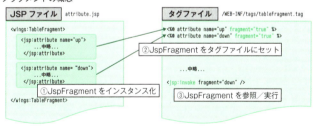

フラグメントは、タグファイル、またはカスタムタグハンドラーから引用できるJSPページの断片
→ <jsp:invoke> / JspFragment#invokeメソッドで実行できる

フラグメントを利用することで、タグファイルではデータの加工／編集を、.jspファイルでは最終レイアウトを、という役割分担がより明確になります。
たとえば以下は、タグファイルでの処理結果（＝booksテーブルから取得した結果セット）をフラグメントで指定されたレイアウトに従って出力する例です。3000円以上の書籍に適用するupフラグメント、3000円未満の書籍のためのdownフラグメントを定義しています。

サンプル tag/attribute.jsp

```jsp
<%@ page contentType="text/html;charset=UTF-8" %>
<%@ taglib prefix="wings" tagdir="/WEB-INF/tags" %>
...中略...
<table class="table">
<tr>
  <th>タイトル</th><th>価格</th><th>出版社</th>
</tr>
<wings:tableFragment>
  <!--3000円以上／以下で適用するup／downフラグメントを準備-->
  <jsp:attribute name="up">
    <tr class="${rowClass}">
      <td>${title}</td>
      <td><span class="text-primary">${price}円</span></td>
      <td>${publish}</td>
    </tr>
  </jsp:attribute>
  <jsp:attribute name="down">
    <tr class="${rowClass}">
      <td>${title}</td>
      <td>${price}円</td>
      <td>${publish}</td>
    </tr>
  </jsp:attribute>
</wings:tableFragment>
```

※ <wings:tableFragment> 要素の実体は、P.209を参照してください。

参照

P.179「タグファイルで利用可能な属性を宣言する」
P.209「タグファイルからフラグメントを実行する」
P.304「カスタムタグの情報を定義する」
P.311「タグファイルの情報を定義する」

アクションタグ

タグファイルからフラグメントを実行する

要素

`<jsp:invoke>` フラグメントの実行

書式

```
<jsp:invoke fragment="fragment"
  [var="variable"] [varReader="reader"] [scope="scope"] />
```

引数　　*fragment*：実行するフラグメントの名前（@attributeのname属性に対応）
　　　　　variable：処理結果を格納する変数の名前（String型）
　　　　　reader：処理結果を格納する変数の名前（Reader型）
　　　　　scope：変数のスコープ（設定値はP.318）

<jsp:attribute>要素で定義されたフラグメントを、タグファイルで引用するには<jsp:invoke>要素を利用します。

デフォルトで、<jsp:invoke>要素はフラグメントの処理結果をそのまま出力しますが、var／varReader属性を指定した場合には、処理結果を文字列、Reader型の変数に格納します。変数のスコープは、scope属性で指定できます。

サンプル　tableFragment.tag

```jsp
<%@ tag pageEncoding="UTF-8"
  description="booksテーブルの内容を指定のフラグメントで出力"
  body-content="scriptless" display-name="Table Output" %>
<%@ taglib prefix="c"   uri="http://java.sun.com/jsp/jstl/core" %>
<%@ taglib prefix="sql" uri="http://java.sun.com/jsp/jstl/sql" %>
<!--タグファイル呼び出し時に指定可能なフラグメントを宣言-->
<%@ attribute name="up"   fragment="true" %>
<%@ attribute name="down" fragment="true" %>
<!--フラグメント上で利用可能な変数を宣言-->
<%@ variable name-given="rowClass" %>
<%@ variable name-given="title" %>
<%@ variable name-given="price" %>
<%@ variable name-given="publish" %>
<sql:setDataSource dataSource="jdbc/pocketjsp" var="db" />
<sql:query var="rs" dataSource="${db}">
  SELECT title,price,publish FROM books</sql:query>
<!--取得した結果セットの各行を取得-->
<c:forEach var="rec" items="${rs.rows}" varStatus="status">
  <!--偶数／奇数行によって変数bgcolor（行の背景色）を切り替え-->
  <c:if test="${status.index % 2 == 0}">
    <c:set var="rowClass" value="active" />
```

```
    </c:if>
    <c:if test="${status.index % 2 != 0}">
      <c:set var="rowClass" value="info" />
    </c:if>
    <!--フィールド値をスクリプティング変数として設定-->
    <c:set var="title"   value="${rec.title}" />
    <c:set var="price"   value="${rec.price}" />
    <c:set var="publish" value="${rec.publish}" />
    <!--変数priceの値に応じて、フラグメントup／downのいずれかを実行-->
    <c:if test="${price >= 3000}">
      <jsp:invoke fragment="up" />
    </c:if>
    <c:if test="${price < 3000}">
      <jsp:invoke fragment="down" />
    </c:if>
  </c:forEach>
</table>
```

※本項のサンプルは、tag/attribute.jsp（P.208）から確認してください。

▼ 行ごとに3000円以上の書籍情報（価格）を青文字で表示

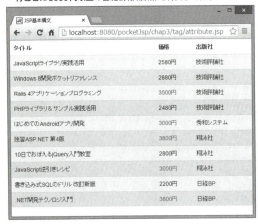

注意

<jsp:invoke>要素は、タグファイルの中でのみ使用可能です。

参照

P.179「タグファイルで利用可能な属性を宣言する」
P.207「属性値をタグ本体に記述する」
P.211「タグ本体を定義する」

アクションタグ

タグ本体を定義する

要素
`<jsp:body>` タグ本体

書式
`<jsp:body>value</jsp:body>`

引数
value：本体の値

<jsp:body>要素は、アクションタグの本体を表します。

<jsp:attribute>要素を使って、アクションタグ本体で属性を定義しており、かつ、タグ本体が存在する場合、これを<jsp:body>要素で表す必要があります。たとえば、

```
<c:out value="${x}" escapeXml="true">Default</c:out>
```

のような記述を、<jsp:attribute>要素で書き換えた場合、最初のサンプルのように表すのは不可です。<jsp:body>要素を利用して、2番目のサンプルのように記述してください。

サンプル tag/body.jsp

```
<%--正しく動作しない例--%>
<c:out>
  <jsp:attribute name="value">${x}</jsp:attribute>
  <jsp:attribute name="escapeXml">true</jsp:attribute>
  Default
</c:out>


<%--正しいコード--%>
<c:out>
  <jsp:attribute name="value">${x}</jsp:attribute>
  <jsp:attribute name="escapeXml">true</jsp:attribute>
  <jsp:body>Default</jsp:body>
</c:out>
```

参照
P.207「属性値をタグ本体に記述する」

アクションタグ

タグファイルからタグ本体を実行する

要素
`<jsp:doBody>` タグ本体の実行

書式
`<jsp:doBody [var="variable"] [varReader="reader"] [scope="scope"] />`

引数 variable：処理結果を格納する変数の名前（String型）
reader：処理結果を格納する変数の名前（Reader型）
scope：変数のスコープ（設定値はP.318）

　<jsp:doBody>要素は、.jspファイルで指定されたカスタムタグの本体を実行します。
　デフォルトで、<jsp:doBody>要素はタグ本体の処理結果をそのまま出力しますが、var／varReader属性を指定した場合には、処理結果を文字列、Reader型の変数に格納します。変数のスコープは、scope属性で指定できます。

サンプル tag/doBody.jsp

```jsp
<%@ page contentType="text/html;charset=UTF-8" %>
<%@ taglib prefix="wings" tagdir="/WEB-INF/tags" %>
...中略...
<table class="table">
<tr>
  <th>タイトル</th><th>価格</th><th>出版社</th>
</tr>
<%--タグ本体はタグファイル内で<jsp:doBody>がコールされたタイミングで実行--%>
<wings:tableFragment2>
  <tr bgcolor="${bgcolor}">
    <td>${title}</td>
    <td style="color:${color}">${price}円</td>
    <td>${publish}</td>
  </tr>
</wings:tableFragment2>
</body>
</html>
```

サンプル tableFragmeht2.tag

```
<%@ tag pageEncoding="UTF-8"
  body-content="scriptless" display-name="Table Output" %>
<%@ taglib prefix="c"   uri="http://java.sun.com/jsp/jstl/core" %>
<%@ taglib prefix="sql" uri="http://java.sun.com/jsp/jstl/sql" %>
<%--タグファイル呼び出し時に指定可能なフラグメントを宣言--%>
<%@ attribute name="up"   fragment="true" %>
<%@ attribute name="down" fragment="true" %>
<%--フラグメント上で利用可能な変数を宣言--%>
<%@ variable name-given="bgcolor" %>
<%@ variable name-given="title" %>
<%@ variable name-given="price" %>
<%@ variable name-given="publish" %>
<%@ variable name-given="color" %>
<sql:setDataSource dataSource="jdbc/pocketjsp" var="db" />
<sql:query var="rs" dataSource="${db}">
  SELECT title,price,publish FROM books</sql:query>
<!--取得した結果セットの各行を取得-->
<c:forEach var="rec" items="${rs.rows}" varStatus="status">
  <!--偶数／奇数行によって変数bgcolor（行の背景色）を切り替え-->
  <c:if test="${status.index % 2 == 0}">
    <c:set var="bgcolor" value="#EEeeEE" />
  </c:if>
  <c:if test="${status.index % 2 != 0}">
    <c:set var="bgcolor" value="#FFffFF" />
  </c:if>
  <!--フィールド値をスクリプティング変数として設定-->
  <c:set var="title"   value="${rec.title}" />
  <c:set var="price"   value="${rec.price}" />
  <c:set var="publish" value="${rec.publish}" />
  <!--変数priceの値に応じて、変数colorを設定-->
  <c:if test="${price >= 3000}">
    <c:set var="color" value="#FF0000" />
  </c:if>
  <c:if test="${price < 3000}">
    <c:set var="color" value="#000000" />
  </c:if>
  <jsp:doBody />
</c:forEach>
</table>
```

▼ タグ本体で定義されたレイアウトをもとにテーブルを整形

タイトル	価格	出版社
JavaScriptライブラリ実践活用	2580円	技術評論社
Windows 8開発ポケットリファレンス	2880円	技術評論社
Rails 4アプリケーションプログラミング	3500円	技術評論社
PHPライブラリ&サンプル実践活用	2480円	技術評論社
はじめてのAndroidアプリ開発	3000円	秀和システム
独習ASP.NET 第4版	3800円	翔泳社
10日でおぼえるjQuery入門教室	2800円	翔泳社
JavaScript逆引きレシピ	3000円	翔泳社
書き込み式SQLのドリル 改訂新版	2200円	日経BP
.NET開発テクノロジ入門	3800円	日経BP

注意

<jsp:doBody>要素は、タグファイルの中でのみ使用可能です。

参考

似たような機能として、フラグメントを実行する<jsp:invoke>要素があります。タグに関連するレイアウトが複数ある場合にはフラグメントを利用しますが、1つだけである場合にはタグ本体で表すのがシンプルです。

参照

P.179「タグファイルで利用可能な属性を宣言する」
P.209「タグファイルからフラグメントを実行する」

CHAPTER ▶▶▶ **4**

JSP API

概要

JSP (JavaServer Pages) API とは

　JSPでは、サーブレット&JSP共通で利用できるサーブレットAPI(第2章)に加えて、JSPページ/タグライブラリ固有で利用できるAPIが用意されています。具体的なパッケージは、以下のとおりです。

▼ JSP 2.3 APIに属するパッケージ

パッケージ名	概要
javax.servlet.jsp	一般的なJSPページの機能(コンテキスト、出力ライターなど)
javax.servlet.jsp.el	式言語(Expression Language)を解析/実行
javax.servlet.jsp.tagext	タグハンドラーを定義するための諸機能

　タグハンドラーとは、カスタムタグ(=自作のアクションタグ)の挙動を定義するためのクラスです。タグハンドラーを定義するには、一般的にjavax.servlet.jsp.tagextパッケージの以下のクラスを継承します。

▼ タグハンドラーを定義するための基本クラス

クラス	定義の対象
TagSupport	本体を持たない、もしくは本体を処理する必要がないタグ
BodyTagSupport	処理すべき本体を含んだタグ
SimpleTagSupport	「シンプルな」タグ

> **注意**
> タグハンドラークラスは、SimpleTag/Tag/BodyTag/IterationTagなどのインターフェイスを直接実装してもかまいませんが、コーディングの手間は増えます。まずは、SimpleTagSupport/TagSupport/BodyTagSupportクラスを継承することをおすすめします。

> **参考**
> タグファイル(P.237)は、内部的にはSimpleTagSupportクラスを継承しています。

出力

クライアントに文字列を出力する

● javax.servlet.jsp.JspWriterクラス

メソッド

print	文字列の出力(改行なし)
println	文字列の出力(改行付き)

書式

```
public abstract void print(T x) throws IOException
public abstract void println([T x]) throws IOException
```

引数　T:データ型(boolean、char、char[]、double、float、int、long、Object、Stringのいずれか)
x:出力する値

print/printlnメソッドは、指定された変数の内容を文字列として出力します。printlnメソッドは出力文字列の末尾に、システムデフォルトの改行文字(たとえばWindows環境では「¥r¥n」)を付加します。printメソッドの引数に「System.getProperty("line.separator")」(改行文字を表すシステムプロパティ)を付与しても同じ意味です。

printメソッドは、JSPページの式(Expression)に相当します。一般的には、<% out.print(...); %>は<%=...%>で表したほうがシンプルです。

サンプル　println.jsp

```
String str = "こんにちは";
out.print("今日はいい天気");  ──────────────▶ 今日はいい天気
out.println(str);  ──────────────────────▶ こんにちは
out.println("私は¥"Yamada¥"です。");  ─────▶ 私は"Yamada"です。
```

参考

JspWriterは、暗黙オブジェクトoutの実体となるクラスで、クライアントへの出力を制御します。サーブレット/タグハンドラークラスで利用する際には、以下のように明示的にPrintWriter/JspWriterオブジェクトを生成してください。

```
PrintWriter out = response.getWriter();  ◀────── サーブレット
JspWriter out = pageContext.getOut();  ◀──────── タグハンドラークラス
```

参照

P.191「JSPページ内にコードを埋め込む」

改行文字を出力する

javax.servlet.jsp.JspWriter クラス

メソッド

newLine　　　　　　　　　　　　　　　　　　　　　　　　　　　　　　　　　　　　改行文字

書式

```
public abstract void newLine() throws IOException
```

newLineメソッドは、改行文字を出力します。改行文字はシステムプロパティ（line.separator）で定義されており、現在のシステム環境に応じた改行文字（Windows環境であれば「\r\n」）が出力されます。引数を指定せずにJspWriter#printlnメソッドを呼び出すのと同じ意味です。

サンプル newLine.jsp

```
// 改行文字を出力。以下はすべて同じ意味
out.newLine();
out.println();
out.print(System.getProperty("line.separator"));
```

注意

newLine／printlnメソッドは制御文字としての改行文字を出力するだけです（＝ブラウザー上で改行されるわけではありません）。ブラウザー上で改行するには、
要素を出力します。

参照

P.217「クライアントに文字列を出力する」

出力

出力バッファーを制御する

▶ javax.servlet.jsp.JspWriter クラス

メソッド

flush	フラッシュ
clear	クリア（例外あり）
clearBuffer	クリア
close	クローズ
getBufferSize	バッファーサイズ（バイト単位）の取得
getRemaining	バッファーの残サイズ（バイト単位）の取得
isAutoFlush	自動フラッシュが有効か

書式

```
public abstract void flush() throws IOException
public abstract void clear() throws IOException
public abstract void clearBuffer() throws IOException
public abstract void close() throws IOException
public int getBufferSize()
public abstract int getRemaining()
public boolean isAutoFlush()
```

出力バッファーとは、JSPによって生成された出力を一時的に保持するための、サーバー側の記憶領域のことを言います。バッファー処理を有効にすることで、処理結果をいったんサーバーサイドで蓄積し、処理終了後にまとめてクライアントに送信できます。それによって、出力のオーバーヘッドが軽減し、処理パフォーマンスも改善します。

JSPページでバッファーを利用するには、@pageディレクティブのbuffer属性に0より大きな値をセットします。JspWriterクラスの一連のメソッドは出力バッファーが有効であることを前提に、バッファーを制御する役割を担います。

flushメソッドは現在のバッファーの中身をフラッシュ（出力）します。@pageディレクティブのautoFlush属性がtrueに設定されている場合、flushメソッドは出力が指定されたバッファーサイズを超えるごとに内部的に呼び出されます。

現在のバッファーの内容を（出力するのではなく）クリアするには、clear／clearBufferメソッドを使用します。両者の違いは、バッファーがすでに出力されている場合の挙動です。

- clearメソッドはIOException例外をスロー
- clearBufferメソッドは現在のバッファーの内容だけをクリア（例外をスローしない）

closeメソッドは現在のバッファー内容をすべてフラッシュした後、処理をクローズします。ただし、一般的には、ページがすべて処理された後、暗黙的にcloseメソッドが呼び出されるので、開発者が明示的にcloseメソッドを呼び出す必要はありません。

getBufferSize／getRemaining／isAutoFlushメソッドは、現在のバッファーの状態を取得します。それぞれ確保されたバッファーの最大サイズ／未使用サイズ／自動フラッシュが有効に設定されているかどうかを返します。バッファー処理が無効である場合、getBufferSizeメソッドは0を返します。

サンプル flush.jsp

```
処理中 (バッファー : <%=out.getBufferSize() %>) <%
for(int i = 0; i < 20; i++) {
Thread.sleep(500);
out.print("…");
application.log("残 : " + out.getRemaining());
out.flush();
}
%>完了
```

▼ 徐々にコンテンツが出力される

注意

クローズ済みの出力ストリームに対してflushメソッドを呼び出した場合、IOException例外が発生します。

参照

P.164「ページ出力時のバッファー処理を有効にする」

タグハンドラークラスで暗黙オブジェクトを利用する

● javax.servlet.jsp.PageContextクラス

メソッド

getException	exceptionオブジェクト
getOut	outオブジェクト
getPage	pageオブジェクト
getRequest	requestオブジェクト
getResponse	responseオブジェクト
getServletConfig	configオブジェクト
getServletContext	applicationオブジェクト
getSession	sessionオブジェクト

書式

```
public abstract Exception getException()
public abstract JspWriter getOut()
public abstract Object getPage()
public abstract ServletRequest getRequest()
public abstract ServletResponse getResponse()
public abstract ServletConfig getServletConfig()
public abstract ServletContext getServletContext()
public abstract HttpSession getSession()
```

PageContextクラスは、JSPページで利用できる暗黙オブジェクト、スコープ属性(ページ属性〜アプリケーション属性)へのアクセス手段を提供します。暗黙オブジェクトpageContextに相当し、JSPページ/タグハンドラークラスでは特別な宣言なしに利用できます。ただし、その性質上、JSPページで使用するケースはほとんどありません(暗黙オブジェクトを明示的に生成する必要はないからです)。まずは、「タグハンドラークラスで暗黙オブジェクトを取得するために利用するためのクラス」と理解しておくとよいでしょう。

PageContextクラスは、もともとjava.lang.Objectクラスの直接のサブクラスでしたが、JSP 2.0以降ではJspContextクラスのサブクラスに改められています。機能的な変更はほとんどありませんが、今後の拡張のために、サーブレットAPIに依存しない部分がJspContextクラスに、サーブレットAPIに依存する部分がPageContextクラスに、というような切り分けとなっているようです。

> **サンプル** 変換済みの.jspファイル

```
public void _jspService(final javax.servlet.http.HttpServletRequest request,
final javax.servlet.http.HttpServletResponse response)
  throws java.io.IOException, javax.servlet.ServletException {
  ...中略...
    pageContext = _jspxFactory.getPageContext(this, request, response,
      null, true, 8192, true);
    application = pageContext.getServletContext();
    config = pageContext.getServletConfig();
    session = pageContext.getSession();
    out = pageContext.getOut();
  ...中略...
}
```

参考

じつは、JSPページがサーブレットに変換される際にも、PageContextオブジェクトは使用されています。上記のサンプルは「%CATALINA_HOME%/works」フォルダー配下に格納された変換後のJSPページの一部です。pageContextオブジェクトを介して、暗黙オブジェクトが明示的に宣言されているのが確認できます。それによって、JSPページでは何の宣言もなしに暗黙オブジェクトを使用できるのです。

参考

その他、タグハンドラークラスで利用する例については、P.228のサンプルなども参照してください。

参照

P.160「JSPの基本」

コンテキスト情報

エラー情報を取得する

> javax.servlet.jsp.PageContextクラス

メソッド

getErrorData　　　　　　　　　　　　　　　　　　　　　　　　　　　　エラー情報

書式

public ErrorData getErrorData()

　getErrorDataメソッドは、ページで発生した直近の例外情報をErrorDataオブジェクトとして返します。その性質上、エラーページでのみ利用可能です。

　ErrorDataオブジェクトで利用できるgetterメソッドには、以下のようなものがあります。

▼ ErrorDataクラスのおもなgetterメソッド

メソッド	概要
String getRequestURI()	リクエストURI
String getServletName()	エラー発生元(サーブレット名)
int getStatusCode()	ステータスコード
Throwable getThrowable()	例外情報

サンプル　errorData.jsp

```
<%@ page contentType="text/html;charset=UTF-8"
  errorPage="errorPage.jsp" isErrorPage="false" %>
<!--指定された文字コードが不正のため、例外を発生-->
<% request.setCharacterEncoding("aaaa"); %>
```

サンプル errorPage.jsp

```jsp
<%@ page contentType="text/html;charset=UTF-8" isErrorPage="true" %>
...中略...
<% ErrorData err = pageContext.getErrorData(); %>
<table class="table">
<tr>
  <th align="right">リクエストURI：</th>
  <td><%=err.getRequestURI()%></td>
</tr>
<tr>
  <th align="right">サーブレット名：</th>
  <td><%=err.getServletName()%></td>
</tr>
<tr>
  <th align="right">ステータスコード：</th>
  <td><%=err.getStatusCode()%></td>
</tr>
<tr>
  <th align="right">エラーメッセージ：</th>
  <td><%=err.getThrowable().toString()%></td>
</tr>
</table>
```

▼ エラー情報を取得

参考

ページで発生した例外情報は、暗黙オブジェクトexception、または予約リクエスト属性を経由して取得することもできます。具体的なリクエスト属性については、P.270の表も参照してください。

参照

P.167「エラーページを設定する」
P.270「エラーページを設定する」

コンテキスト情報

スコープ属性を取得／設定する

> javax.servlet.jsp.PageContextクラス

メソッド

findAttribute	取得
getAttribute	取得（スコープ指定）
getAttributeNamesInScope	取得（すべて）
getAttributeScope	取得（スコープの種類）
removeAttribute	削除
setAttribute	設定

書式

```
public abstract Object findAttribute(String name)
public abstract Object getAttribute(String name [,int scope])
public abstract Enumeration<String> getAttributeNamesInScope(int scope)
public abstract int getAttributesScope(String name)
public abstract void removeAttribute(String name [,int scope])
public abstract void setAttribute(String name,Object value [,int scope])
```

引数 name：属性名　scope：スコープ　value：属性値

PageContextクラスでは、スコープ属性の値を取得／設定／削除するためのメソッドを提供します。

findAttributeメソッドは、指定された属性値をページ＞リクエスト＞セッション＞アプリケーションの優先順位で取得します。よく似たメソッドとしてgetAttributeメソッドがありますが、こちらは引数scopeを指定することで、取得する属性の種類（ページ／リクエスト／セッション／アプリケーション属性）を明示できる点が異なります。引数scopeで指定できる値は、以下のとおりです。

▼ 引数scopeの設定値（PageContextクラスのフィールド）

設定値	値	概要
PAGE_SCOPE	1	ページスコープ
REQUEST_SCOPE	2	リクエストスコープ
SESSION_SCOPE	3	セッションスコープ
APPLICATION_SCOPE	4	アプリケーションスコープ

引数scopeを省略した場合には、無条件にページ属性を取得しようとします。

特定のスコープに属する属性値をまとめて取得するならば、getAttributeNamesInScopeメソッドを使用してください。

指定された名前の属性がどのスコープに属するかを判定したいならば、getAttributesScopeメソッドを使用してください。戻り値は、上記の表の値として返します。複数のスコープに跨る場合にはページ>リクエスト>セッション>アプリケーションの順で検出します。

setAttribute／removeAttributeメソッドは、それぞれ指定されたスコープの属性値を設定／削除します。引数scopeが省略された場合、

- setAttributeメソッドはページスコープの属性を設定
- removeAttributeメソッドはすべてのスコープから該当する属性を削除

します。

これらメソッドのほとんどは、ServletContext／HttpSession／HttpServletRequestなどのクラスに属するgetAttribute／getAttributeNames／removeAttribute／setAttributeメソッドで代替できます。

サンプル　getAttribute.jsp

```
// ページスコープの属性を設定
pageContext.setAttribute("attr", "ページ属性", PageContext.PAGE_SCOPE);
pageContext.setAttribute("attr2", "ページ属性2", PageContext.PAGE_SCOPE);
// リクエストスコープの属性を設定
pageContext.setAttribute("attr", "リクエスト属性", PageContext.REQUEST_SCOPE);
pageContext.setAttribute("attr2","リクエスト属性2",PageContext.REQUEST_SCOPE);

// ページ属性attrを取得
out.print(pageContext.getAttribute("attr", PageContext.PAGE_SCOPE) + "<br />");  → ページ属性
// 任意のスコープに属する属性attrを取得
out.print(pageContext.findAttribute("attr") + "<br />");  → ページ属性（名前が重複しているのでページスコープを優先）

// ページ属性attrを削除
pageContext.removeAttribute("attr",PageContext.PAGE_SCOPE);

// リクエスト属性の名前を列挙
Enumeration<String> names =
  pageContext.getAttributeNamesInScope(PageContext.REQUEST_SCOPE);
while(names.hasMoreElements()) {
  out.println(names.nextElement() + "<br />");
}                                                                → attr／attr2

// 属性attrのスコープを取得
out.print(pageContext.getAttributesScope("attr"));               → 2（リクエスト属性）
```

> **注意**
>
> getAttribute／setAttribute／removeAttributeメソッドの引数scopeは、原則として省略すべきではありません。スコープが曖昧になることで思わぬ値を設定／取得してしまうのを防ぐためです。

処理すべき本体を持たない
カスタムタグを定義する

javax.servlet.jsp.tagext.TagSupportクラス

メソッド

doStartTag	開始タグ発生時
doEndTag	終了タグ発生時
doAfterBody	本体の終了後
release	タグの解放時

書式

```
public int doStartTag() throws JspException
public int doEndTag() throws JspException
public int doAfterBody() throws JspException
public void release()
```

TagSupportクラスは、タグハンドラーを定義するための基本クラスの一種です。本体を持たない、もしくは、本体を持っていてもタグハンドラーとして処理する必要がないタグを定義するために利用します。

タグの実処理を表すのはdoXxxxxメソッドの役割です(サーブレットのdoGet／doPostなどに相当します)。それぞれ、以下の流れで実行すべき処理を表します

▼ カスタムタグ(TagSupport拡張)実行の流れ

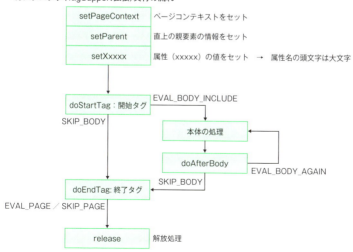

doXxxxxメソッドは、それぞれそれ以降のコンテンツをどのように処理するかを表す値を返します。利用できる戻り値には、以下のようなものがあります。

▼ doXxxxxメソッドで利用可能な戻り値

メソッド	戻り値	概要
doStartTag	SKIP_BODY	本体をスキップ
	EVAL_BODY_INCLUDE	本体の内容をそのまま出力
	EVAL_BODY_BUFFERED	本体の内容をタグハンドラーで処理（ただし、BodyTag Supportでのみ利用可）
doAfterBody	EVAL_BODY_AGAIN	本体処理を繰り返す
	SKIP_BODY	本体処理を終了し、doEndTagメソッドをコール
doEndTag	EVAL_PAGE	残りのページを処理
	SKIP_PAGE	以降の処理を打ち切り

サンプル doStartTag.jsp

```
<%@ taglib prefix="wings" uri="http://www.wings.msn.to/pocketJsp/WingsTagLibs" %>
...中略...
<wings:ServletInfo />
```

サンプル ServerInfoTag.java

```java
public class ServerInfoTag extends TagSupport {
  @Override
  public int doStartTag() throws JspException {
    ServletContext application = pageContext.getServletContext();
    JspWriter out = pageContext.getOut();
    try {
      out.print("<h1>Servlet Version " + application.getMajorVersion());
      out.print("." + application.getMinorVersion() + "</h1>");
      // 指定されたシステムプロパティの値を列挙
      String[] props = { "java.home","java.class.path","java.ext.dirs","os.
name","os.version","file.separator","path.separator","user.home","user.dir" };
      out.println("<table class='table'>");
      for(int i = 0; i < props.length; i++) {
        out.println("<tr>");
        out.println("<th>" + props[i] + "</th>");
        out.println("<td>" + System.getProperty(props[i]) + "</td>");
        out.println("</tr>");
      }
      out.println("</table>");
    } catch(Exception e) {
      e.printStackTrace();
    }
    return SKIP_BODY;
  }
  ...中略...
}
```

サンプル myTag.tld

```
<tag>
  <name>ServletInfo</name>
  <tag-class>to.msn.wings.chap4.ServerInfoTag</tag-class>
  <body-content>empty</body-content>
</tag>
```

▼ サーバー環境情報をテーブルに整形

注意

doAfterBodyメソッドは、doStartTagメソッドが戻り値としてEVAL_BODY_INCLUDE／EVAL_BODY_BUFFEREDを返した場合にのみ、本体処理が終わる度にコールされます。

参考

カスタムタグを動作させるのに必要なファイルの関係については、P.175も合わせて参照してください。

参照

P.230「本体付きのカスタムタグを処理する」
P.233「シンプルなカスタムタグを定義する」
P.304「カスタムタグの情報を定義する」

本体付きのカスタムタグを処理する

▶ javax.servlet.jsp.tagext.BodyTagSupportクラス

メソッド

doStartTag	開始タグ発生時
doEndTag	終了タグ発生時
doInitBody	本体初期化時
doAfterBody	本体終了後
release	タグの解放時

書式

```
public int doStartTag() throws JspException
public int doEndTag() throws JspException
public void doInitBody() throws JspException
public int doAfterBody() throws JspException
public void release()
```

BodyTagSupportクラスは、タグハンドラーを定義するための基本クラスの一種です。「タグハンドラークラスとして処理しなければならない本体」を持つタグを定義する場合に利用します(本体を持っていても、タグハンドラーとして関与しない場合には、TagSupportクラスで十分です)。

タグの実処理を表すのは、doXxxxxメソッドの役割です。それぞれ、以下の流れで実行すべき処理を表します。SKIP_BODY／EVAL_BODY_BUFFEREDなどの戻り値については、P.228の表を参照してください。

▼ カスタムタグ（BodyTagSupport拡張）実行の流れ

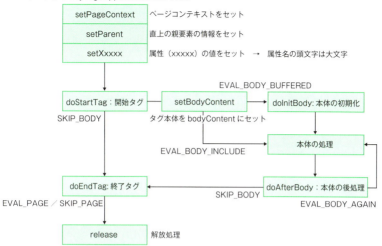

doInitBody／doAfterBodyメソッドは、それぞれdoStartTagメソッドが以下の値を返した場合にだけ呼び出されます。

- EVAL_BODY_BUFFERED（doInitBodyメソッド）
- EVAL_BODY_INCLUDE／EVAL_BODY_BUFFERED（doAfterBodyメソッド）

doAfterBodyメソッドが戻り値としてEVAL_BODY_AGAINを返すことで、タグ本体を繰り返し処理できます。

サンプル bodyTagSupport.jsp

```
<%@ page contentType="text/html;charset=UTF-8" %>
<%@ taglib prefix="wings" uri="http://www.wings.msn.to/pocketJsp/WingsTagLibs" %>
...中略...
<!--指定されたテキストをcount属性の回数だけ出力-->
<wings:Repeat count="3">
  ポケットリファレンスJSP/サーブレット<br />
</wings:Repeat>
```

サンプル RepeatTag.java

```java
// 本体のコンテンツをcount属性で指定された回数だけ繰り返し出力
public class RepeatTag extends BodyTagSupport {
  private int count = 0;   // 出力回数

  @Override
  public int doEndTag() throws JspException {
    try {
      JspWriter out = pageContext.getOut();
      // count回、本体のテキストを出力
      for(int i = 0; i < count; i++) {
        out.print(bodyContent.getString());
      }
    } catch (Exception e) {
      e.printStackTrace();
    }
    return EVAL_PAGE;
  }
  // count属性のアクセサーメソッド
  public void setCount(int count) {
    this.count = count;
  }
}
```

サンプル myTag.tld

```xml
<tag>
  <name>Repeat</name>
  <tag-class>to.msn.wings.chap4.RepeatTag</tag-class>
  <!--タグ解析時に実行される追加情報クラスの完全修飾名を指定-->
  <tei-class>to.msn.wings.chap4.RepeatTagExtra</tei-class>
  <body-content>scriptless</body-content>
  <attribute>
    <name>count</name>
    <required>true</required>
    <rtexprvalue>false</rtexprvalue>
  </attribute>
</tag>
```

▼ 指定された文字列を繰り返し表示

参照

P.233「シンプルなカスタムタグを定義する」

カスタムタグ

シンプルなカスタムタグを定義する

● javax.servlet.jsp.tagext.SimpleTagSupportクラス

メソッド
doTag　　　　　　　　　　　　　　　　　　　　　　　　　　　　　　　シンプルなタグ

書式

```
public void doTag() throws JspException, IOException
```

　SimpleTagSupportクラスは、タグハンドラーを定義するための基本クラスの一種です。「シンプルな」タグハンドラーを定義するために利用します。「シンプルな」とは、タグ開発者はdoTagメソッドだけをオーバーライドすればよいので、TagSupport／BodyTagSupportクラスを利用するのに比べて、より簡潔にタグハンドラークラスを定義できるということです。反面、処理のすべてをdoTagメソッドで記述しなければならないため、複雑なロジックを実装するのには向きません。また、TagSupport／BodyTagSupportクラスと異なり、タグの登場ごとにインスタンスを生成するため、オーバーヘッドが大きいという問題もあります。用途に応じて、いずれのタグを利用すべきかを検討してください。

サンプル doTag.jsp

```
<%@ page contentType="text/html;charset=UTF-8" %>
<%@ taglib prefix="wings" uri="http://www.wings.msn.to/pocketJsp/WingsTagLibs" %>
...中略...
<wings:ServletInfoSimple />
```

サンプル ServerInfoSimpleTag.java

```java
public class ServerInfoSimpleTag extends SimpleTagSupport {

  @Override
  public void doTag() throws JspException {
    PageContext pageContext = (PageContext)(this.getJspContext());
    ServletContext application = pageContext.getServletContext();
    JspWriter out = pageContext.getOut();
    try {
      out.print("<h1>Servlet Version " + application.getMajorVersion());
      out.print("." + application.getMinorVersion() + "</h1>");
      // 指定されたシステムプロパティに関する情報を出力
      String[] props = {"java.home","java.class.path","java.ext.dirs","os.name","os.version","file.separator","path.separator","user.home","user.dir"};
      out.println("<table class='table'>");
      for(int i = 0; i < props.length; i++) {
        out.println("<tr>");
```

```
      out.println("<th>" + props[i] + "</th>");
      out.println("<td>" + System.getProperty(props[i]) + "</td>");
      out.println("</tr>");
    }
    out.println("</table>");
  } catch(Exception e) {
    e.printStackTrace();
    }
  }
 }
}
```

サンプル myTag.tld

```
<tag>
  <name>ServletInfoSimple</name>
  <tag-class>to.msn.wings.chap4.ServerInfoSimpleTag</tag-class>
  <body-content>empty</body-content>
</tag>
```

▼ サーバー環境情報をテーブルに整形

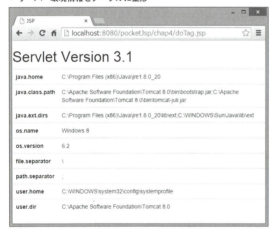

参考

doTagメソッドは、TagSupport／BodyTagSupport#doXxxxxメソッドのように戻り値を返しません。すべてのタグの挙動がdoTagメソッドで完結するため、ほかのdoXxxxxメソッドのように後続の処理を戻り値によって決定する必要がないためです。

参考

SimpleTagSupportクラスの処理過程は、以下のとおりです。

▼ カスタムタグ（SimpleTagSupport拡張）実行の流れ

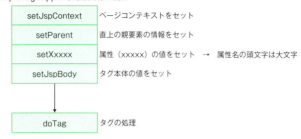

setJspContext	ページコンテキストをセット
setParent	直上の親要素の情報をセット
setXxxxx	属性（xxxxx）の値をセット → 属性名の頭文字は大文字
setJspBody	タグ本体の値をセット
doTag	タグの処理

旧来のタグハンドラークラスとの違い
・すべての処理をdoTagメソッドで処理（解放処理であるreleaseメソッドもない）
・タグ本体はJspFragmentクラスで処理
・サーブレットAPIに依存しないコンテキスト（JspContext）を持つ

参照

P.227「処理すべき本体を持たないカスタムタグを定義する」
P.230「本体付きのカスタムタグを処理する」

カスタムタグ

上位タグへの参照を取得する

▶ `javax.servlet.jsp.tagext.SimpleTagSupport`／`TagSupport`／`BodyTagSupport`クラス

メソッド

findAncestorWithClass	上位タグ
getParent	親タグ

書式

```
public static final JspTag findAncestorWithClass(
  JspTag tag, Class<?> clazz)
public JspTag getParent()
```

引数 *tag*：検索の基点となるタグ　　*clazz*：検索するタグ（完全修飾名）

　カスタムタグで入れ子を表現するにあたっては、子要素側で祖先要素への参照を取得する必要があります。findAncestorWithClassメソッドは、指定されたタグ（一般的には、自分自身）から上位に向けてタグハンドラークラスを検索し、見つかったクラスのインスタンスを返します。

　ただし、findAncestorWithClassメソッドの戻り値は、JspTagインターフェイス（タグの基本インターフェイス）です。利用に際しては、あらかじめ具体的なハンドラークラスに型キャストしてください。

　直上の親タグを取得するならば、よりかんたんにgetParentメソッドを使用してもかまいません。

サンプル　doAfterBody.jsp

```
<%@ page contentType="text/html;charset=UTF-8" %>
<%@ taglib prefix="wings" uri="http://www.wings.msn.to/pocketJsp/WingsTagLibs" %>
...中略...
<!--指定されたタブ区切りテキストをテーブルに整形する例-->
<wings:File2Table
  path="/WEB-INF/data/address.txt" header="名前,性別,生年月日,住所">
  <tr>
    <td><wings:TableCell index="0" /></td>
    <td><wings:TableCell index="1" /></td>
    <td><wings:TableCell index="2" /></td>
    <td><wings:TableCell index="3" /></td>
  </tr>
</wings:File2Table>
```

サンプル File2TableTag.java

```java
public class File2TableTag extends TagSupport {
  private int loop;
  private String path;
  private String header;
  private List<String> row;
  private List<List<String>> rows;

  @Override
  public int doStartTag() throws JspException {
    ServletContext application = pageContext.getServletContext();
    JspWriter out = pageContext.getOut();
    try {
      // 指定されたタブ区切りテキストファイルをList<List<String>>に変換
      InputStreamReader isr = new InputStreamReader(
        new FileInputStream(application.getRealPath(path)), "UTF-8");
      BufferedReader br = new BufferedReader(isr);
      rows = new ArrayList<List<String>>();
      while(br.ready()) {
        List<String> tmp = new ArrayList<>();
        StringTokenizer data = new StringTokenizer(br.readLine(), "\t");
        while(data.hasMoreTokens()){
          tmp.add(data.nextToken());
        }
        rows.add(tmp);
      }
      br.close();

      // header属性の値を分解してテーブルヘッダーとして出力
      out.println("<table class='table'>");
      if(header != null) {
        StringTokenizer token = new StringTokenizer(header, ",");
        out.println("<tr>");
        while(token.hasMoreTokens()){
          out.println("<th>" + token.nextToken() + "</th>");
        }
        out.println("</tr>");
      }

      // リスト(変数rows)から先頭行を取得
      // (子要素<wings:TableCell>要素から処理するための情報)
      row = rows.get(loop);
    } catch (Exception e) {
      e.printStackTrace();
    }
    return EVAL_BODY_INCLUDE;
  }
```

```java
    @Override
    public int doAfterBody() throws JspException {
      JspWriter out = pageContext.getOut();
      try {
        loop++;
        // リスト（変数rows）の末尾に到達するまで行単位にデータを取得
        // 取得したデータ（変数row）は子要素<wings:TableCell>要素で処理
        if(loop < rows.size()) {
          row = rows.get(loop);
          return EVAL_BODY_AGAIN; // 次行がある場合、再度タグ本体を実行
        } else {
          out.println("</table>");
        }
      } catch (Exception e) {
        e.printStackTrace();
      }
      return SKIP_BODY; // リスト終端でタグ本体の処理を終了
    }

    // アクセサーメソッド
    public void setPath(String path) {
      this.path = path; // 読み込み対象のタブ区切りテキストファイル
    }

    public void setHeader(String header) {
      this.header = header; // ヘッダー（カンマ区切り）
    }

    public String getField(int index) {
      return row.get(index);
    }
}
```

サンプル TableCellTag.java

```java
public class TableCellTag extends SimpleTagSupport {
  private String index;

  @Override
  public void doTag() throws JspException {
    PageContext pageContext = (PageContext)(this.getJspContext());
    JspWriter out = pageContext.getOut();
    try {
      // 親タグである<wings:File2Table>タグを取得
      File2TableTag f2t = (File2TableTag)findAncestorWithClass(
        this, to.msn.wings.chap4.File2TableTag.class);
      // findAncestorWithClassメソッドはgetParentメソッドでも置換可
```

```java
      // File2TableTag f2t = (File2TableTag)getParent();
      out.println(f2t.getField(Integer.parseInt(index)));
    } catch (Exception e) {
      e.printStackTrace();
    }
  }

  // アクセサーメソッド
  public void setIndex(String index) {
    this.index = index;      // 列番号
  }
}
```

サンプル myTag.tld

```xml
<tag>
  <name>File2Table</name>
  <tag-class>to.msn.wings.chap4.File2TableTag</tag-class>
  <body-content>JSP</body-content>
  <attribute>
    <name>path</name>
    <required>true</required>
    <rtexprvalue>true</rtexprvalue>
  </attribute>
  <attribute>
    <name>header</name>
    <required>false</required>
    <rtexprvalue>true</rtexprvalue>
  </attribute>
</tag>
<tag>
  <name>TableCell</name>
  <tag-class>to.msn.wings.chap4.TableCellTag
  </tag-class>
  <body-content>empty</body-content>
  <attribute>
    <name>index</name>
    <required>true</required>
    <rtexprvalue>true</rtexprvalue>
  </attribute>
</tag>
```

▼ address.txtの内容をテーブルに整形

参照

P.227「処理すべき本体を持たないカスタム
　　　タグを定義する」
P.230「本体付きのカスタムタグを処理する」
P.233「シンプルなカスタムタグを定義する」

タグ本体をフラグメントとして取得する

カスタムタグ

> javax.servlet.jsp.tagext.SimpleTagSupportクラス

メソッド

getJspBody   フラグメント

書式

```
protected JspFragment getJspBody()
```

　getJspBodyメソッドは、カスタムタグの本体をフラグメント（JspFragmentオブジェクト）として取得します。取得したフラグメントは、JspFragment#invokeメソッドを呼び出すことで実行できます。

　フラグメントに関する詳細は、@attributeディレクティブも参照してください。

サンプル getJspBody.jsp

```jsp
<%@ page contentType="text/html;charset=UTF-8" %>
<%@ taglib prefix="wings" uri="http://www.wings.msn.to/pocketJsp/WingsTagLibs" %>
...中略...
<table class="table">
  <tr>
    <th>タイトル</th><th>価格</th><th>出版社</th>
  </tr>
  <!--タグ本体はinvokeメソッドの呼び出しタイミングで実行-->
  <wings:TableFragmentBody>
    <tr>
      <td>${title}</td>
      <td>${price}円</td>
      <td>${publish}</td>
    </tr>
  </wings:TableFragmentBody>
</table>
```

サンプル TableFragmentBodyTag.java

```java
// booksテーブルの内容をフラグメントの指定に従ってレイアウトするタグ
public class TableFragmentBodyTag extends SimpleTagSupport {

  @Override
  public void doTag() throws JspException {
    PageContext pageContext = (PageContext)this.getJspContext();
    // タグ本体をフラグメントとして取得
    JspFragment frag = getJspBody();
```

```
    Connection db = null;
    try {
      Context ctx = new InitialContext();
      DataSource ds = (DataSource)ctx.lookup("java:comp/env/jdbc/pocketjsp");
      db = ds.getConnection();
      Statement sql = db.createStatement();
      ResultSet rs = sql.executeQuery("SELECT title,price,publish FROM books");
      while(rs.next()) {
        // フィールド名と同名のページ属性を準備
        pageContext.setAttribute("title",  rs.getString("title"));
        pageContext.setAttribute("price",  rs.getString("price"));
        pageContext.setAttribute("publish",rs.getString("publish"));
        // フラグメントを実行
        frag.invoke(null);
      }
    } catch(Exception e) {
      ...中略...
    }
  }
}
```

サンプル myTag.tld

```
<tag>
  <name>TableFragmentBody</name>
  <tag-class>to.msn.wings.chap4.TableFragmentBodyTag</tag-class>
  <body-content>scriptless</body-content>
</tag>
```

▼ booksテーブルの内容をフラグメントに従ってレイアウト

注意

getJspBodyメソッドは、タグ配下のテキスト全体をフラグメントとして取得したい場合にだけ利用します。1つのタグで複数のフラグメントを扱いたい場合には、.jspファイルで<jsp:attribute>要素を利用してください。<jsp:attribute>要素で宣言されたフラグメントは、通常の属性と同じく、setterメソッドで取得できます。具体的なサンプルについては、invokeメソッドを参照してください。

参照

P.179「タグファイルで利用可能な属性を宣言する」
P.242「フラグメントを実行する」

カスタムタグ

フラグメントを実行する

> javax.servlet.jsp.tagext.JspFragmentクラス

メソッド
invoke　　　　　　　　　　　　　　　　　　　　　　　　　　　　フラグメントの実行

書式

```
public abstract void invoke(Writer out) throws JspException, IOException
```

引数　out：フラグメントの結果を出力する先

JspFragmentクラスは、フラグメントを保持するとともに、任意のタイミングで実行する手段を提供します。**フラグメント**とは文字どおり、レイアウトの「断片」という意味です。フラグメントとして表されたレイアウトの断片は、

- \<jsp:invoke\>／\<jsp:doBody\>要素（タグファイル）
- JspFragment#invokeメソッド（タグハンドラークラス）

から適宜引用できます。フラグメントを利用することで、タグファイル／タグハンドラークラスではデータの加工／編集だけを担当し、出力レイアウトは .jspファイルに集約できます。

フラグメントは以下のような方法で宣言し、\<jsp:attribute\>要素経由で引き渡すことができます。

- タグファイルの @attributeディレクティブで fragment属性を trueに設定
- TLDの \<attribute\> － \<fragment\>要素を trueに設定

また、SimpleTagSupport実装のカスタムタグでは、タグ本体が暗黙的にJspFragmentオブジェクトとして解析されます。

サンプル　invoke.jsp

```jsp
<%@ page contentType="text/html;charset=UTF-8" %>
<%@ taglib prefix="wings" uri="http://www.wings.msn.to/pocketJsp/WingsTagLibs" %>
...中略...
<table class="table">
<tr>
  <th>タイトル</th><th>価格</th><th>出版社</th>
</tr>
<!--フラグメントup／downを準備（後でinvokeメソッドによって実行）-->
<wings:TableFragment>
  <jsp:attribute name="up">
```

```jsp
    <tr class="${rowClass}">
      <td>${title}</td>
      <td><span class="text-primary">${price}円</span></td>
      <td>${publish}</td>
    </tr>
  </jsp:attribute>
  <jsp:attribute name="down">
    <tr class="${rowClass}">
      <td>${title}</td>
      <td>${price}円</td>
      <td>${publish}</td>
    </tr>
  </jsp:attribute>
</wings:TableFragment>
</table>
```

サンプル TableFragmentTag.java

```java
public class TableFragmentTag extends SimpleTagSupport {
  private JspFragment up;
  private JspFragment down;

  @Override
  public void doTag() throws JspException {
    PageContext pageContext = (PageContext)(this.getJspContext());
    Connection db = null;
    try {
      Context ctx = new InitialContext();
      DataSource ds = (DataSource)ctx.lookup("java:comp/env/jdbc/pocketjsp");
      db = ds.getConnection();
      Statement sql = db.createStatement();
      ResultSet rs = sql.executeQuery("SELECT title,price,publish FROM books");
      int cnt = 0;
      while(rs.next()) {
        cnt++;
        // 奇数／偶数行に応じて<tr>要素に適用するスタイルを設定
        if(cnt % 2 == 0) {
          pageContext.setAttribute("rowClass", "info");
        } else {
          pageContext.setAttribute("rowClass", "");
        }
        // フィールドをページ属性に設定
        pageContext.setAttribute("title",  rs.getString("title"));
        pageContext.setAttribute("price",  rs.getString("price"));
        pageContext.setAttribute("publish",rs.getString("publish"));
        // 価格帯（3000円以上か）によって異なるフラグメントを実行
        if(rs.getInt("price") > 3000) {
          up.invoke(null);
```

```java
      } else {
        down.invoke(null);
      }
    }
  } catch(Exception e) {
    ...中略...
  }
}

// フラグメントを受け取るためのアクセサーメソッド
public void setUp   (JspFragment up)  {this.up = up;}
public void setDown(JspFragment down){this.down = down;}
}
```

サンプル myTag.tld

```xml
<tag>
  <name>TableFragment</name>
  <tag-class>to.msn.wings.chap4.TableFragmentTag</tag-class>
  <body-content>scriptless</body-content>
  <attribute>
    <name>up</name>
    <required>true</required>
    <fragment>true</fragment>
  </attribute>
  <attribute>
    <name>down</name>
    <required>true</required>
    <fragment>true</fragment>
  </attribute>
</tag>
```

▼ booksテーブルの内容をup／downフラグメントに従ってレイアウト

注意

引数outにnullが指定された場合、デフォルトの出力ストリーム(＝PageContext#getOutメソッドで取得するできるもの)に対して、結果を出力します。一般的には、クライアントへの出力を表すはずです。

参照

P.207「属性値をタグ本体に記述する」
P.240「タグ本体をフラグメントとして取得する」
P.304「カスタムタグの情報を定義する」

カスタムタグ

動的属性の値を処理する

JSP API

● javax.servlet.jsp.tagext.DynamicAttributesインターフェイス

メソッド

setDynamicAttribute　　　　　　　　　　　　　　　　　　　　　動的属性

書式

```
public void setDynamicAttribute(String uri, String name, Object value)
  throws JspException
```

引数　　uri：属性の名前空間　　name：属性名　　value：属性値

動的属性とは、タグライブラリディスクリプター／@attributeディレクティブであらかじめ宣言しなくても使用できる属性のことを言います。動的属性を利用することで、実行時に動的に決まる任意の属性を、カスタムタグ上で処理できるようになります。

タグハンドラークラスで動的属性を使用するには、以下の条件を満たさなければなりません。

- タグライブラリディスクリプターで<dynamic-attributes>要素を指定
- タグハンドラーがDynamicAttributesインターフェイスを実装

DynamicAttributesインターフェイスは、唯一のsetDynamicAttributeメソッドを持っており、カスタムタグに渡された属性を処理できます。通常、受け取った動的属性をCollection／Map／List型のインスタンス変数に格納しておき、doXxxxxTag／doXxxxxBodyメソッドで参照させるのが一般的です。

サンプル setDynamicAttribute.jsp

```jsp
<%@ page contentType="text/html;charset=UTF-8" %>
<%@ taglib prefix="wings" uri="http://www.wings.msn.to/pocketJsp/WingsTagLibs" %>
...中略...
<h1>Servlet Version ${pageContext.servletContext.majorVersion}.
  ${pageContext.servletContext.minorVersion} </h1>
<table class="table">
  <!--動的属性で指定されたシステムプロパティの値を出力（falseはスキップ）-->
  <wings:SystemProperty java.home="true" java.class.path="true"
    java.ext.dirs="false" os.name="true" os.version="true"
    file.separator="true" path.separator="true" user.home="false"
    user.dir="true">
  <tr>
    <th>${propName}</th>
    <td>${propValue}</td>
  </tr>
  </wings:SystemProperty>
</table>
```

サンプル SystemPropertyTag.java

```java
public class SystemPropertyTag extends SimpleTagSupport
  implements DynamicAttributes {

  private HashMap<String,String> map;
  // 動的属性を格納するためのマップを準備
  public SystemPropertyTag(){
    map = new HashMap<String,String>();
  }

  // 動的属性で指定されたシステムプロパティを、フラグメント経由で出力
  @Override
  public void doTag() throws JspException {
    PageContext pageContext = (PageContext)this.getJspContext();
    JspFragment frag = getJspBody();
    try {
      // 動的属性の値を順にページ属性にセット＆フラグメントを実行
      for(String name : map.keySet()) {
        if(map.get(name).equals("true")) {
          pageContext.setAttribute("propName", name);
          pageContext.setAttribute("propValue", System.getProperty(name));
          frag.invoke(null);
        }
      }
    } catch(Exception e) {
      e.printStackTrace();
    }
  }
```

```
  // 動的属性の値をマップに転記
  @Override
  public void setDynamicAttribute(String uri, String local, Object value)
    throws JspException {
    map.put(local, value.toString());
  }
}
```

サンプル myTag.tld

```
<tag>
  <name>SystemProperty</name>
  <tag-class>to.msn.wings.chap4.SystemPropertyTag</tag-class>
  <body-content>scriptless</body-content>
  <dynamic-attributes>true</dynamic-attributes>
</tag>
```

▼ 任意のシステムプロパティをテーブル形式で出力

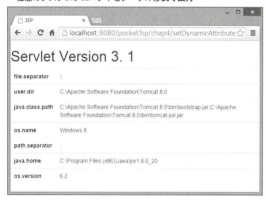

参考

タグファイルでは、@tagディレクティブでdynamic-attributes属性を宣言することで、動的属性を利用できるようになります。

参照

P.181「タグファイルで動的属性を利用する」

カスタムタグ

タグハンドラークラスで利用する値を取得／設定／削除する

● javax.servlet.jsp.tagext.TagSupport／BodyTagSupportクラス

メソッド

getValue	取得
getValues	取得（すべて）
removeValue	削除
setValue	設定

書式

```
public Object getValue(String key)
public Enumeration<String> getValues()
public void removeValue(String key)
public void setValue(String key, Object value)
```

引数 key：キー名　　value：設定する値

タグハンドラークラスでは、TagSupport#setValueメソッドを使用することで、キー／値のマップを保持できます。これは、たとえば、動的属性（DynamicAttributesインターフェイス）のような不特定多数の値をタグハンドラーの中で処理したい場合に便利です。

指定されたキーに対応する値を取得するにはgetValueメソッドを、すべてのキーを取得するにはgetValuesメソッドを、それぞれ利用します。既存のキーを削除するには、removeValueメソッドを使用してください。

サンプル　setValue.jsp

```
<%@ page contentType="text/html;charset=UTF-8" %>
<%@ taglib prefix="wings" uri="http://www.wings.msn.to/pocketJsp/WingsTagLibs" %>
...中略...
<h1>Servlet Version ${pageContext.servletContext.majorVersion}.
  ${pageContext.servletContext.minorVersion} </h1>
<!--動的属性で指定されたシステムプロパティの値を出力（falseはスキップ）-->
<table class="table">
  <wings:SystemProperty2  java.home="true" java.class.path="true"
    java.ext.dirs="false" os.name="true" os.version="true"
    file.separator="true" path.separator="true" user.home="false"
    user.dir="true">
  <jsp:attribute name="layout">
  <tr>
    <th>${propName}</th>
    <td>${propValue}</td>
  </tr>
```

```
    </jsp:attribute>
  </wings:SystemProperty2>
</table>
```

サンプル SystemProperty2Tag.java

```java
public class SystemProperty2Tag  extends TagSupport
  implements DynamicAttributes {
  private JspFragment layout;

  // 動的属性で指定されたシステムプロパティを、フラグメント経由で出力
  @Override
  public int doStartTag() throws JspException {
    try {
      // 動的属性の値を順にページ属性にセット&フラグメントを実行
      Enumeration<String> names = getValues();
      while(names.hasMoreElements()) {
        String name = names.nextElement();
        String flag = (String)getValue(name);
        this.removeValue(name);
        if(flag.equals("true")){
          pageContext.setAttribute("propName", name);
          pageContext.setAttribute("propValue", System.getProperty(name));
          layout.invoke(null);
        }
      }
    } catch(Exception e) {
      e.printStackTrace();
    }
    return SKIP_BODY;
  }

  // layout属性のアクセサーメソッド
  public void setLayout(JspFragment layout) {
    this.layout = layout;
  }

  // 動的属性の値を内部マップに転記
  @Override
  public void setDynamicAttribute(String uri, String local, Object value)
    throws JspException {
    this.setValue(local, value);
  }
}
```

サンプル myTag.tld

```
<tag>
  <name>SystemProperty2</name>
  <tag-class>to.msn.wings.chap4.SystemProperty2Tag</tag-class>
  <body-content>scriptless</body-content>
  <dynamic-attributes>true</dynamic-attributes>
  <attribute>
    <name>layout</name>
    <required>true</required>
    <fragment>true</fragment>
  </attribute>
</tag>
```

▼ 任意のシステムプロパティをテーブル形式で出力

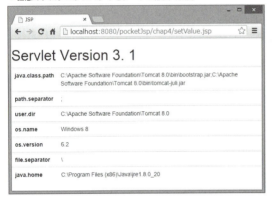

参考

本項のサンプルは、P.246 のそれを setValue／getValue メソッドで書き換えたものです。

カスタムタグ

タグ配下のテキストを操作する

● javax.servlet.jsp.tagext.BodyContentクラス

メソッド

getString	本体を取得（文字列）
getReader	本体を取得（Reader）
clearBody	本体のクリア
writeOut	Writerに出力

書式

```
public abstract String getString()
public abstract Reader getReader()
public void clearBody()
public abstract void writeOut(Writer out) throws IOException
```

引数　　out：タグ本体の出力先

BodyContentクラスは、カスタムタグ本体のテキストを管理します。BodyTagSupportクラスを継承したタグハンドラークラスの中で自動的にインスタンス化され、bodyContentオブジェクトとしてdoXxxxxメソッドから参照できます。

本体テキストを文字列／Readerオブジェクトとして取得するにはgetString／getReaderメソッドを、テキストをそのままWriterオブジェクト経由で出力するにはwriteOutメソッドを提供します。テキストを処理した後、その内容をクライアントに出力したくない場合（＝単にタグで処理すべきデータとしてのみテキストを使用する場合）には、clearBodyメソッドでテキストを明示的にクリアすることもできます。

サンプル　bodyContent.jsp

```
<%@ page contentType="text/html;charset=UTF-8" %>
<%@ taglib prefix="wings" uri="http://www.wings.msn.to/pocketJsp/WingsTagLibs" %>
...中略...
<wings:Sendmail
  smtpServer="smtp.xxxxx.com" smtpPort="587"
  username="xxxxxx" password="xxxxx"
  to="CQW15204@nifty.ne.jp;山田奈美;yyamada@wings.msn.to;よしひろ"
  fromAddress="CQW15204@nifty.com" fromName="WINGSプロジェクト"
  subject="テスト">
こんにちは、WINGSプロジェクトです。
テストメールです。

確認してください。
</wings:Sendmail>
```

メールの送信が完了しました。

サンプル SendmailTag.java

```java
public class SendmailTag extends BodyTagSupport {

  private String smtpServer;      // SMTPサーバー（ホスト名）
  private int smtpPort;           // SMTPサーバー（ポート番号）
  private String username;        // 認証ユーザー名
  private String password;        // 認証パスワード
  private String to;              // 宛先（「アドレス;名前;...」の形式）
  private String fromAddress;     // 送付元アドレス
  private String fromName;        // 送付元名前
  private String subject;         // 件名

  @Override
  public int doEndTag() throws JspException {
    try {
      // メール情報を準備
      SimpleEmail mail = new SimpleEmail();
      mail.setHostName(smtpServer);                    // SMTPホスト名
      mail.setSmtpPort(smtpPort);                      // SMTPポート番号
      mail.setAuthentication(username, password);      // 認証情報

      // 変数toを「;」で分解し、To（宛先）ヘッダーを設定
      StringTokenizer tos = new StringTokenizer(to, ";");
      while (tos.hasMoreElements()) {
        String to = tos.nextToken();
        String name = tos.nextToken();
        mail.addTo(to, name, "ISO-2022-JP");
      }
      mail.setFrom(fromAddress, fromName, "ISO-2022-JP");  // 送付元
      mail.setCharset("ISO-2022-JP");                      // 文字コード
      mail.setSubject(subject);                            // 件名
      // タグ本体のテキストをもとに本文を設定
      mail.setMsg(bodyContent.getString());
      bodyContent.clear();
      mail.send();
    } catch (Exception e) {
      e.printStackTrace();
    }
    return EVAL_PAGE;
  }

  // 以下、アクセサーメソッド（中略）
}
```

サンプル myTag.tld

```xml
<tag>
  <name>SendMail</name>
  <tag-class>to.msn.wings.chap4.SendmailTag</tag-class>
  <body-content>tagdependent</body-content>
  <attribute>
    <name>smtpServer</name>
    <required>true</required>
    <rtexprvalue>true</rtexprvalue>
  </attribute>
  <attribute>
    <name>smtpPort</name>
    <type>java.lang.Integer</type>
    <required>true</required>
    <rtexprvalue>true</rtexprvalue>
  </attribute>
  <attribute>
    <name>username</name>
    <required>true</required>
    <rtexprvalue>true</rtexprvalue>
  </attribute>
  <attribute>
    <name>password</name>
    <required>true</required>
    <rtexprvalue>true</rtexprvalue>
  </attribute>
  <attribute>
    <name>to</name>
    <required>true</required>
    <rtexprvalue>true</rtexprvalue>
  </attribute>
  <attribute>
    <name>fromAddress</name>
    <required>true</required>
    <rtexprvalue>true</rtexprvalue>
  </attribute>
  <attribute>
    <name>fromName</name>
    <required>true</required>
    <rtexprvalue>true</rtexprvalue>
  </attribute>
  <attribute>
    <name>subject</name>
    <required>true</required>
    <rtexprvalue>true</rtexprvalue>
  </attribute>
</tag>
```

▼ アプリケーションから送信したメールをメーラーで受信

参考

BodyContentクラスはJspWriterのサブクラスですので、JspWriterで提供されているメソッドはそのまま利用できます。

参考

上記のサンプルを実行するには、あらかじめCommons Email／JavaMailを利用可能な状態にしておいてください。Commons Email／JavaMailの入手先と必要な.jarファイルは以下のとおりです。

▼ Commons Email／JavaMailの入手先と必要な.jarファイル(X.X.Xはバージョン番号)

ライブラリ	ダウンロード先	必要な.jarファイル
Commons Email	http://commons.apache.org/proper/commons-email/	commons-email-X.X.X.jar
JavaMail	http://www.oracle.com/technetwork/java/javamail/	javax.mail.jar

カスタムタグの妥当性を検証する

> javax.servlet.jsp.tagext.TagExtraInfo クラス

メソッド

validate	妥当性検証
getTagInfo	タグ情報を取得

書式

```
public ValidationMessage[] validate(TagData data)
public final TagInfo getTagInfo()
```

引数   data：タグ情報

TagExtraInfo クラスは、タグライブラリディスクリプター(TLD)では記述できない追加タグ情報(タグ追加情報クラス)を規定するためのクラスです。タグ追加情報クラスは、TLDの<tei-class>要素で指定しておくことで、タグの処理に合わせて解析されます。

TagExtraInfo#validate メソッドは、カスタムタグに渡された属性の妥当性を検証するためのメソッドです。TagExtraInfo 派生クラスの中でオーバーライドして、属性値の検証ロジックを実装します。

タグ情報は、引数 data(TagData オブジェクト)、または getTagInfo メソッドの戻り値(TagInfo オブジェクト)を介して取得できます。それぞれのメンバーは、以下のとおりです。

▼ TagData クラスのおもなメソッド

メソッド	概要
Enumeration<String> getAttributes()	タグ配下に属するすべての属性名を取得
String getAttributeString(String name)	指定された属性の値を取得
String getId()	タグを一意に識別するid属性を取得

▼ TagInfo クラスのおもなメソッド

メソッド	概要		
TagAttributeInfo[] getAttributes()	属性情報を取得(TagAttributeInfo のおもなメンバーは以下)		
	メソッド	概要	
	String getName()	属性名を取得	
	String getTypeName()	属性のデータ型を取得	
	boolean isFragment()	フラグメントか判定	
	boolean isRequired()	必須属性か判定	
String getBodyContent()	タグ本体に関する情報を取得(EMPTY｜JSP｜SCRIPTLESS｜TAGDEPENDENT)		

(続く)

▼ TagInfoクラスのおもなメソッド（続き）

メソッド	概要
String getDisplayName()	表示名を取得
String getInfoString()	備考情報を取得
String getLargeIcon()	アイコン（大）情報を取得
String getSmallIcon()	アイコン（小）情報を取得
String getTagClassName()	タグハンドラークラスの完全修飾名を取得
TagExtraInfo getTagExtraInfo()	タグ追加情報クラスを取得
TagLibraryInfo getTagLibrary()	タグライブラリに関する情報を取得（TagLibraryInfoクラスのおもなメンバーは以下）

	メソッド	概要
	FunctionInfo getFunction (String *name*)	指定された関数に関する情報を取得（FunctionInfoクラスのおもなメソッドは以下）

		メソッド	概要
		String getFunctionClass()	関数の実装クラスを取得
		String getFunctionSignature()	関数のシグニチャーを取得
		String getName()	関数名を取得

	メソッド	概要
	FunctionInfo[] getFunctions()	定義されたすべての関数情報を取得
	String getInfoString()	タグライブラリの備考情報を取得
	String getPrefixString()	タグライブラリの接頭辞を取得
	String getReliableURN()	URN情報を取得
	String getRequiredVersion()	必要とされるJSPのバージョンを取得
	String getShortName()	タグライブラリの略称を取得
	TagInfo getTag(String *name*)	指定された名前をキーにタグ情報を取得
	TagFileInfo getTagFile(String *name*)	指定された名前をキーにタグファイル情報を取得（TagFileInfoクラスのおもなメソッドは以下）

		メソッド	概要
		String getName()	タグ名を取得
		String getPath()	.tagファイルのパスを取得
		TagInfo getTagInfo()	タグ情報を取得

	メソッド	概要
	TagFileInfo[] getTagFiles()	定義されたすべてのタグファイル情報を取得
	TagInfo[] getTags()	定義されたすべてのタグ情報を取得
	String getURI()	URI情報を取得

メソッド	概要
String getTagName()	タグ名を取得

（続く）

▼ TagInfoクラスのおもなメソッド(続き)

メソッド	概要		
TagVariableInfo[] getTagVariableInfos()	スクリプティング変数の情報を取得(TagVariableInfoクラスのおもなメソッドは以下)		
	メソッド	概要	
	String getClassName()	スクリプティング変数の型名を取得	
	boolean getDeclare()	<declare>要素を取得	
	String getNameFromAttribute()	<name-from-attribute>要素を取得	
	String getNameGiven()	<name-given>要素を取得	
	int getScope()	<scope>要素を取得	

validateメソッドは、戻り値として検証メッセージをValidationMessageオブジェクトの配列として返します。ValidationMessageクラスで利用できるおもなメソッドは、以下のとおりです。

▼ ValidationMessageクラスのおもなメソッド

メソッド	概要
ValidationMessage(String *id*, String *msg*)	コンストラクター
String getId()	メッセージを一意に特定するIDを取得
String getMessage()	エラーメッセージを取得

サンプル RepeatTagExtra.java

```java
public class RepeatTagExtra extends TagExtraInfo {

  @Override
  public ValidationMessage[] validate(TagData data) {
    ValidationMessage[] msgs = null;
    ArrayList<ValidationMessage> ary = new ArrayList<ValidationMessage>();
    // タグ情報を標準出力に出力
    TagInfo info = this.getTagInfo();
    System.out.println("タグ名：" + info.getTagName());
    System.out.println("クラス名：" + info.getTagClassName());
    // count属性が0以下の場合にエラーメッセージを生成
    int cnt = Integer.parseInt((String)(data.getAttribute("count")));
    if(cnt < 1) {
      ValidationMessage msg = new ValidationMessage("count",
        "count属性には正数を指定してください");
      ary.add(msg);
    }
    // エラーメッセージ群（ValidationMessage配列）を生成
    if(ary.size() > 0) {
      msgs = new ValidationMessage[ary.size()];
      ary.toArray(msgs);
    }
```

```
    return msgs;
  }
}
```

※検証対象となる<wings:Repeat>要素(RepeatTag.java)については、P.232を参照してください。

サンプル myTag.tld

```
<tag>
  <name>Repeat</name>
  <tag-class>to.msn.wings.chap4.RepeatTag</tag-class>
  <!--タグ解析時に実行される追加情報クラスの完全修飾名を指定-->
  <tei-class>to.msn.wings.chap4.RepeatTagExtra</tei-class>
  <body-content>scriptless</body-content>
  <attribute>
    <name>count</name>
    <required>true</required>
    <rtexprvalue>false</rtexprvalue>
  </attribute>
</tag>
```

▼ <wings:Repeat>要素のcount属性を負数にした場合はエラー

※サンプルの動作は、bodyTagSupport.jsp(P.231)から確認してください。

参考

JSP 2.0より前の環境では、validateメソッドの代わりにisValidメソッドを使います。ただし、isValidメソッドは戻り値としてtrue/false(検証成功でtrue)を返すだけで情報に乏しいので、JSP 2.0以上の環境ではvalidateメソッドを利用してください。

カスタムタグ

タグライブラリの妥当性を検証する

● javax.servlet.jsp.tagext.TagLibraryValidator クラス

メソッド
validate	妥当性検証
getInitParameters	初期化パラメーターの取得
release	解放処理

書式

```
public ValidationMessage[] validate(
  String prefix, String uri, PageData data)
public Map<String,Object> getInitParameters()
public void release()
```

引数 *prefix*：カスタムタグライブラリの接頭辞　　*uri*：タグライブラリのURI
data：.jspページに関する情報を含むPageDataオブジェクト

TagLibraryValidatorクラスは、名前のとおり、現在のタグライブラリを利用している.jspファイルの妥当性を検証するための基本クラスです。TagLibraryValidator#validateメソッドをオーバーライドすることで、独自の妥当性検証ルールを定義できます。妥当性検証クラスは、タグライブラリディスクリプターの<validator>要素から登録してください。

一般的には、validateメソッドの引数data（PageDataオブジェクト）を介して、.jspファイルに含まれる要素／属性を解析します。

<validate>要素では、初期化パラメーターを宣言することもできます。宣言されたすべてのパラメーターには、getInitParametersメソッドでアクセスできます（特定の名前をキーにパラメーターを取得するgetInitParameterのようなメソッドは存在しません）。

releaseメソッドは、妥当性検証クラス内で使用したリソースの解放処理を記述するために使用します。

サンプル TagValidator.java

```java
// .jspファイル解析時にRepeat要素の妥当性を検証
public class TagValidator  extends TagLibraryValidator {

  @Override
  public ValidationMessage[] validate(String pre, String uri, PageData page) {
    SAXBuilder builder = new SAXBuilder();
    // 検証結果を格納するためのValidationMessage配列を準備
    ValidationMessage[] msgs = null;
    ArrayList<ValidationMessage> ary = new ArrayList<ValidationMessage>();
    try {
      // 初期化パラメーターfragがtrueの場合のみ検証を実施
      Map<String, Object> map = this.getInitParameters();
      if(map.get("flag").equals("true")){
        Document doc = builder.build(page.getInputStream());
        Element root = doc.getRootElement();
        Iterator<Element> iter = root.getChildren().iterator();
        while(iter.hasNext()) {
          Element elm = iter.next();
          // Repeat要素のcount属性をint型に変換できなければ検証エラー
          if(elm.getName().equals("Repeat")){
            try {
              String tmp = elm.getAttribute("count").getValue();
              int cnt = Integer.parseInt(tmp);
              if(cnt < 1) {
                ValidationMessage msg = new ValidationMessage("count",
                  "count属性には正数を指定してください");
                ary.add(msg);
              }
            } catch(NumberFormatException e) {
              ValidationMessage msg = new ValidationMessage("count",
                "count属性には整数値を入力してください");
              ary.add(msg);
            }
          }
        }
      }
    } catch(Exception e) {
      e.printStackTrace();
    }

    // ArrayList内部の検証エラーをValidationMessage配列に詰め替え
    if(ary.size() > 0) {
      msgs = new ValidationMessage[ary.size()];
      ary.toArray(msgs);
    }
    return msgs;
```

```
    }

    @Override
    public void release() { /* 解放処理は不要 */ }
}
```

※サンプルの動作は、TLDの<validator>要素をコメントインしたうえで、bodyTagSupport.jsp（P.231）から確認してください。

▼ 妥当性検証によるエラーメッセージを表示（count属性に負数を指定した場合）

参考

上記のサンプルを実行するには、あらかじめJDOMを利用可能な状態にしておいてください。JDOM（jdom-X.X.X.jar）は本家サイト（http://www.jdom.org/）からダウンロードできます。

参考

PageDataクラスは、解析対象のページ情報にアクセスするための手段を提供します。PageDataクラスは、唯一のgetInputStreamメソッドで.jspファイルを読み込むための入力ストリームを提供します。

```
public abstract InputStream getInputStream()
```

参照

P.303「タグライブラリを含んだJSPページの妥当性を検証する」

CHAPTER ▶▶▶ **5**

Servlet & JSP Pocket Reference

デプロイメント
ディスクリプター

デプロイメントディスクリプターとは

デプロイメントディスクリプター(Deployment Descriptor)とは、その名のとおり、Webアプリケーションの配置(Deploy)情報を記述したXML形式の設定ファイルです。デプロイメントディスクリプターを利用することで、アプリケーション共通の設定を一元的に管理できるのみならず、変更が発生した場合にもコードに影響を与えることなく、パラメーターだけを変更できるというメリットがあります。

デプロイメントディスクリプターの種類

デプロイメントディスクリプターのファイル名はコンテナーによって異なります。たとえばTomcatにおけるデプロイメントディスクリプターは「web.xml」です。

web.xmlには、以下の2種類のレベルがあります。

▼ web.xmlの配置場所

用途	場所
全アプリケーションに適用すべき情報	%CATALINA_HOME%/conf/web.xml
個々のアプリケーション単位の情報	%CATALINA_HOME%/webapps/(アプリケーションルート)/WEB-INF/web.xml

その性質上、conf/web.xmlをアプリケーション開発者が編集するべきではありません。アプリケーション開発者は、個々のアプリケーション配下に対してのみweb.xmlを配置/編集するようにしてください。

デプロイメントディスクリプターの骨組みとおもな構成要素

デプロイメントディスクリプターの骨組みは、以下のとおりです。

```xml
<?xml version="1.0" encoding="UTF-8"?>
<web-app xmlns:xsi="http://www.w3.org/2001/XMLSchema-instance"
  xmlns="http://xmlns.jcp.org/xml/ns/javaee"
  xmlns:jsp="http://java.sun.com/xml/ns/javaee/jsp"
  xsi:schemaLocation="http://xmlns.jcp.org/xml/ns/javaee
                      http://xmlns.jcp.org/xml/ns/javaee/web-app_3_1.xsd"
  version="3.1">
  <!--構成要素-->
</web-app>
```

デプロイメントディスクリプターのルート要素は、<web-app>要素です。すべての構成要素は、この<web-app>要素の配下に記述します。<web-app>要素の配下には、以下の表に挙げる子要素を含めることが可能です。記述の順番は特に決まってないので、任意に変更してもかまいません。

▼ <web-app>要素配下に記述できるおもな構成要素（「*」は複数記述が可能）

要素名	概要
<absolute-ordering>	Webフラグメントの読み込み順序を指定
*<context-param>	初期化パラメーターを設定
<description>	メモ情報（備考）を記述
<display-name>	GUIツール表示用のアプリケーション名を定義
<distributable>	アプリケーション配置の方法を定義
*<error-page>	エラーページを指定
*<filter>	フィルタークラスを定義
*<filter-mapping>	フィルターの適用範囲を設定
<icon>	GUIツールに表示するアイコンを定義
<jsp-config>	.jspファイルに関する情報全般を設定
<listener>	イベントリスナーを登録する
<locale-encoding-mapping-list>	ロケールと文字エンコーディングのマッピングリストを定義
<login-config>	ログイン手段を定義
*<mime-mapping>	MIMEタイプを設定
*<resource-ref>	外部リソースへの参照名を定義
*<security-constraint>	アクセス制限の適用範囲を定義
*<security-role>	認証時に使用するロール名を定義
*<servlet>	サーブレットクラスの設定を定義
*<servlet-mapping>	特定のURIパターンにサーブレットをマッピング
<session-config>	セッション情報を定義
<welcome-file-list>	ウェルカムページを指定
<deny-uncovered-http-methods>	無指定のHTTPメソッドを拒否

デプロイメントディスクリプターのスキーマ情報（XML Schema）を参照したい場合には、以下のURLにアクセスしてください（2.5、3.0のスキーマを参照する場合には、「3_1」の部分を「2_5」「3_0」で置き換えます）。

http://xmlns.jcp.org/xml/ns/javaee/web-app_3_1.xsd

アプリケーション

アプリケーションの基本情報を定義する

要素

`<description>`	備考情報
`<display-name>`	表示名
`<icon>`	アイコン
`<distributable>`	配置方法

書式

```
<description>       アプリケーションの説明
<display-name>      アプリケーションの表示名
<icon>              GUIツールに表示する画像アイコン
  ├<small-icon>?    16×16ピクセルのアイコン画像（相対パス）
  └<large-icon>?    32×32ピクセルのアイコン画像（相対パス）
<distributable />   分散型コンテナーに配置可能か
```

　<description>／<display-name>／<icon>／<distributable>要素は、アプリケーションの基本的な情報を表します。

　<description>／<display-name>／<icon>要素で定義された情報は、それぞれIDE（Integrated Development Environment）やその他のGUIツールに表示するために使われます。これらの要素は、<web-app>要素のほか、構成要素の子要素として利用できます。利用できる構成要素については、それぞれ該当する構成要素のページを参照してください。

　<distributable>要素は、現在のWebアプリケーションが分散型のコンテナーに配置可能かどうかを示します。<distributable>要素は、属性も配下の子要素も持ちません。

サンプル web.xml

```xml
<description>ポケットリファレンスのサンプルです</description>
<display-name>Pocket Reference Samples</display-name>
<icon>
  <small-icon>s_wings.jpg</small-icon>
  <large-icon>l_wings.jpg</large-icon>
</icon>
<distributable />
```

アプリケーション

初期化パラメーターを設定する

要素
`<context-param>` 初期化パラメーター

書式

```
<context-param>
  ├─<description>*   パラメーターの概要
  ├─<param-name>     初期化パラメーター名
  └─<param-value>    初期化パラメーター値
```

<context-param>要素は、アプリケーション全体から参照できる初期化パラメーターを設定します。初期化パラメーターを利用することで、たとえばアプリケーション共通で使用するリソースのURLや使用している文字コード、ロケールのように、環境によって一律変更しなければならないような情報を、デプロイメントディスクリプターで一元的に管理できます。

<context-param>要素で設定された初期化パラメーターは、ServletContext#getInitParameterメソッドによって参照できます。特定のサーブレット／フィルターでのみ参照したいパラメーターを設定するならば、それぞれ<servlet>／<filter>要素配下に<init-param>要素を定義してください。

サンプル web.xml

```
<!--Databaseタグライブラリで使用するデフォルトの接続先-->
<context-param>
  <param-name>javax.servlet.jsp.jstl.sql.dataSource</param-name>
  <param-value>jdbc:mysql://localhost/pocketjsp?useUnicode=true&amp;↴
characterEncoding=UTF-8,org.gjt.mm.mysql.Driver,jspusr,jsppass</param-value>
</context-param>
<!--<sql:query>タグで使用するレコードの最大取得数-->
<context-param>
  <param-name>javax.servlet.jsp.jstl.sql.maxRows</param-name>
  <param-value>100</param-value>
</context-param>
```

※初期化パラメーターを取得するコードは、P.110を参照してください。

参照
P.110「アプリケーション共通の初期化パラメーターを取得する」

ウェルカムページを指定する

要素
`<welcome-file-list>` ウェルカムページ

書式

```
<welcome-file-list>
 └<welcome-file>+ ウェルカムページとして認識するファイル名
```

ウェルカムページとは、リクエストの際にファイル名が省略された場合、自動的に検索されるページのこと。たとえば、「http://examples.com/sample/」という要求で「http://examples.com/sample/index.jsp」が表示されるとしたら、index.jspがウェルカムページです。

ウェルカムページを利用することで、エンドユーザーによるアドレス入力の手間を軽減できるなどのメリットがあります。そもそも昨今のユーザーは暗黙的にウェルカムページが存在することを期待しているので、ファイル名を省略したときにそのままエラーが表示されてしまうのは良いことではありません。ウェルカムページの設定は現実的には必須です。

該当するフォルダーにウェルカムページが見つからなかった場合、最終的には**デフォルトサーブレット**を検索します。デフォルトサーブレットとは、「/」にマッピングされているサーブレットのこと。デフォルトサーブレットも存在しない場合、Tomcatはデフォルトでページが存在しない旨を示すエラーメッセージを表示します(Tomcat 8.xの場合)。

サンプル web.xml

```xml
<!--index.jsp／index.htmlの順でウェルカムページを検索-->
<welcome-file-list>
  <welcome-file>index.jsp</welcome-file>
  <welcome-file>index.html</welcome-file>
</welcome-file-list>
...中略...
<!--デフォルトサーブレットの定義-->
<servlet>
  <servlet-name>MyDefaultServlet</servlet-name>
  <servlet-class>to.msn.wings.chap5.MyDefaultServlet</servlet-class>
</servlet>
...中略...
<servlet-mapping>
  <servlet-name>MyDefaultServlet</servlet-name>
  <url-pattern>/</url-pattern>
</servlet-mapping>
```

※ただし、配布サンプル上はサンプル実行の利便性を考慮して、アプリケーション固有のデフォルトサーブレット(太字部分)を無効にし、chap5/index.jspも_index.jspにリネームしています。動作は、それぞれコメントイン、リネームしたうえで確認してください。

▼「~/pocketJsp/chap3/」を指定した場合、index.jspもindex.htmlもないので、デフォルトサーブレットを表示

▼「~/pocketJsp/chap5/」を指定した場合、index.jspを表示

参照

P.287「サーブレットクラスの設定を定義する」

COLUMN デフォルトサーブレットの設定（1）

P.268、288でも紹介したように、**デフォルトサーブレット**とは＜servlet-mapping＞上、「/」にマッピングされているサーブレットのことを言います。Tomcatでは標準でグローバルレベルのデフォルトサーブレットを提供しており、すべてのアプリケーションのデフォルトサーブレットとして適用されます。グローバルなデフォルトサーブレットの挙動は、conf/web.xmlからサーブレット初期化パラメーターとして設定することが可能です。以下におもなパラメーターをまとめます（P.286に続く）。

▼デフォルトサーブレット（Tomcat 8標準）の初期化パラメーター

パラメーター名	概要	デフォルト値
debug	デバッグレベル	0
fileEncoding	静的リソースを読み込む際に使用する文字エンコーディング	システムデフォルト
listings	ウェルカムページが存在しない場合にファイルリストを表示するか	false
readmeFile	ファイルリストと合わせて表示するreadmeファイルの名前	null
showServerInfo	ファイルリストと合わせてサーバー情報を表示するか	true
globalXsltFile	ファイルリストのカスタマイズに使用するXSLTスタイルシート（すべてのフォルダーに適用）	null
localXsltFile	ファイルリストのカスタマイズに使用するXSLTスタイルシート（フォルダー単位。globalXsltFileを上書き）	null
readonly	コンテキストが読み取り専用（HTTP PUT／DELETEを禁止）か	true
input	リソース読み込みに使用する入力バッファーのサイズ（バイト単位）	2048
output	リソース書き込みに使用する出力バッファーのサイズ（バイト単位）	2048

アプリケーション

エラーページを設定する

要素
`<error-page>` エラーページ

書式
```
<error-page>
  ├ <error-code>      エラーコード（HTTPステータスコード。404など）
  ├ <exception-type>  例外クラスの完全修飾名（<error-code>要素とい
  │                   ずれか片方が必須）
  └ <location>        表示するエラーページ
```

エラーページとは、アプリケーションで例外が処理されなかった場合に、最終的に表示されるページのことです。

`<error-page>`要素で設定された例外、またはHTTPステータスコードを検出すると、そのページに自動的にリダイレクトします。`<error-code>`要素(HTTPステータスコード)、`<exception-type>`要素(例外クラス)は、いずれか片方が必須です。

エラーページでは、以下のいずれかの方法で例外情報にアクセスできます。

- ErrorDataオブジェクト
- リクエスト属性
- 暗黙オブジェクトexception

エラーページで利用できるリクエスト属性には、以下のようなものがあります。ErrorDataオブジェクトを利用した例については、P.223も参照してください。

▼ エラーページで参照可能なリクエスト属性

属性名	概要
javax.servlet.error.exception	例外情報（概要）
javax.servlet.error.exception_type	例外クラス
javax.servlet.error.message	例外情報（メッセージ）
javax.servlet.error.request_uri	例外が発生したURI
javax.servlet.error.servlet_name	サーブレット名
javax.servlet.error.status_code	ステータスコード

サンプル web.xml

```xml
<!--Exception（一般例外）でerrorPage.jspを表示-->
<error-page>
  <exception-type>java.lang.Exception</exception-type>
  <location>/chap5/errorPage.jsp</location>
</error-page>
<!--「404 Not Found」で、errorPage404.jspを表示-->
<error-page>
  <error-code>404</error-code>
  <location>/chap5/errorPage404.jsp</location>
</error-page>
```
※配布サンプルでは、ほかのサンプルに影響が出ないように<error-page>要素をコメントアウトしています。

サンプル errorPage.jsp

```jsp
<%@ page contentType="text/html;charset=UTF-8" isErrorPage="true" %>
...中略...
<table class="table">
<tr>
  <th>項目</th><th>メッセージ</th>
</tr><tr>
  <th valign="top">例外情報（概要）</th>
  <td>${requestScope['javax.servlet.error.exception']}<br /></td>
</tr><tr>
  <th valign="top">例外クラス</th>
  <td>${requestScope['javax.servlet.error.exception_type']}<br /></td>
</tr><tr>
  <th valign="top">例外情報（メッセージ）</th>
  <td>${requestScope['javax.servlet.error.message']}<br /></td>
</tr><tr>
  <th valign="top">例外が発生したファイル</th>
  <td>${requestScope['javax.servlet.error.request_uri']}<br /></td>
</tr><tr>
  <th valign="top">ステータスコード</th>
  <td>${requestScope['javax.servlet.error.status_code']}<br /></td>
</tr>
</table>
```
※errorPage404.jspも内容はほぼ同じなので、紙面上は割愛します。詳細なコードは配布サンプルを参照してください。

サンプル exception.jsp

```jsp
<%@ page contentType="text/html;charset=UTF-8" %>
<!--指定された文字コードが不正のため、例外が発生します-->
<% request.setCharacterEncoding("abc"); %>
```

▼ exception.jspを指定した場合、一般例外用のエラーページを表示

▼ nothing.jsp(存在しないページ)を指定した場合、404コードのエラーページを表示

注意

エラーページの設定がない場合、Tomcatはデフォルトで詳細な例外情報を表示します。ソースコードも含んだそれは、時として、セキュリティホールともなりますので、運用環境では必ずエラーページを設定するようにしてください。

▼ Tomcat標準で表示するエラーページ

そうした意味では、サンプルのような例も、実運用のアプリケーションで使用するエラーページとしては適切ではありません。取得した例外情報は、たとえばログに出力したり、アプリケーション管理者にメール通知するなど、いずれにしても、エンドユーザーの目に触れない形で出力するべきです。

参考

エラーページは、@pageディレクティブ(errorPage属性)からも設定できます。ただし、一般的にはアプリケーション一律で設定するのが望ましいでしょう。

参照
P.270「エラーページを設定する」

アプリケーション

特定のフォルダーに対して認証を設定する

要素

`<security-constraint>`	アクセス権限
`<security-role>`	ロール名

書式

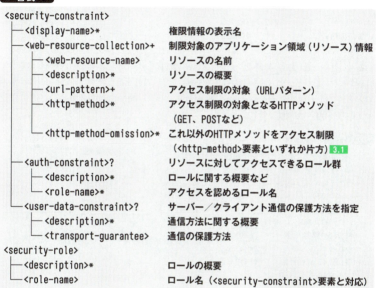

```
<security-constraint>
├─<display-name>*                    権限情報の表示名
├─<web-resource-collection>+         制限対象のアプリケーション領域 (リソース) 情報
│  ├─<web-resource-name>             リソースの名前
│  ├─<description>*                  リソースの概要
│  ├─<url-pattern>+                  アクセス制限の対象 (URLパターン)
│  ├─<http-method>*                  アクセス制限の対象となるHTTPメソッド
│  │                                  (GET、POSTなど)
│  └─<http-method-omission>*         これ以外のHTTPメソッドをアクセス制限
│                                     (<http-method>要素といずれか片方) 3.1
├─<auth-constraint>?                 リソースに対してアクセスできるロール群
│  ├─<description>*                  ロールに関する概要など
│  └─<role-name>*                    アクセスを認めるロール名
└─<user-data-constraint>?            サーバー／クライアント通信の保護方法を指定
   ├─<description>*                  通信方法に関する概要
   └─<transport-guarantee>           通信の保護方法
<security-role>
├─<description>*                     ロールの概要
└─<role-name>                        ロール名 (<security-constraint>要素と対応)
```

<security-constraint>要素は、どのリソースに対してアクセス制限をかけるか、どのユーザーに対してアクセスを認めるかを宣言します。<url-pattern>／<http-method>／<auth-constraint>要素の組み合わせで、

- どのURLパターンに対して
- どのHTTPメソッドと
- どのロールで

アクセス可能であるかを決定します。<http-method>要素を省略した場合には、すべてのHTTPメソッドでアクセス可能であると見なします。

<security-constraint>要素で宣言されたリソースに対してアクセスすると、あらかじめ定義された認証方法に応じて、認証のためのフォーム／ダイアログを表示します。

<security-role>要素には、<security-constraint>要素で使用できるロール名(役割)を列挙します。ただし、<security-role>要素の配下には1つしか<role-name>要素を記述できません。複数のロール名を定義したい場合には、(<role-name>要素ではなく)<security-role>要素そのものを列挙しなければならない点に注意してください。

　<user-data-constraint>要素では、サーバー／クライアント間の通信を保護する方法を表します。INTEGRAL／CONFIDENTIAL指定の場合は、SSL通信が必須です。

▼ <user-data-constraint>要素の設定値

設定値	概要
NONE	なし
INTEGRAL	改竄不可の経路
CONFIDENTIAL	盗聴不可の経路

　<security-constraint>要素で、アクセス制限の範囲を決めた後は、ユーザーをどのように認証するか、ログインの方法を決める必要があります。これを行うのが、<login-config>要素(P.278)です。<security-constraint>／<security-role>／<login-config>要素は、ほぼワンセットで利用すべき構成要素です。

サンプル web.xml

```
<!--/chap2/authフォルダー配下はadmin／manager／usrユーザーのみアクセス可-->
<security-constraint>
  <web-resource-collection>
    <web-resource-name>User Auth</web-resource-name>
    <url-pattern>/chap2/auth/*</url-pattern>
  </web-resource-collection>
  <auth-constraint>
    <role-name>admin</role-name>
    <role-name>manager</role-name>
    <role-name>usr</role-name>
  </auth-constraint>
</security-constraint>

<!--認証方法には基本認証を設定-->
<login-config>
  <auth-method>BASIC</auth-method>
  <realm-name>Pocket Reference Samples</realm-name>
</login-config>

<!--<security-constraint>要素で指定できるロール名-->
<security-role>
  <role-name>admin</role-name>
</security-role>
<security-role>
  <role-name>manager</role-name>
</security-role>
```

```xml
<security-role>
  <role-name>usr</role-name>
</security-role>
```

※配布サンプルでは、基本認証の設定(<login-config>要素)をコメントアウトしています。サンプル実行に際しては、基本認証をコメントインし、フォーム認証をコメントアウトしてください。

サンプル tomcat-users.xml

```xml
<?xml version='1.0' encoding='ms932'?>
<tomcat-users>
  <!--ロール名を定義-->
  <role rolename="admin" />
  <role rolename="manager" />
  <role rolename="usr" />
  ...中略...
  <!--ユーザー名を定義-->
  <user username="hkanda" password="12345" roles="admin,manager,usr" />
  <user username="akouno" password="12345" roles="manager,usr" />
  <user username="nkakeya" password="12345" roles="usr" />
</tomcat-users>
```

※サンプル実行に際しては、tomcat-users.xml を「%CATALINA_HOME%/conf」フォルダーにコピーしてください。tomcat-users.xmlは、配布サンプルでは/samplesフォルダーの直下に配置しています。

▼「~/chap2/auth/」にアクセスすると、認証ダイアログを表示

参考

%CATALINA_HOME%/conf/tomcat-users.xmlは、Tomcat標準のユーザー定義ファイルです。ただし、context.xmlの<Realm>要素を変更することで、ユーザー定義情報をデータベースなどで管理することもできます。

参考

認証済みユーザーのロール(権限)を判定するには、HttpServletRequest#isUserInRoleメソッドを利用します。たとえば、ロールごとの動作を振り分けたい場合には、isUserInRoleメソッドで処理を分岐します。

参考

サーブレット3.0以降では、@ServletSecurityアノテーションで代替できます。サーブレット単位でアクセスを制限するような用途では、アノテーションを利用するのが便利です。

参照

P.64「認証情報を取得する」
P.156「アクセス規則を定義する」
P.398「ユーザー/ロール情報の保存先を定義する」

アプリケーション

特定のHTTPメソッド以外のアクセスを禁止する

要素
`<deny-uncovered-http-methods>` 　　　無指定のHTTPメソッドの禁止 3.1

書式
`<deny-uncovered-http-methods />`

　<security-constraint> － <web-resource-collection> － <http-method>要素でHTTPメソッドを明記した場合、それ以外のHTTPメソッドは保護されません。たとえば、以下のサンプルは/authフォルダーに対してadminユーザー＋HTTP GETの組み合わせでのみアクセスできるように見えますが、じつは、HTTP GET以外（たとえばHTTP POST）でのアクセスは無条件に許可してしまいます。もちろん、これは期待した動作ではないはずです。

　そこで、サーブレット3.1以降では、<web-app>要素配下に<deny-uncovered-http-methods>要素を明記してください。これによって、明示していないすべてのHTTPメソッドを拒否するようになります。

サンプル web.xml
```xml
<!--/authフォルダーでHTTP GET以外のアクセスを禁止するにはコメントイン-->
<!--<deny-uncovered-http-methods />-->
...中略...
<!--このままではHTTP GET以外のアクセスはすべて無条件に許可-->
<security-constraint>
  <web-resource-collection>
    <url-pattern>/auth/*</url-pattern>
    <http-method>GET</http-method>
  </web-resource-collection>
  <auth-constraint>
    <role-name>admin</role-name>
  </auth-constraint>
</security-constraint>
```

※GETでのアクセスは「～chap2/auth/auth.jsp」から、POSTでのアクセスは「～chap5/toAuth.jsp」から試してください。

> **参考**

サーブレット 3.1以前では、以下のように <http-method-omission> 要素を使って、HTTP GET以外のアクセスを明示的に禁止してください（上記のサンプルの <security-constraint> 要素と併記します）。

```
<security-constraint>
  <web-resource-collection>
    <url-pattern>/auth/*</url-pattern>
    <http-method-omission>GET</http-method-omission>
  </web-resource-collection>
  <auth-constraint/>
</security-constraint>
```

> **参照**

P.273「特定のフォルダーに対して認証を設定する」

COLUMN JSPファイルの初回起動を高速化したい ― jsp_precompileパラメーター

通常、JSPアプリケーションでは(再)配置／更新にあたって、開発者がコンパイルを意識する必要はありません。なぜなら、コンテナー(Tomcat)が実行時に.jspファイルのタイムスタンプを確認し、必要であれば自動的にコンパイルしてくれるからです。

しかし、要求がよりシビアなシステムにおいては、常に十分なレスポンスを確保したいというケースがあります。そこでJSPでは、ブラウザー上からあらかじめ.jspファイルをコンパイルするための方法を提供しているのです。

たとえば、sample.jspというファイルをあらかじめコンパイルしておきたいという場合には、Tomcatを起動したうえで、ブラウザー上から以下のようにsample.jspを呼び出します。

```
http://localhost:8080/pocketJsp/sample.jsp?jsp_precompile=true
```

「jsp_precompile=true」が、あらかじめ予約されたプリコンパイルのためのパラメーターです。結果としては何も表示されませんが、これによって、中身の実行を行わず、.jspファイルのコンパイルのみが行われたことになります。もちろん、通常の流れに従って、コンパイル後のイメージはTomcat上に保持されますので、次回以降のリクエストにはサーブレット同様のパフォーマンスを発揮できます。

認証方法を定義する

アプリケーション

要素
`<login-config>` 認証方法

書式

```
<login-config>
  ├<auth-method>?          認証の方法
  ├<realm-name>?           レルム名（BASIC認証で利用）
  └<form-login-config>?    FORM認証の設定（FORM認証では必須）
    ├<form-login-page>     ログイン時に使用するページ
    └<form-error-page>     エラー時に使用するページ
```

アプリケーションで利用する認証の方法を表すには、`<login-method>`要素を利用します。利用できる認証方法（`<auth-method>`要素）には、以下のようなものがあります。

▼ 利用できる認証方法

設定値	概要
BASIC	基本認証
DIGEST	ダイジェスト認証
FORM	フォーム認証
CLIENT-CERT	クライアント証明書

フォーム認証とは、任意のログインフォームから認証を受け付ける方式です。認証クッキー（チケット）というしくみを利用して、ユーザーがログイン済みかどうかを判定します。

▼ フォーム認証のしくみ

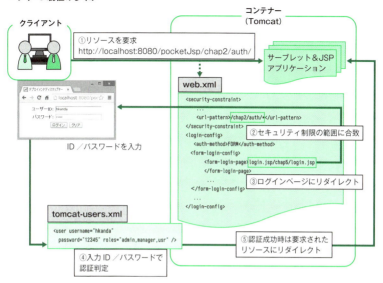

基本認証を利用する場合にはレルム名(<realm-name>要素)を、フォーム認証を利用する場合には認証フォーム情報(<form-login-config>要素)を、それぞれ指定します。

サンプル web.xml

```
<!--フォーム認証を有効化-->
<login-config>
  <auth-method>FORM</auth-method>
  <form-login-config>
    <form-login-page>/chap5/login.jsp</form-login-page>
    <form-error-page>/chap5/loginError.jsp</form-error-page>
  </form-login-config>
</login-config>
```

※認証範囲、ユーザー情報(tomcat-users.xml)はP.275を参照してください。

サンプル login.jsp

```
<%@ page contentType="text/html;charset=UTF-8" %>
...中略...
<div>
  <label for="id">ユーザーID:</label><br />
  <input type="text" name="j_username" id="id" size="20" maxlength="30" />
</div>
<div>
  <label for="passwd">パスワード:</label><br />
  <input type="password" name="j_password" id="passwd" size="20" maxlength="30" />
```

```
</div>
<div>
  <input type="submit" value="ログイン" />
  <input type="reset" value="クリア" />
</div>
```

サンプル loginError.jsp

```
<%@ page contentType="text/html;charset=UTF-8" %>
...中略...
<h1>ログインエラー</h1>
ユーザーID、またはパスワードが間違っています。
<a href="/pocketJsp/chap2/auth/">再ログイン</a>
```

▼「~/chap2/auth/」にアクセスすると、認証フォームにリダイレクト

参考

基本認証のコードについては、P.274を参照してください。

参考

フォーム認証のログインページは、以下のルールさえ守っていれば、あとは自由にレイアウトしてかまいません。

▼ ログインページにおける予約キーワード

フォーム要素	name／action属性の値
ユーザーID	j_username
パスワード	j_password
アクション先	j_security_check

参照

P.72「独自の認証機能を実装する①」

アプリケーション

セッションに関する挙動を設定する

要素
`<session-config>` セッションの挙動

書式

```
<session-config>
  ├─<session-timeout>?     セッションのタイムアウト時間（分）
  ├─<cookie-config>?       セッションクッキー 3.0
  │  ├─<name>?             クッキー名（デフォルトはJSESSIONID）
  │  ├─<domain>?           有効なドメイン
  │  ├─<path>?             有効なパス
  │  ├─<comment>?          コメント
  │  ├─<http-only>?        HTTPクッキーか
  │  ├─<secure>?           SSL通信が必須か
  │  └─<max-age>?          有効期限（秒）
  └─<tracking-mode>*       トラッキングモード 3.0
```

`<session-config>`要素では、セッションに関する諸々の設定情報を定義します。

まず、`<session-timeout>`要素はセッションのタイムアウト時間（分単位）です。セッションに対して最後にアクセスしてから、ここで指定された時間が経過した場合、セッションは自動的に破棄されます。明示的にセッションを破棄する場合には、HttpSession#invalidateメソッドを利用してください。

`<cookie-config>`要素は、セッションを追跡するためのクッキー情報を表します。配下の要素についてはCookieクラス（P.85）のそれに準じますので、くわしくはそちらのページを参照してください。

`<tracking-mode>`要素は、ユーザーセッションを追跡するための方法を表します。以下の値から1つ以上を選択でき、複数指定する場合は、`<tracking-mode>`要素を複数列記してください。

▼ セッションの追跡方法（`<tracking-mode>`要素の設定値）

設定値	概要
COOKIE	セッションクッキーを利用
URL	セッションIDをURLに埋め込み
SSL	SSLを利用

サンプル web.xml

```
<session-config>
  <!--タイムアウト時間を10分に-->
  <session-timeout>10</session-timeout>
  <!--HTTPクッキーを有効化（推奨）-->
  <cookie-config>
    <http-only>true</http-only>
  </cookie-config>
  <!--セッション追跡をクッキー経由に限定（推奨）-->
  <tracking-mode>COOKIE</tracking-mode>
</session-config>
```

※ただし、配布サンプル上は、ほかのサンプルに影響が及ぶのを防ぐため、<session-config>要素はコメントアウトしています。<session-config>要素の設定を確認したい場合は、該当箇所をコメントインしてください。

注意

秒単位での厳密なカウントをセッションのタイムアウト機構に任せるべきではありません。タイムアウト時間のカウントには一定の誤差がある前提で運用してください。

注意

URLに埋め込まれたセッションIDを保護する手段はありません。つまり、セッションの盗聴リスクが高まります。<tracking-mode>要素としてURLを指定するかどうかは、セキュリティの観点からも十分に検討してください。

参考

タイムアウト時間はHttpSession#setMaxInactiveIntervalメソッドでも指定できます。ただし、こちらは(分単位ではなく)秒単位の指定なので、混同しないようにしてください。

参照

P.103「セッションを破棄する」
P.106「セッションのタイムアウト時間を設定する」

アプリケーション

MIME タイプを設定する

要素

`<mime-mapping>`   MIMEタイプ

書式

```
<mime-mapping>
  ├<extension>      ファイルの拡張子
  └<mime-type>      MIMEタイプ
```

<mime-mapping>要素は、アプリケーションで利用できるMIMEタイプを設定します。**MIME**(**Multipurpose Internet Mail Extension**)とは、RFC822で勧告しているバイナリデータの送受信に関する規格で、データの種類を表します。たとえば、ブラウザーで.htmlファイルが正しく表示できるのも、拡張子とMIMEタイプ、そして、MIMEタイプに応じて起動するプログラムの種類がきちんと関連付けされているからにほかなりません。

Tomcatで利用できるMIMEタイプは、conf/web.xmlでひととおり設定されています。個々のアプリケーションでは、追加／変更する必要のあるMIMEタイプだけを設定するようにしてください。

サンプル %CATALINA_HOME%/conf/web.xml

```
<mime-mapping>
  <extension>appcache</extension>
  <mime-type>text/cache-manifest</mime-type>
</mime-mapping>
```

参考

以下に、おもに使用するMIMEタイプを挙げておきます。

▼ おもな MIME タイプ

種類	MIMEタイプ	拡張子
application/octet-stream	一般的なバイナリデータ	―
application/pdf	PDF文書	.pdf
application/xml	XML文書	.xml、xsl
application/vnd.ms-excel	Microsoft Excelシート	.xls、xlt
application/msword	Microsoft Word文書	.doc、dot
image/gif	GIF画像	.gif
image/jpeg	JPEG画像	.jpeg、.jpg、.jpe
image/png	PNG画像	.png
text/css	CSSスタイルシート	.css
text/plain	テキスト文書	.txt

アプリケーション

アプリケーションの構成情報を .jar ファイルに分離する

要素

`<absolute-ordering>` 読み込み順序 3.0

書式

```
<absolute-ordering>
  └ <name>*          読み込むWebフラグメント
```

　サーブレット3.0からは**Webフラグメント**という概念が追加され、.jarファイルの中にデプロイメントディスクリプターの断片を配置できるようになりました。具体的には、.jarファイルの中に配置された/META-INF/web-fragment.xmlは、アプリケーションのweb.xmlとマージしたうえで解釈されます。web-fragment.xmlのルート要素は、<web-fragment>です。

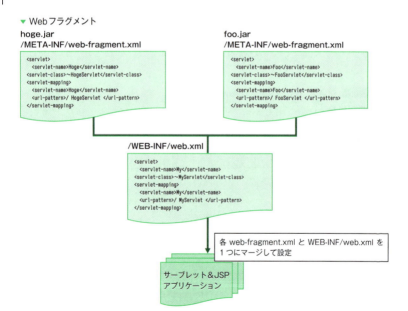

▼ Webフラグメント

　これによって、.jarファイルとして提供されるフレームワーク／ライブラリの構成を.jarファイルで完結して管理できるので、以下のようなメリットがあります。

- 構成管理がシンプルになる
- web.xmlの肥大化を防ぎやすい
- フレームワークの導入にあたってweb.xmlを編集しなくてよい

そして、このweb-fragment.xmlの読み込み順序を規定するのが、<absolute-ordering>要素の役割です。配下の<name>要素に対して、Webフラグメントの名前を指定することで、その順序でweb-fragment.xmlが読み込まれるようになります。

サンプル web.xml

```
<absolute-ordering>
  <name>Fragment2</name>
  <name>Fragment1</name>
</absolute-ordering>
```

サンプル myLib.jar/META-INF/web-fragment.xml

```
<?xml version="1.0" encoding="UTF-8" ?>
<web-fragment xmlns="http://java.sun.com/xml/ns/javaee"
  xmlns:xsi="http://www.w3.org/2001/XMLSchema-instance"
  xsi:schemaLocation="http://java.sun.com/xml/ns/javaee http://java.sun.com/
xml/ns/javaee/web-fragment_3_1.xsd" version="3.1">
  <!--Webフラグメントの名前-->
  <name>Fragment1</name>
  ...中略...
</web-fragment>
```

注意

web-fragment.xmlは、<web-app>要素のmetadata-complete属性がtrue(デフォルトはfalse)の場合、正しく認識されません。

注意

<absolute-ordering>要素を指定した場合、明示的に指定されていないWebフラグメントは読み込まれません。もしも「それ以外は任意の順序で読み込みなさい」という場合には、以下のように<others>要素を指定してください。

```
<absolute-ordering>
  <name>Fragment1</name>
  <others />
</absolute-ordering>
```

参考

絶対(absolute)順序で指定するほか、web-fragment.xmlの側で相対順序を指定することもできます。たとえば以下は、現在のWebフラグメント(たとえばFragment1)をFragment2の後に読み込む例です。

```xml
<ordering>
  <after>
    <name>Fragment2</name>
  </after>
</ordering>
```

<after>要素の代わりに、<before>要素を利用することもできます。また、<absolute-ordering>要素と同じく、その他の要素の後(前)に、という意味で<others>要素を指定することもできます。

COLUMN デフォルトサーブレットの設定(2) ― ファイルリストの表示

Tomcatでは、フォルダーまでのURL(たとえば「http://localhost:8080/pocketJsp/chap2/」のように)を指定することで、フォルダー配下のファイルリストを表示できます。本番環境では、ウェルカムページ(P.268)を配置するのがお作法ですが、開発時には個別ページにアクセスしやすくなり、作業の利便性が向上します。

この機能を有効にするには、conf/web.xmlから、以下の箇所を編集してください。

サンプル conf/web.xml

```xml
<servlet>
  <servlet-name>default</servlet-name>
  ...中略...
  <init-param>
    <param-name>listings</param-name>
    <param-value>true</param-value>
  </init-param>
  <load-on-startup>1</load-on-startup>
</servlet>
```

▼ファイルリストを表示(http://localhost:8080/pocketJsp/chap2/の場合)

ただし、フォルダー配下のファイルが増えてきた場合、サーバーリソースを大きく消費する原因にもなります。特に本番環境での利用には注意してください(P.294に続く)。

サーブレット & JSP

サーブレットクラスの設定を定義する

要素

`<servlet>`	基本情報
`<servlet-mapping>`	マッピング情報

書式

```
<servlet>
  ─<description>*              サーブレットクラスの概要など
  ─<display-name>*             サーブレットの表示名
  ─<icon>*                     GUIツールに表示する画像アイコン
    ─<small-icon>?             16×16ピクセルの画像(相対パス)
    ─<large-icon>?             32×32ピクセルの画像(相対パス)
  ─<servlet-name>              サーブレットの論理名
  ─<servlet-class>             サーブレットクラスの完全修飾名
  ─<jsp-file>                  JSPファイルへのパス(アプリケーションルートを基
                               点。<servlet-class>要素といずれかのみ指定可)
  ─<init-param>*               初期化パラメーター
    ─<description>*            パラメーターの概要など
    ─<param-name>              パラメーター名
    ─<param-value>             パラメーター値
  ─<load-on-startup>?          起動時にロードされる順番(正数)
  ─<async-supported>?          非同期サーブレットか(true/false) 3.0
  ─<run-as>?                   サーブレットを実行するロール名
    ─<description>*            ロールの概要
    ─<role-name>               ロール名
  ─<security-role-ref>*        セキュリティロールへの別名を指定
    ─<description>*            ロールの概要など
    ─<role-name>               ロールの別名
    ─<role-link>?              元のロール名(<security-role>-<role-name>
                               要素と対応)
  ─<multipart-config>?         multipart/form-data要求の処理方法 3.0
    ─<location>?               アップロードファイルの一時的な保存先
    ─<max-file-size>?          アップロードファイルの上限(バイト単位)
    ─<max-request-size>?       リクエストデータの上限(バイト単位)
    ─<file-size-threshold>?    バッファーサイズ(バイト単位)
<servlet-mapping>
  ─<servlet-name>              サーブレットの論理名
  ─<url-pattern>               URIパターン
```

<servlet>要素は、サーブレットに関する基本情報（論理名や起動設定、初期化パラメーター、表示アイコン）を定義します。

<servlet-name>要素は、ほかの要素からサーブレットを参照する際のキー（論理名）を表します。その性質上、必ずアプリケーション内で一意になるように設定してください。

<init-param>要素で定義した初期化パラメーターは、ServletConfig#getInitParameterメソッドなどによって取得できます。ここで設定した値は、あくまで現在のサーブレットからしか参照できません。アプリケーション共通の初期化パラメーターを宣言するならば、<context-param>要素を利用してください。

<load-on-startup>要素は、サーブレットのロード順序を表します（対象がJSPファイルである場合にも、プリコンパイルしたうえでロードされます）。ただし、値が未セット、負数であった場合には、コンテナーは任意の順番でサーブレット＆JSPをロードします。

<servlet>要素で定義されたサーブレットを具体的なURIにマッピングするのが、<servlet-mapping>要素の役割です。<servlet-mapping>要素によって、<servlet>要素で定義したサーブレットの論理名とURIパターンとをマッピングすることで、指定されたURIパターンにマッチした場合に特定のサーブレットクラスを起動するよう設定します。

サンプル %CATALINA_HOME%/conf/web.xml

```xml
<!--デフォルトサーブレットの定義-->
<servlet>
  <servlet-name>default</servlet-name>
  <servlet-class>org.apache.catalina.servlets.DefaultServlet</servlet-class>
  <init-param>
    <param-name>debug</param-name>
    <param-value>0</param-value>
  </init-param>
  <init-param>
    <param-name>listings</param-name>
    <param-value>false</param-value>
  </init-param>
  <load-on-startup>1</load-on-startup>
</servlet>
...中略...
<!-- 「/」へのマッピング-->
<servlet-mapping>
  <servlet-name>default</servlet-name>
  <url-pattern>/</url-pattern>
</servlet-mapping>
```

> **注意**

サーブレット 3.0以降では@WebServletアノテーションでも代替可能です。ただし、アプリケーションの利用者が編集すべき初期化パラメーターを伴うようなケースでは、編集の容易さという意味で、<servlet>／<servlet-mapping>要素で宣言しておくのが望ましいでしょう。

> **参考**

<url-pattern>要素には「/*」や「*.jsp」のようなワイルドカードを含めることも可能です。単に「/」とのみ指定した場合、該当するサーブレットクラスは**デフォルトサーブレット**であると見なされます。デフォルトサーブレットは、「http://localhost:8080/アプリケーション名/」で呼び出せるサーブレットのことで、ウェルカムページの最後の検索先として利用されます。たとえば、上記のサンプルはTomcatデフォルトで提供されているデフォルトサーブレットの宣言です。くわしくはP.269も参照してください。

> **注意**

非同期処理を有効にするには、実際に非同期処理を行うサーブレットだけでなく、リクエストに関わるすべてのサーブレット／フィルターで非同期処理が有効でなければいけません。つまり、<servlet>／<filter> 要素配下の <async-supported> 要素、もしくは@WebServlet／@WebFilterアノテーションの asyncSupported 属性はtrueである必要があります。

> **参照**

P.43「サーブレット固有の初期化パラメーターを取得する」
P.77「サーブレットを非同期に実行する」
P.151「サーブレットの基本情報を宣言する」
P.155「アップロードファイルの上限／一時保存先を設定する」
P.268「ウェルカムページを指定する」

JSPページの基本設定を宣言する

要素
`<jsp-property-group>` — JSPの設定

書式

```
<jsp-config>
  └─<jsp-property-group>*                          .jspファイルの設定
      ├─<description>*                             設定情報の説明
      ├─<display-name>*                            設定情報の表示名
      ├─<icon>*                                    GUIツールに表示する画像アイコン
      │  ├─<small-icon>?                           16×16ピクセルの画像（相対パス）
      │  └─<large-icon>?                           32×32ピクセルの画像（相対パス）
      ├─<url-pattern>+                             設定を適用するファイル名のパターン
      ├─<el-ignored>?                              式言語を無視するか
      ├─<page-encoding>?                           ページで利用する文字コード
      ├─<scripting-invalid>?                       スクリプトレットを無効化するか
      ├─<is-xml>?                                  XML構文に則って記述されているか
      ├─<include-prelude>*                         ページの先頭にインクルードするファイル
      ├─<include-coda>*                            ページの末尾にインクルードするファイル
      ├─<deferred-syntax-allowed-as-literal>?      「#{」を固定文字列と見なすか
      ├─<trim-directive-whitespaces>?              ディレクティブ部分の空白を除去するか
      ├─<default-content-type>?                    デフォルトのコンテンツタイプ
      ├─<buffer>?                                  デフォルトのバッファーサイズ
      └─<error-on-undeclared-namespace>?           未定義の名前空間にエラーを発生するか
```

<jsp-config> － <jsp-property-group>要素は、指定されたURLパターン（<url-pattern>要素）に合致した.jspファイルに対して、一連のプロパティを適用します。利用可能な設定要素とそのデフォルト値、対応する@pageディレクティブの属性を以下にまとめます。

▼ 設定要素と @page ディレクティブの関係

設定要素	@page属性	デフォルト値
<el-ignored>	isELIgnored	false（有効）
<page-encoding>	pageEncoding	ISO-8859-1
<scripting-invalid>	―	false（利用可能）
<is-xml>	―	false
<deferred-syntax-allowed-as-literal>	deferredSyntaxAllowedAsLiteral	false（有効）
<trim-directive-whitespaces>	trimDirectiveWhitespaces	false（削除しない）
<default-content-type>	contentType	text/html;charset=ISO-8859-1
<buffer>	buffer	8kb

一般的には、<jsp-property-group>要素でまず共通の情報を定義しておき、ページ固有の設定だけを@pageディレクティブで示すことで、コードをシンプルに表現できますし、修正もかんたんになります。

<el-ignored>／<scripting-invalid>要素は、式言語／スクリプトレットの利用可否を判別します。アプリケーションの中で、新しい式言語と従来からのスクリプトレット構文が混在することは、コードの可読性という観点からも好ましくありません。しかし、<el-ignored>／<scripting-invalid>要素を利用することで、アプリケーションとしてポリシーを明確にできます。

<include-prelude>／<include-coda>要素は、該当する.jspファイルの先頭／末尾に、指定されたファイルを付加します。アプリケーション（またはその一部）に共通のヘッダー／フッター情報を付加したい場合に便利です。

サンプル web.xml

```xml
<jsp-config>
  <!--すべての.jspファイルに適用するプロパティグループを設定-->
  <jsp-property-group>
    <display-name>JSP Config</display-name>
    <url-pattern>*.jsp</url-pattern>
    <el-ignored>false</el-ignored>
    <page-encoding>UTF-8</page-encoding>
    <scripting-invalid>false</scripting-invalid>
    <!--<include-coda>/chap5/coda.jsp</include-coda>-->
    <deferred-syntax-allowed-as-literal>
      false</deferred-syntax-allowed-as-literal>
    <trim-directive-whitespaces>true</trim-directive-whitespaces>
  </jsp-property-group>
</jsp-config>
```

※ただし、配布サンプル上は、ほかのサンプルに影響が及ぶのを防ぐため、<include-coda>要素はコメントアウトしています。<include-coda>要素の設定を確認したい場合は、該当箇所をコメントインしてください。

サンプル coda.jsp

```
<%@ page pageEncoding="UTF-8" %>
<p>
  <a href="http://www.wings.msn.to/" target="_blank">
    <img src="http://www.wings.msn.to/image/wings.jpg" height="30" width="95"
      alt="WINGS (Www INtegrated Guide on Server-architecture) " border="0" />
    サポートサイト [サーバサイドの学び舎 - WINGS] へ
  </a>
</p>
```

▼ .jspファイルの末尾にサポートページへのリンクが付加される

注意

サンプルの実行結果が正しく表示されない場合、いったん「%CATALINA_HOME%/works」フォルダー配下の一時ファイルを削除してください。

参照

P.164「ページ出力時のバッファー処理を有効にする」
P.165「ページのコンテンツタイプ/出力文字コードを宣言する」
P.166「.jspファイルの文字コードを宣言する」
P.169「式言語を利用するかどうかを指定する」
P.171「ディレクティブ宣言による空行の出力を抑制する」

JSPページで利用する タグライブラリを登録する

要素
`<taglib>` タグライブラリの有効化

書式

```
<jsp-config>
  └─<taglib>*              タグライブラリ
     ├─<taglib-uri>        @taglibディレクティブのuri属性
     └─<taglib-location>   タグライブラリディスクリプターへのパス
```

<jsp-config> - <taglib>要素は、@taglibディレクティブのuri属性とタグライブラリディスクリプター(TLD)の位置をひも付けます。<taglib-location>要素の値は、「/」ではじまる場合にはアプリケーションルートからのパス、「/」以外の場合はweb.xmlがあるフォルダーからの相対パスと見なされます。

▼ タグハンドラークラスの挙動

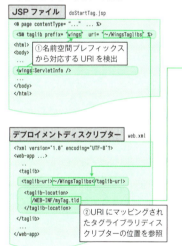
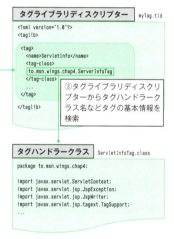

サンプル web.xml

```
<jsp-config>
  <!--本書で扱うカスタムタグライブラリを有効化-->
  <taglib>
    <taglib-uri>http://www.wings.msn.to/PocketJsp/WingsTagLibs</taglib-uri>
    <taglib-location>/WEB-INF/myTag.tld</taglib-location>
  </taglib>
</jsp-config>
```

参考

ただし、一般的にはTLDを/WEB-INF、またはそのサブフォルダーに配置することで、<taglib>要素の記述は省略できます(P.174)。<taglib>要素を明示しなければならないのは、何らかの理由でTLDを別のフォルダーに配置するような場合です。

参照

P.174「タグライブラリをページに登録する」
P.300「タグライブラリディスクリプターとは」

COLUMN デフォルトサーブレットの設定(3) — ファイルリストのカスタマイズ

globalXsltFile/localXsltFileパラメーターを利用することで、ファイルリストのレイアウトをカスタマイズすることもできます。デフォルトサーブレットが生成するXMLデータの形式、標準で採用するXSLTスタイルシートについては、以下のページも合わせて参照してください。

```
http://tomcat.apache.org/tomcat-8.0-doc/default-servlet.html
```

ファイルリストにかんたんな補足情報を追加する程度であれば、readmeFileパラメーターで任意のファイルを挿入することも可能です。ファイルには、平のテキストだけでなく、HTMLを含めてもかまいません。

▼readmeを追加したファイルリスト

フィルターを有効化する

要素

`<filter>`	基本情報
`<filter-mapping>`	適用範囲

書式

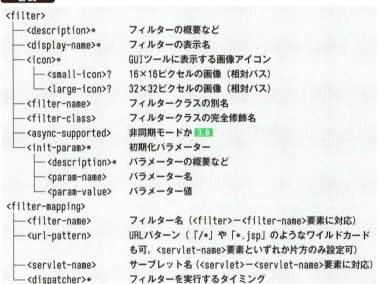

<filter>要素は、フィルタークラスの論理名(デプロイメントディスクリプターの中で認識できる名前)や、統合開発環境などのGUIツールで表示するためのアイコン画像、フィルタークラスで参照できる初期化パラメーターなど、フィルターに関する基本情報を定義します。初期化パラメーターには、FilterConfig#getInitParameterメソッドからアクセスできます。

フィルターの起動条件を決めるのが、<filter-mapping>要素の役割です。フィルターの論理名(<filter-name>要素)とURLパターン(<url-pattern>要素)のセットによって、「特定のURLパターンが呼び出されたときに、指定されたフィルターを実行しなさい」という意味になります。URLパターンの代わりに、特定のサーブレット(<servlet-name>要素)にひも付けることもできます。

フィルターの起動タイミングを決めるのは、<dispatcher>要素です。具体的な設定値は、以下のとおりです。複数の設定値を列挙する場合には、<dispatcher>要素も複数列記します。

▼ <dispatcher>要素のおもな設定値

設定値	概要
REQUEST	クライアントからのリクエストに対して実行(デフォルト)
INCLUDE	RequestDispatcher#includeメソッドによって外部ファイルをインクルードする際に実行
FORWARD	RequestDispatcher#forwardメソッドによって処理を転送する際に実行
ASYNC	非同期呼び出しの際に実行
ERROR	エラーページにリダイレクトする際に実行

サンプル web.xml

```xml
<!--EncodeFilterフィルターを定義 (初期化パラメーターencoding) -->
<filter>
  <description>Filter to encode the Request Parameter</description>
  <display-name>HTTP Request Encoder</display-name>
  <filter-name>EncodeFilter</filter-name>
  <filter-class>to.msn.wings.chap2.filter.EncodeFilter</filter-class>
  <init-param>
    <description>Encoding Name</description>
    <param-name>encoding</param-name>
    <param-value>UTF-8</param-value>
  </init-param>
</filter>

<!--/chap2フォルダーへのアクセス時にEncodeFilterフィルターを起動-->
<filter-mapping>
  <filter-name>EncodeFilter</filter-name>
  <url-pattern>/chap2/*</url-pattern>
  <dispatcher>REQUEST</dispatcher>
  <dispatcher>ERROR</dispatcher>
</filter-mapping>
```

※EncodeFilterフィルターについては、P.131を参照してください。

注意

<filter-name>要素で指定されたフィルター名は、<filter-mapping>要素などから参照する際のキーとなるものです。必ずアプリケーションで一意になるように設定してください。

参考

サーブレット3.0以降では@WebFilterアノテーションでも代替可能です。ただし、アプリケーションの利用者が編集すべき初期化パラメーターを伴うようなケース、あるいは、そもそも着脱を行うようなケースでは、編集の容易さという点から、<filter>/<filter-mapping>要素で宣言しておくのが望ましいでしょう。

参照

P.131「フィルタークラスを定義する」
P.134「フィルター名/初期化パラメーターを取得する」
P.152「フィルターの基本情報を定義する」

アプリケーションイベントの リスナーを登録する

フィルター／リスナー

要素
`<listener>`  イベントリスナー

書式
```
<listener>
 ├─<description>*      リスナークラスの概要など
 ├─<display-name>*     リスナーの表示名
 ├─<icon>*             GUIツールに表示する画像アイコン
 │  ├─<small-icon>?    16×16ピクセルの画像（相対パス）
 │  └─<large-icon>?    32×32ピクセルの画像（相対パス）
 └─<listener-class>    リスナークラスの完全修飾名
```

アプリケーションイベントとは、

- アプリケーション／セッション／リクエストが起動／終了したタイミング
- アプリケーション／セッション／リクエスト属性を登録／削除したタイミング

などで発生するイベントです。リスナークラスを利用することで、これらのアプリケーションイベントを捕捉し、（たとえば）セッション単位で利用するリソースを初期化／破棄するなど、アプリケーション共通の処理を実装できます。

▼ リスナー動作のしくみ

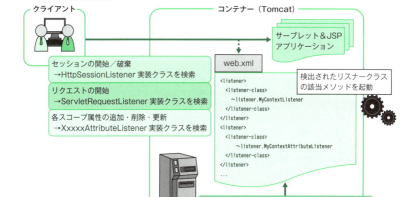

<listener>要素は、これらリスナークラスをアプリケーションに登録します。リスナークラスは、以下のインターフェイスのいずれかを実装している必要があります。

- ServletContextListener
- ServletContextAttributeListener
- HttpSessionListener
- HttpSessionIdListener
- HttpSessionAttributeListener
- HttpSessionBindingListener
- ServletRequestListener
- ServletRequestAttributeListener

サンプル web.xml

```xml
<listener>
  <display-name>Application Listener</display-name>
  <listener-class>to.msn.wings.chap2.listener.MyContextListener</listener-class>
</listener>
<listener>
  <display-name>Application Attribute Listener</display-name>
  <listener-class>to.msn.wings.chap2.listener.MyContextAttributeListener
    </listener-class>
</listener>
```

注意

<listener>要素配下には、1つしか<listener-class>要素を記述できません。複数のリスナークラスを登録したい場合には、<listener>要素そのものを列記してください。

参考

サーブレット 3.0以降では@WebListenerアノテーションでも代替可能です。ただし、アプリケーションの利用者が着脱することを想定するようなケースでは、編集の容易さという点で、<listener>要素で宣言しておくのが望ましいでしょう。

参照

P.136「アプリケーション開始／終了時の挙動を定義する」
P.138「コンテキスト属性の追加／削除／更新時の処理を定義する」
P.140「セッション生成／破棄時の処理を定義する」
P.142「セッション属性の追加／削除／更新時の処理を定義する」
P.147「リクエスト処理開始／終了時の処理を定義する」
P.149「リクエスト属性の追加／削除／更新時の処理を定義する」
P.154「リスナークラスを定義する」

CHAPTER ▶▶▶ **6**

Servlet & JSP Pocket Reference

タグライブラリ
ディスクリプター

概要

タグライブラリディスクリプターとは

タグライブラリディスクリプター(Tag Library Descriptor)とは、その名のとおり、タグライブラリ(カスタムタグ)に関する情報を記述したXML形式の設定ファイルです。カスタムタグを利用するにあたっては、まずタグライブラリディスクリプターでタグに関する情報を定義しておく必要があります。サーブレット&JSPコンテナーは、タグライブラリディスクリプターから、カスタムタグで利用できる属性やその実装クラスなどの情報を取得します。

タグライブラリディスクリプターは拡張子「.tld」とし、アプリケーションルート配下の/WEB-INFフォルダー(もしくは、その配下のサブフォルダー)に配置するのが一般的です。

タグライブラリディスクリプターの骨組みとおもな構成要素

タグライブラリディスクリプターの骨組みは、以下のとおりです。

サンプル myTag.tld

```
<?xml version="1.0" encoding="UTF-8" ?>
<taglib xmlns="http://java.sun.com/xml/ns/j2ee"
  xmlns:xsi="http://www.w3.org/2001/XMLSchema-instance"
  xsi:schemaLocation="http://java.sun.com/xml/ns/javaee/web-jsptaglibrary_2_1.↓
xsd" version="2.1">
   ...中略...
</taglib>
```

タグライブラリディスクリプターのルート要素は、<taglib>要素です。すべての構成要素は、この<taglib>要素の配下に記述します。<taglib>要素の配下には、以下の表に挙げる子要素を列挙できます。

▼ タグライブラリディスクリプターで利用可能な要素

要素名	概要
<description>*	タグライブラリの概要
<display-name>*	GUIツール表示用の名前
<icon>*	GUIツールに表示するアイコン
<tlib-version>	タグライブラリのバージョン
<short-name>	タグライブラリの略称
<uri>?	タグライブラリのURI
<validator>?	検証クラス
<listener>*	イベントリスナー
<tag>*	カスタムタグの情報
<tag-file>*	タグファイルの情報
<function>*	カスタム関数の情報

タグライブラリの基本情報を定義する

要素

`<description>`	備考情報
`<display-name>`	表示名
`<icon>`	アイコン
`<tlib-version>`	タグライブラリのバージョン
`<short-name>`	タグライブラリの略称
`<uri>`	URI

書式

```
<description>        任意のメモテキスト
<display-name>       タグライブラリの表示名
<icon>               GUIツールに表示する画像アイコン
  ├─<small-icon>?    16×16ピクセルのアイコン画像（相対パス）
  └─<large-icon>?    32×32ピクセルのアイコン画像（相対パス）
<tlib-version>       タグライブラリのバージョン
<short-name>         タグライブラリの略称
<uri>                タグライブラリを一意に識別するURI
```

<description>／<display-name>／<icon>／<tlib-version>／<short-name>／<uri> 要素は、タグライブラリ全体に関わる基本的な情報を表します。

<description>／<display-name>／<icon> 要素で定義された情報は、それぞれIDE（Integrated Development Environment）やその他のGUIツールで、タグライブラリを表示する際の情報です。これらの要素は、<taglib>要素だけでなく、その他の構成要素の子要素として利用することも可能です。利用可能な構成要素については、それぞれの構成要素を参照してください。

<tlib-version>要素は、タグライブラリのバージョンを表します。

<short-name>要素は、タグライブラリの略称（ショートネーム）を表します。ここで指定された名前は、.jspファイルでカスタムタグを記述する際のデフォルトの接頭辞となります（<hoge:Tag />であれば、hogeの部分）。その性質上、略称には、以下の制約があります。

- スペースを含めることはできない
- 1文字目の数値／アンダースコアは不可

<uri>要素は、タグライブラリを一意に表すURIを設定します。URIは、デプロイメントディスクリプターの<taglib-uri>要素、JSPファイルの@taglibディレクティブに対応します。タグライブラリを特定するためのキーとなる情報なので、原則として必須です。

サンプル myTag.tld

```xml
<?xml version="1.0" encoding="UTF-8" ?>
<taglib xmlns="http://java.sun.com/xml/ns/j2ee"
  xmlns:xsi="http://www.w3.org/2001/XMLSchema-instance"
  xsi:schemaLocation="http://java.sun.com/xml/ns/javaee/web-jsptaglibrary_2_1.xsd"
  version="2.1">
  <description>Pocket Reference JSP Samples</description>
  <display-name>Pocket Reference JSP Samples</display-name>
  <icon>
    <small-icon>sample-s.jpg</small-icon>
    <large-icon>sample-l.jpg</large-icon>
  </icon>
  <tlib-version>1.0</tlib-version>
  <short-name>wings</short-name>
  <uri>http://www.wings.msn.to/pocketJsp/WingsTagLibs</uri>
...中略...
</taglib>
```

参考

.jarファイルでは、タグライブラリディスクリプター(.tldファイル)は/META-INFフォルダー配下に配置します。

参考

デプロイメントディスクリプターで<taglib-uri>要素を宣言した場合には、<uri>要素は省略可能です。

参照

P.293「JSPページで利用するタグライブラリを登録する」

タグライブラリを含んだ JSP ページの妥当性を検証する

要素
`<validator>` 妥当性検証

書式
```
<validator>
  ├─<description>*       妥当性検査クラスの概要
  ├─<validator-class>    妥当性検査クラスの完全修飾名
  └─<init-param>*        初期化パラメーター
     ├─<description>*    初期パラメーターの概要
     ├─<param-name>      初期パラメーター名
     └─<param-value>     初期パラメーターの値
```

<validator>要素は、**妥当性検証クラス**を登録するための要素です。妥当性検証クラスとは、タグライブラリを使用したJSPページの妥当性を検査するためのクラスで、TagLibraryValidator（javax.servlet.jsp.tagextパッケージ）のサブクラスとして表します。

JSPコンテナーは、JSPページで@taglibディレクティブが検出されたタイミングで、対応するTLDで妥当性検証クラスが存在するかをチェックします。そして、存在する場合には、そのvalidateメソッドを呼び出し、ページを検証するわけです。妥当性検証クラスには、<init-param>要素で初期化パラメーターを渡すこともできます。

validateメソッドの具体的な例は、P.260を参照してください。

サンプル myTag.tld
```xml
<validator>
  <description>Tag Validator</description>
  <validator-class>to.msn.wings.chap4.TagValidator</validator-class>
  <init-param>
    <description>Validation Flag</description>
    <param-name>flag</param-name>
    <param-value>true</param-value>
  </init-param>
</validator>
```
※配布サンプルでは、ほかのサンプルに影響が出ないように<validator>要素をコメントアウトしています。

参照
P.259「タグライブラリの妥当性を検証する」

タグ／関数

カスタムタグの情報を定義する

要素
`<tag>` タグ情報

書式

```
<tag>
  ├ <description>*              タグの概要
  ├ <display-name>*             タグの表示名
  ├ <icon>*                     GUIツールに表示する画像アイコン
  │  ├ <small-icon>?            16×16ピクセルのアイコン画像（相対パス）
  │  └ <large-icon>?            32×32ピクセルのアイコン画像（相対パス）
  ├ <name>                      カスタムタグ名
  ├ <tag-class>                 タグハンドラークラスの完全修飾名
  ├ <tei-class>?                タグ拡張情報クラスの完全修飾名
  ├ <body-content>              タグ本体の内容
  ├ <variable>*                 変数情報
  │  ├ <description>*           スクリプティング変数の概要
  │  ├ <name-given>             スクリプト変数名（<name-given>と<name-
  │  │                          from-attribute>はいずれか必須）
  │  ├ <name-from-attribute>    スクリプティング変数名を決定する属性の名前
  │  ├ <variable-class>?        スクリプティング変数のデータ型（デフォルトはString）
  │  ├ <declare>?               スクリプティング変数が定義されるか
  │  │                          （デフォルトはtrue）
  │  └ <scope>?                 スクリプティング変数の有効範囲
  ├ <attribute>*                属性情報
  │  ├ <description>*           属性の概要
  │  ├ <name>                   属性名
  │  ├ <required>?              属性が必須かどうか（true|false、yes|no。
  │  │                          デフォルトはfalse）
  │  ├ <rtexprvalue>?           属性値としてスクリプトレット／式（Expression）
  │  │                          を指定できるか（デフォルトはfalse）
  │  ├ <type>?                  属性値のデータ型
  │  └ <fragment>?              属性がフラグメントかどうか（デフォルトはfalse。
  │                             <rtexprvalue>／<type>と<fragment>とはいずれ
  │                             か必須）
  ├ <dynamic-attributes>?       動的属性を使用するか（デフォルトはfalse）
  ├ <example>?                  タグの利用例
  └ <tag-extension>*            タグの拡張情報
```

<tag>要素は、カスタムタグの基本情報を定義します。配下には、<name>／<tag-class>／<body-content>／<attribute>／<variable>要素をはじめ、タグの構造／制約に関わる要素を記述できます。

<body-content>要素は、タグ本体の処理方法を定義します。設定値は、以下のとおりです。

▼ <body-content>要素のおもな設定値

設定値	概要
tagdependent	タグ本体の内容をタグハンドラーが操作
JSP	タグ本体をJSPスクリプトとして解析
empty	本体が空である
scriptless	タグ本体にスクリプトレットを含まない（テキスト／式言語／アクションタグのみ。デフォルト）

<attribute>要素は、カスタムタグで利用できる属性の情報を表します。<required>要素がtrueの場合、その属性を省略することはできません。<rtexprvalue>要素がtrueの場合、属性値を式（Expression）／式言語で指定できます。また、属性値はデフォルトで文字列（java.lang.String型）として解釈されますが、その他の型として処理したい場合には、<type>要素に型名を宣言してください。もちろん、<attribute>要素を宣言した場合には、タグハンドラークラスにも対応するアクセサー（setXxxxx／getXxxxx）を用意しておく必要があります。

<fragment>要素は、属性値をフラグメントとして処理するかを表します。詳細については、@attributeディレクティブ／<jsp:invoke>要素も参照してください。

動的属性を利用するならば、<dynamic-attributes>要素をtrueに設定してください。通常、カスタムタグで利用する属性は<attribute>要素であらかじめ定義しておく必要がありますが、動的属性を用いることで「未定義の属性」をタグハンドラークラスから利用できるようになります。動的属性に関する詳細は、DynamicAttributesインターフェイス（P.245）も参照してください。

<variable>要素は、スクリプティング変数を宣言します。**スクリプティング変数**とは、タグハンドラーで生成されたオブジェクトを、指定された範囲で参照できるようにした変数のことを言います。タグハンドラークラスによる処理結果を後から参照したい場合などに用います。

スクリプティング変数の名前が静的に決まる場合には<variable>－<name-given>要素で、スクリプティング変数名が属性値によって動的に決まる場合には<variable>－<name-from-attribute>要素で宣言してください。変数のスコープ（有効範囲）は、<scope>要素で指定できます。具体的な例は、P.183なども参照してください。

▼ <scope>要素の設定値

設定値	概要
NESTED	開始タグから終了タグまで有効（デフォルト）
AT_BEGIN	開始タグからページの終わりまで有効
AT_END	終了タグからページの終わりまで有効

サンプル myTag.tld

```
<tag>
  <name>SystemProperty2</name>
  <tag-class>to.msn.wings.chap4.SystemProperty2Tag</tag-class>
  <body-content>scriptless</body-content>
  <dynamic-attributes>true</dynamic-attributes>
  <attribute>
    <name>layout</name>
    <required>true</required>
    <fragment>true</fragment>
  </attribute>
</tag>
```

注意

<rtexprvalue>要素をtrueに設定した場合、属性値を式(Expression)で指定できるようになります。ただし、以下のように属性値の一部を式(Expression)で表すことはできないので、注意してください。

```
×  <Tag atrribute="mid<%=i%>" />
○  <Tag atrribute="<%="mid" & i%>" />
```

参考

タグハンドラーを動作させるためのファイルの関係については、P.175を参照してください。

参照

P.174「タグライブラリをページに登録する」
P.183「タグファイル内で利用可能な変数を宣言する」
P.242「フラグメントを実行する」
P.245「動的属性の値を処理する」

遅延評価の式言語を利用する

要素
`<attribute>` 属性（遅延評価式）

書式

```
<attribute>*            属性情報
  ─<description>*       属性の概要
  ─<name>               属性名
  ─<required>?          属性が必須かどうか
  ─<rtexprvalue>?       属性値としてスクリプトレット／式を指定できるか
  ─<deferred-value>? 2.1 属性が遅延評価式（値）であるか
      └─<type>          遅延評価式の値（デフォルトはObject型）
```

JSP 2.1以降では、式言語を表すデリミターとして${...}と#{...}の2種類を利用できます。両者の違いは、以下のとおりです。

- ${...}……式の値が即座に評価される
- #{...}……式は後で、タグハンドラーの任意のタイミングで評価される

前者を**即時評価式**、後者を**遅延評価式**と呼びます。遅延評価式は、その性質上、カスタムタグの属性値としてのみ利用します。

属性値として遅延評価式を利用するには、<tag>－<attribute>要素配下の<defered-value>－<type>要素で式のデータ型を宣言します。たとえば以下のサンプルは、inout属性で指定された式の値を自乗し、もとの式に書き戻す例です。遅延評価式で渡されるのは、あくまで評価可能な式そのものなので、get／set双方の操作が可能である点に注目してください。

遅延評価式を受け取る属性は、java.el.ValueExpression型でなければならない点に注意してください。ValueExpressionは式を評価するためのクラスで、以下のようなメンバーを提供しています。

▼ ValueExpression クラスのおもなメンバー

メソッド	概要
Class<?> getExpectedType()	期待される式の型を取得（<type>要素で宣言された型）
Class<?> getType(ELContext c)	式を実際に評価し、式の型を取得
Object getValue(ELContext c)	式の値を取得
void setValue(ELContext c, Object value)	式に値を設定
boolean isLiteralText()	式がリテラルであるか
boolean isReadOnly(ELContext c)	式が読み取り専用であるか
String getExpressionString()	式の文字列表現を取得

サンプル DefferedTag.java

```java
// 与えられた式の値を自乗して書き戻すタグ
public class DeferredTag extends TagSupport {
  private ValueExpression inout;
  @Override
  public int doStartTag() throws JspException {
    // 式言語を評価するためのコンテキストを取得
    ELContext context = pageContext.getELContext();
    // 式が読み取り専用/リテラルでなければ、その値を取得&自乗して書き戻し
    if (!(inout.isReadOnly(context) || inout.isLiteralText())) {
      int value = (int)inout.getValue(context);
      inout.setValue(context, value * value);
    }
    return SKIP_BODY;
  }
  // inout属性（遅延評価式）を受け取るアクセサーメソッド
  public void setInout(ValueExpression inout) {
    this.inout = inout;
  }
}
```

サンプル deferredEL.jsp

```jsp
<%@ page contentType="text/html;charset=UTF-8" %>
<%@ taglib prefix="wings" uri="http://www.wings.msn.to/pocketJsp/WingsTagLibs" %>
...中略...
<!--Hogeクラスはvalueプロパティを持つJavaBeans-->
<jsp:useBean id="h" class="to.msn.wings.chap6.Hoge">
  <jsp:setProperty name="h" property="value" value="10" />
</jsp:useBean>
<wings:Deferred inout="#{h.value}" />
結果：${h.value} ────────────────── ▶100
```

※ Hoge.javaは配布サンプルを参照してください。

サンプル myTag.tld

```xml
<tag>
  <name>Deferred</name>
  <tag-class>to.msn.wings.chap6.DeferredTag</tag-class>
  <body-content>empty</body-content>
  <attribute>
    <name>inout</name>
    <required>true</required>
    <rtexprvalue>true</rtexprvalue>
    <deferred-value>
      <type>java.lang.Integer</type>
    </deferred-value>
  </attribute>
</tag>
```

タグ／関数

遅延評価式でメソッドを受け渡す

要素
`<attribute>` 属性（遅延評価メソッド）

書式

```
<attribute>*              属性情報
 ├─<description>*         属性の概要
 ├─<name>                 属性名
 ├─<required>?            属性が必須かどうか
 ├─<rtexprvalue>?         属性値としてスクリプトレット／式を指定できるか
 └─<deferred-method>? 2.1 属性が遅延評価式（メソッド）であるか
     └─<method-signature> メソッドのシグニチャー
```

遅延評価式(#{...})を利用することで、式言語経由でメソッドを引き渡すこともできます。これには、`<tag>`－`<attribute>`要素配下で、`<deferred-method>`－`<method-signature>`要素に引き渡すべきメソッドのシグニチャーを宣言してください。シグニチャーは

戻り値型 メソッド名(引数型,...)

の形式で表します。メソッド名はドキュメンテーションに際して利用される情報なので、実際の名前と違っていてもかまいません。

たとえば以下のサンプルは、引き渡したメソッドを実行し、その結果を出力するだけのコードです。遅延評価式としてメソッドを受け取る場合、属性はjavax.el.MethodExpression型でなければならない点に注意してください。MethodExpressionはメソッドを評価するためのクラスで、以下のようなメンバーを提供しています。

▼ MethodExpressionクラスのおもなメンバー

メソッド	概要
MethodInfo getMethodInfo(ELContext c)	メソッドに関わる情報を取得
String getExpressionString()	式の文字列表現を取得
Object invoke(ELContext c, Object[] params)	指定された引数でメソッドを実行
boolean isParametersProvided()	引数付きでMethodExpressionが生成されたか
boolean isLiteralText()	式がリテラルであるか

サンプル DeferredMethodTag.java

```java
public class DeferredMethodTag extends TagSupport {
  private MethodExpression method;
```

```java
  @Override
  public int doStartTag() throws JspException {
    JspWriter out = pageContext.getOut();
    try {
      // 式がリテラルでない場合のみメソッド式を実行し、その結果を出力
      if (!method.isLiteralText()) {
        out.print(
          method.invoke(pageContext.getELContext(), new Object[] { 20 }));
      }
    } catch (IOException e) {
      e.printStackTrace();
    }
    return SKIP_BODY;
  }
  // メソッド式を受け取るアクセサーメソッド
  public void setMethod(MethodExpression method) {
    this.method = method;
  }
}
```

※ Hoge.javaは配布サンプルを参照してください。

サンプル deferredMethod.jsp

```jsp
<%@ page contentType="text/html;charset=UTF-8" %>
<%@ taglib prefix="wings" uri="http://www.wings.msn.to/pocketJsp/WingsTagLibs" %>
...中略...
<!--Hoge#getSquareRootは与えられた値の平方根を求めるメソッド-->
<jsp:useBean id="h" class="to.msn.wings.chap6.Hoge" />
<wings:DeferredMethod method="#{h.getSquareRoot}" />
```

→ 結果：4.47213595499958

サンプル myTag.tld

```xml
<tag>
  <name>DeferredMethod</name>
  <tag-class>to.msn.wings.chap6.DeferredMethodTag</tag-class>
  <body-content>empty</body-content>
  <attribute>
    <name>method</name>
    <required>true</required>
    <rtexprvalue>true</rtexprvalue>
    <deferred-method>
      <method-signature>java.lang.Double method(java.lang.Integer)
        </method-signature>
    </deferred-method>
  </attribute>
</tag>
```

参照

P.307「遅延評価の式言語を利用する」

タグ／関数

タグファイルの情報を定義する

要素
`<tag-file>` タグファイル

書式
```
<tag-file>
  ├─<description>*        タグファイルの概要
  ├─<display-name>*       タグファイルの表示名
  ├─<icon>*               GUIツールに表示する画像アイコン
  │  ├─<small-icon>?      16×16ピクセルの画像（相対パス）
  │  └─<large-icon>?      32×32ピクセルの画像（相対パス）
  ├─<name>                カスタムタグ名
  ├─<path>                タグファイルのパス
  ├─<example>?            タグファイルの利用例
  └─<tag-extension>*      タグファイルの拡張情報
```

<tag-file>要素はタグファイルの情報を定義します。配下には、タグ名(<name>)、ファイルパス(<path>要素)をはじめ、タグファイルを動作させるための情報を記述できます。

もっとも、タグファイルはデフォルトで/WEB-INF/tagsフォルダー配下に配置するだけで自動的にアプリケーションに登録されるので、まずは<tag-file>要素による宣言は不要です(タグライブラリディスクリプターは内部的に自動生成されます)。

<tag-file>要素が必要となるのは、タグファイルを.jarファイルとしてアーカイブ化した場合だけです。その場合、.jarファイル内のタグライブラリディスクリプターでタグファイルの配置先を明示的に宣言する必要があります。

サンプル jarTag.tld
```xml
<?xml version="1.0" encoding="UTF-8" ?>
<taglib xmlns="http://java.sun.com/xml/ns/j2ee"
  xmlns:xsi="http://www.w3.org/2001/XMLSchema-instance"
  xsi:schemaLocation="http://java.sun.com/xml/ns/javaee/web-jsptaglibrary_2_1.
xsd" version="2.1">
  <description>Pocket Reference JSP Samples</description>
  <display-name>Pocket Reference JSP Samples</display-name>
  <tlib-version>1.0</tlib-version>
  <short-name>wings</short-name>
  <!--@taglibディレクティブのuri属性と対応-->
  <uri>http://www.wings.msn.to/pocketJsp/WingsTagLibraryJar</uri>
  <tag-file>
    <description>Jar Tag File Sample</description>
```

```
    <display-name>Sample Jar</display-name>
    <icon>
      <small-icon>sample-s.jpg</small-icon>
      <large-icon>sample-l.jpg</large-icon>
    </icon>
    <!--呼び出し時のタグ名を定義-->
    <name>Sample</name>
    <!--配置先（絶対パス）は/META-INF/tags/~で始まること-->
    <path>/META-INF/tags/Sample.tag</path>
  </tag-file>
</taglib>
```

※Sample.tag／jarTag.tldはpocketjsp.jarにアーカイブして、配布サンプルの/WEB-INF/libフォルダー配下に配置しています。動作を確認するにはjarTag.jspを起動してください。

注意

.jarファイルにタグファイルをアーカイブする場合には、Jarパッケージ内の/META-INF/tagsフォルダー、またはその配下のサブフォルダーに配置します。また、TLDは同じくJarパッケージ内の/META-INFフォルダーに配置します。生成された.jarファイルは、通常のライブラリと同様、アプリケーション配下の/WEB-INF/libフォルダーに配置してください。

参考

Jarパッケージされたタグファイルが動作するまでの流れは、以下のとおりです。

▼ アーカイブ化されたタグファイルの挙動

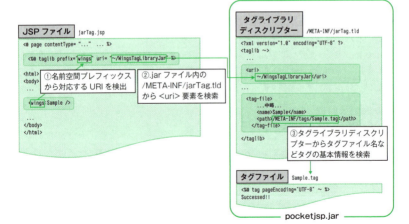

参照

P.174「タグライブラリをページに登録する」

Function（関数）の情報を定義する

要素
`<function>` Function（関数）

書式

`<function>`要素は、.jspファイルで利用できるFunction（関数）の構成情報を宣言します。`<function>`要素で定義されたFunction（関数）は、アプリケーション配下の任意の.jspファイルから式言語の形式で呼び出すことができます。

${接頭辞:関数名(引数1, 引数2, ...)}

`<function-class>`要素には、Functionの実体（メソッド）を実装したクラスの完全修飾名を指定します。Functionは、必ず静的メソッドとして定義されなければならない点に注意してください。

`<function-signature>`要素には、カスタム関数のシグニチャーを指定します。

戻り値の型 関数名(引数の型, ...)

もちろん、シグニチャーは`<function-class>`要素で指定されたクラス配下の静的メソッドのいずれかと一致しなければなりません。

myTag.tld

```
<function>
  <description>NumberFormat Function</description>
  <name>NumberFormat</name>
  <function-class>to.msn.wings.chap3.NumberFormatFunction</function-class>
  <function-signature>
    java.lang.String NumberFormat(double, java.lang.String)
  </function-signature>
</function>
```

※NumberFormat関数の本体とそれを呼び出す.jspファイルは、P.198を参照してください。

参照

P.174「タグライブラリをページに登録する」
P.198「式言語からJavaクラスの静的メソッドを呼び出す」

CHAPTER 7

JSTL (JSP Standard Tag Library)

JSTLとは

JSTL(JSP Standard Tag Library)は、名前のとおり、タグライブラリの一種で、JSPページで利用する中でも、特に汎用性があると認められた「標準的な」機能を集めたものです。Core、Database、I18n、Xml、Functionsという5つのライブラリから構成されます。

▼ JSTLのタグライブラリ

ライブラリ	概要
Core	変数の設定／参照、条件分岐、ループなど基本ロジックをサポート
Database	データベースへの更新、検索、トランザクションをサポート
I18n	数値や日付のローカル表記、国際化対応機能をサポート
XML	XML文書の解析から抽出、XSLTスタイルシートによる変換をサポート
Functions	コレクションのサイズ取得や文字列操作のための関数群をサポート

Java EEでも、バージョン5以降では標準技術として正式に組み込まれたことで、今後はより一層、JSTLを利用する局面も増えてくると予想されます。サーバーサイドJavaを利用するうえでは、サーブレット&JSPと並んで、最初におさえておきたい重要な技術の1つです。

@taglibディレクティブの宣言

JSTLを利用するにあたっては、.jspファイルの先頭で@taglibディレクティブ(P.174)を宣言しておく必要があります。

▼ JSTLにおける@taglibディレクティブの宣言

ライブラリ	@taglibディレクティブ
Core	<%@ taglib prefix="c" uri="http://java.sun.com/jsp/jstl/core" %>
Database	<%@ taglib prefix="sql" uri="http://java.sun.com/jsp/jstl/sql" %>
I18n	<%@ taglib prefix="fmt" uri="http://java.sun.com/jsp/jstl/fmt" %>
XML	<%@ taglib prefix="x" uri="http://java.sun.com/jsp/jstl/xml" %>
Functions	<%@ taglib prefix="fn" uri="http://java.sun.com/jsp/jstl/functions" %>

基本機能

変数を出力する

▶ Coreタグライブラリ

要素
`<c:out>` 　　　　　　　　　　　　　　　　　　　　　　　　　　　　　　　　　　変数の出力

書式
①`<c:out value="value" [default="default"] [escapeXml="escape"] />`
②`<c:out value="value" [escapeXml="escape"]>default</c:out>`

引数　　value：出力する値　　　default：デフォルト値
　　　　　escape：XML予約文字をエスケープ処理するか（デフォルトはtrue）

`<c:out>`要素は、指定された変数の値を出力します。その際、value属性に指定された値がnullである場合には、default属性の値（書式②では、要素本体の値）が出力されます。

「<」や「>」「&」などHTML／XMLにおける予約文字の扱いは、escapeXml属性によって指定できます。escapeXml属性がtrueに指定されている場合、予約文字は「<」「>」「&」のようにエスケープ処理されたうえで出力されます。

JspWriter#printメソッド（P.218）に該当しますが、以下の点で`<c:out>`要素には数々の便利な機能が備わっています。

- デフォルト値を指定できる
- 出力に合わせてエスケープ処理が可能
- 変数がnullの場合も内部的に処理する

サンプル　core/out.jsp
```
<%@ taglib prefix="c" uri="http://java.sun.com/jsp/jstl/core" %>
<c:set var="title" value="JSP／サーブレット" />
...中略...
<c:out value="${title}" default="ポケットリファレンス" />    → JSP／サーブレット
<c:out value="${price}" default="3000" />円                  → 3000（値がないので）
<c:out value="<c:out>要素" escapeXml="true" />              → <c:out>要素
```

参考
escapeXml属性は、fn:escapeXml（P.376）で置き換えることもできます。

参考
デフォルト値（default属性）が不要である場合、ただ単に式構文（${...}）を指定しても同様の結果を得られます。

基本機能

変数を設定する

● Coreタグライブラリ

要素
`<c:set>` 要素の設定

書式

```
①<c:set var="name" [value="value"] [scope="scope"]>
   [value]</c:set>
②<c:set target="object" property="prop" [value="value"]>
   [value]</c:set>
```

引数
name：変数名　　*value*：設定する値
scope：変数のスコープ（設定値は以下の表）
object：オブジェクト変数　　*prop*：プロパティ

<c:set>要素は、指定された変数、または、JavaBeansのプロパティに指定された値を設定します。変数の値はvalue属性、または要素本体で指定できます。value属性と本体とは、いずれか片方しか指定できません。

scope属性には、変数のスコープ（有効範囲）を指定します。利用可能な値は、以下のとおりです。

▼ 変数のスコープ（scope属性の設定値）

設定値	概要
page	現在のページでのみ有効（デフォルト）
request	一連のリクエスト処理の中でのみ有効
session	現在のセッション（ユーザー）でのみ有効
application	アプリケーション全体で有効

サンプル core/set.jsp

```
<%@ taglib prefix="c" uri="http://java.sun.com/jsp/jstl/core" %>
<c:set var="title" value="JSP／サーブレット" />
<c:set var="message" value="こんにちは、セッション" scope="session" />
<jsp:useBean id="usr" class="to.msn.wings.chap7.User" />
<c:set target="${usr}" property="name" value="山田理央" />
...中略...
${title}  ─────────────────────────────▶ JSP／サーブレット
${sessionScope.message} ─────────────────▶ こんにちは、セッション
${usr.name} ─────────────────────────────▶ 山田理央
```

> **注意**

同一の変数／プロパティに繰り返し値を設定した場合、古い値は最新の値で上書きされます。

> **参考**

変数値に「$」のような式言語の予約文字を含む場合には、「¥$」のようにあらかじめエスケープしなければなりません。

> **参照**

P.194「式言語とは」

COLUMN サーブレット&JSPをより深く学ぶための参考書籍

本書は、リファレンスという性質上、サーブレット&JSPを基本から順序だって説明するものではありません。もし本書を利用するうえで、「基本や周辺知識の理解が足りていないな」「もっと知りたいな」と思ったら、以下のような書籍も合わせて参照することをおすすめします。

● Androidエンジニアのためのモダン Java（技術評論社）

サーブレット&JSPの理解には、その基盤となるJava言語の理解は欠かせません。「例文を見ながらであれば似たようなコードは書けるが、細かな構文になると自信がない」という方は、本書で再入門しておきましょう。

● 独習Javaサーバサイド編／10日でおぼえるJSP/サーブレット入門教室（翔泳社）

いずれもサーブレット&JSPを基本から学ぶための書籍です。基本的な構文からリクエスト処理、データベース連携、サーブレット&JavaBeansとの連携までを順序だって学べます。

● 書き込み式SQLのドリル（日経BP社）／MySQLで学ぶデータベース超入門（翔泳社）

アプリケーションを開発するうえで、データベースと、それを扱うための言語であるSQLの理解は欠かせません。「データベース超入門」で基礎固めし、「ドリル」で実践的に知識を定着させていくとよいでしょう。

● JavaScript逆引きレシピ jQuery対応（翔泳社）

いまやWebアプリケーション開発には、クライアントサイド技術（JavaScript）との連携は欠かせません。本書では、JavaScriptで陥りがちな罠、UI開発／モバイル開発の定石テクニックをレシピ形式でコンパクトにまとめています。

変数を破棄する

● Core タグライブラリ

要素
`<c:remove>` 変数の破棄

書式
`<c:remove var="name" [scope="scope"] />`

引数
name：変数名　　*scope*：変数のスコープ（設定値はP.318の表）

<c:remove>要素は、指定された変数を削除します。

一般的に、page／requestスコープの変数は短時間で破棄されますので、明示的に破棄する機会はあまりありませんし、その必要もありません。一方、session／applicationスコープの変数は比較的長時間にわたって保持される可能性が高いため、時としてサーバーリソースを圧迫する一因となることがあります。必要のなくなったタイミングで、できるだけ早期に削除するようにしてください。

サンプル core/remove.jsp

```jsp
<%@ taglib prefix="c" uri="http://java.sun.com/jsp/jstl/core" %>
<c:set var="title" value="JSP／サーブレット" />
...中略...
${title} ────────────────────────▶ JSP／サーブレット
<c:remove var="title" scope="page" />
${title} ────────────────────────▶ 出力なし（削除済み）
```

注意
スコープの指定が異なる要素は削除できません。たとえばpageスコープの変数hogeと、sessionスコープの変数hogeとは異なるものです。

参照
P.318「変数を設定する」

基本機能

処理を分岐する

▶ Coreタグライブラリ

要素
`<c:if>` 単純分岐

書式

①`<c:if test="expression" [var="variable"] [scope="scope"]>`
　`statements</c:if>`
②`<c:if test="expression" var="variable" [scope="scope"] />`

引数
expression：条件式　　*variable*：条件式の結果を格納する変数の名前
scope：変数のスコープ（設定値はP.318の表）
statements：条件式がtrueの場合に出力するコンテンツ

`<c:if>`要素は、条件式がtrueの場合に配下のコンテンツを出力します（書式①）。Java言語のif命令に相当します。

var属性を指定した場合には、条件式の判定結果（true／false）を変数にセットして、後から参照できます。配下のstatementsを省略した場合、var属性は必須です（書式②）。

サンプル　core/if.jsp
```jsp
<%@ taglib prefix="c" uri="http://java.sun.com/jsp/jstl/core" %>
<c:set var="score" value="70" />
...中略...
<!--判定結果を変数passに退避-->
<c:if test="${score >= 80}" var="pass" />
<!--判定結果に応じて合否を表示-->
<c:if test="${pass}">合格です。</c:if>
<c:if test="${!pass}">不合格です。</c:if>           ━━▶ 不合格です。

<!--点数に応じてランクを表示-->
<c:if test="${score >= 80}">Aランクです。</c:if>
<c:if test="${score >= 60 and score < 80}">Bランクです。</c:if>
<c:if test="${score < 60}">Cランクです。</c:if>     ━━▶ Bランクです。
```

参考
複数の条件式に基づく多岐分岐を表現したい場合には、`<c:choose>`要素を使います。`<c:if>`要素は、単純分岐を表現するのに向いています。

参照
P.322「複数の条件で処理を分岐する」

基本機能

複数の条件で処理を分岐する

● Coreタグライブラリ

要素
`<c:choose>` 多岐分岐

書式

```
<c:choose>
  <c:when test="expression1">statements</c:when>
  [<c:when test="expression2">statements</c:when>...]
  [<c:otherwise>statements</c:otherwise>]
</c:choose>
```

引数 *expression1*、*expression2*：条件式
statements：条件式がtrueの場合に出力するコンテンツ

<c:choose>要素は、条件式がtrueとなる<c:when>要素の内容を実行します。複数の<c:when>要素がtrueとなる場合には、最初の1つだけを実行します（＝それ以外の<c:when>命令は無視します）。いずれの<c:when>要素もtrueにならない場合には、<c:otherwise>要素の内容を実行します。

サンプル core/choose.jsp

```
<%@ taglib prefix="c" uri="http://java.sun.com/jsp/jstl/core" %>
<c:set var="score" value="70" />
...中略...
<c:choose>
  <c:when test="${score >= 80}">Aランクです。</c:when>
  <c:when test="${score >= 60}">Bランクです。</c:when>
  <c:when test="${score >= 40}">Cランクです。</c:when>
  <c:otherwise>">ランク外です。</c:otherwise>
</c:choose>
```

→ Bランクです。

注意

<c:choose>要素は、Java言語のswitch...case命令とは異なります。switch...case命令が与えられた「1個の式の値」に従って処理を分岐するのに対し、<c:choose>要素は<c:when>要素個々に指定された「複数の条件式」によって処理を分岐します（そうした意味では、switch...case命令よりもif...else if命令に近い構文です）。

参考

単純な2分岐を表現したい場合には、<c:if>要素を使います。<c:choose>要素は、複数の条件式に基づいて、多岐分岐を表現したい場合に向いています。

基本機能

指定回数だけ処理を繰り返す

● Core タグライブラリ

要素
`<c:forEach>` 指定回数の繰り返し

書式

```
<c:forEach [var="counter"] [varStatus="status"]
  begin="start" end="end" [step="step"]>
  statements
</c:forEach>
```

引数
counter：カウンター変数　　*status*：ステータス変数
start：初期値　　*end*：終了値　　*step*：増分
statements：ループの中での処理内容

<c:forEach>要素は、指定された回数だけ配下の処理を実行します（より正確には、カウンター変数が初期値から終了値まで変化する間、処理を繰り返します）。Java言語のfor命令に相当します。

サンプル　core/for.jsp

```
<%@ taglib prefix="c" uri="http://java.sun.com/jsp/jstl/core" %>
<c:set var="result" value="0" />
...中略...
<c:forEach var="i" begin="1" end="10" step="2">
  <c:set var="result" value="${result + i}" />
</c:forEach>
1～10の奇数の総和は${result}です。
```
→ 25

参考
Javaのfor命令と異なり、ループ配下でカウンター変数を参照する必要がない場合には、var属性を省略してもかまいません。

参考
ステータス変数（varStatus属性）を利用することで、ループ内の情報にアクセスできます。くわしくは次項を参照してください。

参照
P.324「配列／コレクションを順番に処理する」

基本機能

配列／コレクションを順番に処理する

● Coreタグライブラリ

要素
`<c:forEach>` 配列／コレクションの処理

書式

```
<c:forEach [var="current"] items="collection" [varStatus="status"]
  [begin="begin"] [end="end"] [step="step"]>
  statements
</c:forEach>
```

引数 current：配列／コレクションの要素を格納するための仮変数
collection：処理対象の配列／コレクション
status：ステータス変数　　statements：ループの中での処理内容
begin：開始位置　　end：終了位置　　step：増分

<c:forEach>要素では、items属性に配列／コレクションを設定することで、その要素を1つずつ仮変数(var属性で指定された変数)にセットしながら、ループを繰り返すことができます。コレクションには、Collection／Enumeration／Itarator／Mapのほか、カンマ区切りの文字列を指定することもできます。Java言語の拡張for命令に相当します。

ステータス変数(varStatus属性)を利用することで、ループ内の情報にアクセスすることもできます。ステータス変数(オブジェクト)から参照できるおもなプロパティは、以下のとおりです。

▼ ステータス変数のおもなプロパティ

プロパティ名	概要
index	現在のループインデックス(0からスタート)
count	現在のカウント数(1からスタート)
begin	初期値(begin属性の値)
end	終了値(end属性の値)
step	増減分(step属性の値)
current	現在の値
first	最初の要素かどうか(true｜false)
last	最後の要素かどうか(true｜false)

ステータス変数は<c:forEach>要素の配下で、${status.current}のように参照できます。
begin／end／step属性を利用することで、(たとえば)リストの2〜4番目だけを表示するといったこともできます。

サンプル core/foreach.jsp

```jsp
<!--カンマ区切り文字列の3~6番目の要素を「&」区切りで出力-->
<c:forEach var="item" items="JSP,PHP,ASP.NET,XML,Ruby,Python,JavaScript"
  begin="2" end="5" varStatus="status">
  <c:out value="${item}" />
  <c:if test="${!status.last}">&</c:if>
</c:forEach> ─────────────────────────▶ ASP.NET&XML&Ruby&Python

<%
pageContext.setAttribute("word", new HashMap<String, String>() {
  {
    put("エアコン", "エアーコンディショナー");
    put("パソコン", "パーソナルコンピューター");
    put("リモコン", "リモートコントローラー");
  }
});
%>
<!--Mapの内容をリスト表示-->
<ul>
<c:forEach var="item" items="${word}">
  <li>${item.key} (${item.value}) </li>
</c:forEach>
</ul> ─────▶ エアコン (エアーコンディショナー) /パソコン (パーソナルコンピューター)
              /リモコン (リモートコントローラー)
```

参考

<c:forEach>要素でMap(連想配列)から値を取り出すには、サンプルのように${item.key}／${item.value}でキー／値にアクセスしてください。

参照

P.323「指定回数だけ処理を繰り返す」

基本機能

文字列を指定された区切り文字で分割する

▶ Coreタグライブラリ

要素
`<c:forTokens>` 　　　　　　　　　　　　　　　　　　　　　　　　　文字列の分割

書式
```
<c:forTokens items="string" delims="delimiter" [var="current"]
  [varStatus="status"] [begin="begin"] [end="end"] [step="step"]>
  statements
</c:forTokens>
```

引数
string：分割対象の文字列　　*delimiter*：区切り文字
current：分割された文字列を格納する変数
status：ステータス変数　　*begin*：開始位置　　*end*：終了位置
step：増分　　*statements*：ループの中での処理内容

<c:forTokens>要素は、文字列を任意の区切り文字で分割し、それを処理します。begin／end／step属性を指定した場合には、分割した文字列のm〜n個目だけを処理するといった操作が可能になります。

varStatus属性で表されるステータス変数は、現在のループの状態を管理するオブジェクトです。ステータス変数を経由してアクセスできるプロパティについては、P.324の表「ステータス変数のおもなプロパティ」を参照してください。

サンプル　core/fortokens.jsp
```
<%@ taglib prefix="c" uri="http://java.sun.com/jsp/jstl/core" %>
...中略...
<!--カンマ区切りの文字列を「番号 値」の形式でリスト表示-->
<c:forTokens items="JSP,PHP,ASP.NET,XML" delims=","
  var="item" varStatus="status">
  ${status.index} <c:out value="${item}" /><br />
</c:forTokens>
```
→ `0 JSP／1 PHP／2 ASP.NET／3 XML`

```
<!--3〜9番目の数字をひとつおきに出力-->
<c:forTokens items="1,2,3,4,5,6,7,8,9,10" delims=","
  var="item" begin="2" end="8" step="2">
  <c:out value="${item}" />
</c:forTokens>
```
→ `3 5 7 9`

参考
ループ配下で分割した文字列を参照しない場合(=たとえば、いくつに分割できるかだけに関心がある場合)には、var属性は省略してもかまいません。

基本機能

外部ファイルをインポートする

● Core タグライブラリ

要素
`<c:import>` インポート

書式

```
<c:import url="url" [context="context"] [charEncoding="encoding"]
  [var="variable" | varReader="variable"] [scope="scope"]>
  [<c:param name="name" value="value" />...]
</c:import>
```

引数　　url：インポートするリソースのパス
context：コンテキストURI（「/」で始まる文字列）
encoding：外部ページでの文字コード（デフォルトはISO-8859-1）
variable：インポートしたリソースを格納するための変数
scope：var／varReader属性で指定された変数のスコープ（設定値はP.318
　　　　を参照）
name：パラメーター名　　value：パラメーター値

<c:import>要素は、指定されたファイルをインポートします。標準のアクションタグ<jsp:include>要素とも似ていますが、<jsp:include>要素が相対パスしか指定できなかったのに対し、<c:import>要素では絶対URL（「http://～」ではじまるURL）も指定できる点が異なります。また、charEncoding属性による文字エンコード指定やReaderオブジェクトによるバイナリデータへの対応も、標準アクションタグにはない特徴です。

var属性を指定した場合、インポートした内容は文字列として変数に格納されます。varReader属性を指定した場合、インポートした内容はバイナリデータとしてReaderオブジェクトに格納されます。varReader属性を指定した場合、<c:import>要素配下にはバイナリデータを処理するためのコードを記述しなければなりません。var／varReader属性ともに省略された場合、インポートされたリソースはそのままページの一部として出力されます。

context属性はServletContext#getContextメソッドに相当し、ほかのコンテキストからコンテンツを取得する際に使用します。デフォルトは現在のコンテキストです。

インポートすべきリソースに対してパラメーターを渡したい場合には<c:param>要素を指定します。複数のパラメーターがある場合には、<c:param>要素を列記してください。

サンプル core/import.jsp

```
<%@ taglib prefix="c" uri="http://java.sun.com/jsp/jstl/core" %>
<%@ taglib prefix="fmt" uri="http://java.sun.com/jsp/jstl/fmt"%>
<fmt:requestEncoding value="UTF-8" />
...中略...
この下にインポートファイルが表示されます。
<hr />
<c:import url="hello.jsp" charEncoding="UTF-8" >
  <c:param name="name" value="山田" />
</c:import>
```

サンプル core/hello.jsp

```
<%@ page pageEncoding="UTF-8" %>
インポートされたファイルです。<br />
こんにちは、${param.name}さん！
```

▼ インポートファイルの内容を表示

注意

マルチバイト文字を含むページをインポートする際には、必ずcharEncoding属性にUTF-8、Windows-31J、EUC-JPなど、日本語を扱える文字コードを指定してください。

参考

<c:param>要素では、「<c:param name="...">...</c:param>」のように、パラメーター値を要素配下のテキストとして記述することもできます。

参照

P.109「ほかのアプリケーションコンテキストを取得する」

基本機能

ページをリダイレクトする

● Core タグライブラリ

要素
`<c:redirect>` リダイレクト

書式

```
<c:redirect url="url" [context="path"]>
  [<c:param name="name" value="value" />...]
</c:redirect>
```

引数
url：リダイレクト先
path：コンテキストパス（デフォルトはアプリケーションルート）
name：パラメーター名　*value*：パラメーター値

`<c:redirect>`要素は、指定されたページにリダイレクトします。HttpServletResponse#sendRedirectメソッドに相当します。

context属性は、現在のコンテキスト（アプリケーション）以外にリダイレクトしたい場合に指定します。指定パスの先頭は、必ず「/」で開始するようにします。

リダイレクト先のURLにクエリー情報を付与したい場合には、`<c:param>`要素でパラメーター名／値を指定します。たとえば以下のサンプルであれば、「http://search.yahoo.co.jp/search?p=JSP」のようなURLに対してリダイレクトされます。

サンプル core/redirect.jsp

```
<%@ taglib prefix="c" uri="http://java.sun.com/jsp/jstl/core" %>
...中略...
<c:redirect url="http://search.yahoo.co.jp/search" >
  <c:param name="p" value="JSP" />
</c:redirect>
```

参考

`<c:param>`要素では、「`<c:param name="...">`...`</c:param>`」のように、パラメーター値を要素配下のテキストとして記述することもできます。

参照
P.91「ページをリダイレクトする」

基本機能

URL文字列をエンコードする

● Coreタグライブラリ

要素
`<c:url>` URLエンコード

書式

```
<c:url value="url" [context="context"] [var="variable"] [scope="scope"]>
  [<c:param name="name" value="value" />...]
</c:url>
```

引数　url：エンコード対象のURL
　　　　context：コンテキストURI（「/」で開始する文字列）
　　　　variable：エンコード済みのURLを格納する変数
　　　　scope：変数のスコープ（設定値はP.318を参照）
　　　　name：パラメーター名　　value：パラメーター値

<c:url>要素は、指定されたURLをエンコードします。HttpServletResponse#encodeURLメソッドに相当します。<c:param>要素が指定された場合には、パラメーターもエンコード処理されたうえで、クエリー情報としてURLに付加されます。

エンコードした結果を(出力するのではなく)いったん変数に格納したいという場合には、var属性で変数を指定してください。var属性を省略した場合、<c:url>要素の結果はそのまま出力されます。

context属性はServletContext#getContextメソッドに相当するもので、ほかのコンテキストをもとにURLを生成したい場合に指定します。デフォルトは現在のコンテキストです。

サンプル　core/url.jsp

```
<%@ taglib prefix="c" uri="http://java.sun.com/jsp/jstl/core" %>
...中略...
<c:url value="/jstl/index.jsp" context="/pocketJsp2" var="url">
  <c:param name="nam" value="山田" />
</c:url>
<a href="${url}">リンク</a>
```

→ `<a href="/pocketJsp2/jstl/index.jsp?nam=%e5%b1%b1%e7%94%b0">リンク</a>`

参考

<c:param>要素では、「<c:param name="...">...</c:param>」のように、パラメーター値を要素配下のテキストとして記述することもできます。

参照

P.95「クッキーが使えないブラウザーにセッションIDを渡す」
P.109「ほかのアプリケーションコンテキストを取得する」

例外を処理する

▶ Coreタグライブラリ

要素
`<c:catch>` 例外処理

書式

`<c:catch [var="exception"]>statements</c:catch>`

引数
exception：例外メッセージを格納するための変数
statements：例外が発生する可能性のある一連の処理

<c:catch>要素は例外を処理する、言うなれば、Java言語のtry...catch...finally命令に相当するアクションタグです。<c:catch>要素で例外の発生する可能性のある処理を括っておくことで、例外発生時にも処理を停止することなく、また、例外情報を後から参照できるようにします。

サンプル core/catch.jsp

```jsp
<%@ taglib prefix="c" uri="http://java.sun.com/jsp/jstl/core" %>
...中略...
<c:catch var="exception">
<%
if (true) {
  throw new Exception("例外が発生しました。");
}
%>
</c:catch>
${exception}
```
→ `java.lang.Exception: 例外が発生しました。`

参考

正確には、<c:catch>要素には、try...catch...finally構文のfinallyブロックにあたるものは存在しません。例外が発生した後はそのまま<c:catch>要素の後の処理が継続されるので、それによって、擬似的にfinallyブロックの機能を実現しています。

データベース

データベースへの接続を確立する

● Databaseタグライブラリ

要素
`<sql:setDataSource>`　　　　　　　　　　　　　　　　　　　　　　　　　　　接続

書式

```
①<sql:setDataSource var="connection" [scope="scope"]
  url="url" [driver="jdbc"] [user="user"] [password="password"] />
②<sql:setDataSource var="connection" [scope="scope"]
  dataSource="source" />
```

引数　　connection：接続を格納する変数
　　　　　scope：変数のスコープ（設定値はP.318を参照）
　　　　　url：「jdbc://～」で始まる接続文字列
　　　　　jdbc：JDBCドライバー名（クラスの完全修飾名）
　　　　　user：ユーザー名　　password：パスワード
　　　　　source：JNDIに登録されたデータソース名

データベースへの接続を確立するには、`<sql:setDataSource>`要素を利用します。var属性で変数（Connetionオブジェクト）は、その他のDatabaseタグライブラリから接続を特定するために利用します。

データベースへの接続設定は、以下のいずれかの方法で指定できます。

- url／driver／usr／password属性を使用してデータベース接続（書式①）
- dataSource属性を使用してJNDI名として宣言（書式②）

接続文字列(url属性)の付随的なパラメーターとしてユーザー名／パスワードを指定した場合には、user／password属性は省略してもかまいません。接続文字列の詳細については、P.396も合わせて参照してください。

サンプル sql/datasource.jsp

```
<%@ taglib prefix="sql" uri="http://java.sun.com/jsp/jstl/sql" %>
<sql:setDataSource var="db" url="jdbc:mysql://localhost/pocketjsp"
  driver="org.gjt.mm.mysql.Driver" user="jspusr" password="jsppass" />
```

サンプル sql/datasource2.jsp

```
<%@ taglib prefix="sql" uri="http://java.sun.com/jsp/jstl/sql" %>
<sql:setDataSource var="db" dataSource="jdbc/pocketjsp" />
```

> **注意**

データベース接続文字列のようなアプリケーション共通の情報を、個別の.jspファイルにハードコーディングするべきではありません。JNDI(Java Naming and Directory Interface)経由であらかじめ登録したデータソースを取得することで、接続情報に変更があった場合にも設定ファイルを変更するだけで済むため、個々の.jspファイルに影響が及びません。

> **参考**

2番目のサンプルを利用するには、P.397のサンプルのようにデータソースをアプリケーションに登録しておく必要があります。

(**参照**)

P.334「データベースから結果セットを取得する」
P.336「データベースの内容を登録／更新／削除する」

COLUMN クラスローダーのしくみ(1) ― クラスローダーの役割

クラスローダーとは、Javaでクラス(ライブラリ)を管理するための基本エンジンです。すべてのJavaアプリケーションは、クラスローダーを介してクラスを利用しています。

Tomcatのようなサーブレット&JSPコンテナーでは、クラスローダーに階層構造(優先順位)を持たせることで、.jar／.classファイルの独立性を保証しています。

▼ Tomcat 8.0におけるクラスローダーの構造

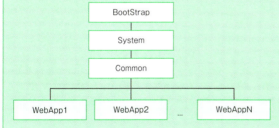

具体的には、より上位のクラスローダーが優先され、親のクラスローダが目的のクラスをロードできなかった場合のみ、子のローダーに処理が引き継がれます。並列関係にあるクラスローダーでは、同じクラスをロードしたとしても、相互に影響し合うことはでありません。

このようなしくみによって、1つのサーバーで同一の、しかしバージョンの異なるクラスが存在する場合にも、互いに干渉することなく、独立したものとして実行できるわけです(P.393に続く)。

データベース

データベースから結果セットを取得する

▶ Databaseタグライブラリ

要素

`<sql:query>` クエリーの実行

書式

```
<sql:query [datasource="connection"] var="result" [scope="scope"]
  [sql="sqlStatements"] [maxRows="max"] [startRow="start"]>
  [sqlStatements]
  [<sql:param value="value">...]
  [<sql:dateParam value="value" type="type">...]
</sql:query>
```

引数

connection：データベースへの接続（デフォルトはjavax.servlet.jsp.jstl.sql.dataSourceパラメーター）
result：取得した結果セットを格納するための変数
scope：変数のスコープ（おもな設定値はP.318）
max：最大取得行（デフォルトは全行）
start：レコード取得位置（デフォルトは0）
sqlStatements：SQLステートメント　　value：パラメーター値
type：日付パラメーターのデータ型（DATE | TIME | TIMESTAMP）

　`<sql:query>`要素は、データベースにSELECT命令を発行し、結果セットを取得します。java.sqlパッケージのStatement(PreparedStatement／CallableStatement)#exucuteQueryメソッドに相当します。

　SQL命令（引数sqlStatements）には、パラメーターのプレイスホルダー「?」を含めることもできます。`<sql:query>`要素の本体、もしくはsql属性として指定できます。

　プレイスホルダーに引き渡すパラメーター値は、`<sql:param>`（日付型の場合は`<sql:dateParam>`）要素で表します。ただし、順番を表すindexのような属性はありません。`<sql:param>`／`<sql:dateParam>`要素の登場順が、そのままプレイスホルダー「?」の登場順に対応する点に注意してください。

サンプル sql/query.jsp

```
<%@ taglib prefix="c"   uri="http://java.sun.com/jsp/jstl/core" %>
<%@ taglib prefix="fmt" uri="http://java.sun.com/jsp/jstl/fmt" %>
<%@ taglib prefix="sql" uri="http://java.sun.com/jsp/jstl/sql" %>
<fmt:parseDate value="2014/01/01" type="date" dateStyle="SHORT" var="cond" />
<sql:setDataSource var="db" dataSource="jdbc/pocketjsp" />
```

```
<!--2014/01/01以降の書籍だけを取得-->
<sql:query var="rs" dataSource="${db}">
  SELECT * FROM books WHERE published > ?
  <sql:dateParam value="${cond}" type="DATE" />
</sql:query>
...中略...
<table class="table">
<tr>
 <th>ISBN</th><th>タイトル</th><th>価格</th><th>出版社</th><th>刊行日</th>
</tr>
<c:forEach var="row" items="${rs.rows}">
  <tr>
    <td>${row.isbn}</td>
    <td>${row.title}</td>
    <td>${row.price}</td>
    <td>${row.publish}</td>
    <td>${row.published}</td>
  </tr>
</c:forEach>
</table>
```

▼ 2014/01/01以降刊行の書籍情報を一覧表示

参考

結果セット(var属性)には、以下のようなプロパティが含まれます。結果セットとはいえ、java.sql.ResultSetオブジェクトとは別ものなので注意してください。rowsプロパティで得た行セットの各列には、<c:forEach>要素の配下で、${row['列名']}、または${row.列名}の形式で取得できます。

▼ 結果セットのおもなプロパティ

プロパティ	概要
rows	結果セットに含まれる行オブジェクトの集合
columnCount	結果セットに含まれる列の数
columnNames	結果セットに含まれる列名の集合

参照

P.332「データベースへの接続を確立する」
P.340「JSTLで利用するデフォルトの接続を定義する」
P.341「データベースから取得する最大レコード数を設定する」

データベース

データベースの内容を登録／更新／削除する

● Databaseタグライブラリ

要素
`<sql:update>` 更新

書式

```
<sql:update [datasource="connection"] [sql="sqlStatements"]
  [var="count"] [scope="scope"]>
  [sqlStatements]
  [<sql:param value="value">...]
  [<sql:dateParam value="value" type="type">...]
</sql:update>
```

引数

connection：データベースへの接続（デフォルトはjavax.servlet.jsp.jstl.sql.dataSourceパラメーター）
sqlStatements：SQLステートメント
count：影響を受けた行数を格納する変数
scope：変数のスコープ（おもな設定値はP.318）
value：パラメーター値
type：日付パラメーターのデータ型（DATE | TIME | TIMESTAMP）

　`<sql:update>`要素は、結果セットを返さないSQL命令——INSERT／UPDATE／DELETEをはじめ、その他のデータ定義言語を実行します。java.sqlパッケージのStatement(PreparedStatement／CallableStatement)#exucuteUpdateメソッドに相当します。

　SQL命令（引数sqlStatements）には、パラメーターのプレイスホルダー「?」を含めることもできます。`<sql:update>`要素の本体、もしくはsql属性として指定できます。

　プレイスホルダーに引き渡すパラメーター値は、`<sql:param>`（日付型の場合は`<sql:dateParam>`）要素で表します。ただし、順番を表すindexのような属性はありません。`<sql:param>`／`<sql:dateParam>`要素の登場順が、そのままプレイスホルダー「?」の登場順に対応する点に注意してください。

サンプル sql/update.jsp

```
<%@ taglib prefix="sql" uri="http://java.sun.com/jsp/jstl/sql" %>
...中略...
<form method="POST" action="update.jsp">
<label for="isbn">ISBNコード：</label>
<input type="text" name="isbn" size="20" maxlength="17" />
<input type="submit" value="削除" />
<input type="reset" value="クリア" />
</form>
...中略...
<!--指定されたISBNコードの書籍を削除-->
<sql:setDataSource var="db" dataSource="jdbc/pocketjsp" />
<sql:update dataSource="${db}">
  DELETE FROM books WHERE isbn=?
  <sql:param value="${param.isbn}" />
</sql:update>
```

▼指定された書籍情報を削除

参照

P.332「データベースへの接続を確立する」
P.340「JSTLで利用するデフォルトの接続を定義する」

データベース

トランザクションを定義する

● Databaseタグライブラリ

要素
`<sql:transaction>` トランザクション

書式

```
<sql:transaction [datasource="connection"] [isolation="level"]>
  statements
</sql:transaction>
```

引数　　*connection*：データベースへの接続（デフォルトはjavax.servlet.jsp.
　　　　　　　　　　　jstl.sql.dataSourceパラメーター）
　　　　　level：トランザクション分離レベル
　　　　　statements：<sql:update>要素など

　<sql:transaction>要素は、トランザクション処理を表します。java.sql.Connection#setAutoCommitメソッドの機能に相当します。<sql:transaction>要素の開始タグが発生したところで、setAutoCommit(false)メソッドが実行され、配下のSQL命令がすべて成功した場合に終了タグのタイミングでConnection#commitメソッドが実行されます。1つでも例外が発生した場合には、rollbackメソッドを発行し、すべての変更を元に戻します。

　<sql:transaction>要素配下には、一連の更新処理(<sql:update>要素)を列記します。isolation属性は、トランザクションの分離レベル(あるトランザクションの実行に際してほかのトランザクションがどのように影響するか)を表します。具体的な設定値は、以下のとおりです。

▼ isolation属性の設定値

レベル	設定値	非コミット読み込み	反復不能読み込み	幻像読み込み
1	read_uncommitted	○	○	○
2	read_committed	×	○	○
3	repeatable_read	×	×	○
4	serializable	×	×	×

　分離レベルは、「非コミット読み込み」「反復不能読み込み」「幻像読み込み」といった問題が発生するかどうかによって分類できます。分離レベルが高いほど、トランザクションがほかのトランザクションの影響を受ける可能性は低くなります(＝発生する可能性がある問題が少なくなります)。

サンプル sql/transaction.jsp

```jsp
<%@ taglib prefix="c" uri="http://java.sun.com/jsp/jstl/core" %>
<%@ taglib prefix="sql" uri="http://java.sun.com/jsp/jstl/sql" %>
<sql:setDataSource var="db" dataSource="jdbc/pocketjsp" />
<!--トランザクションで発生した例外情報は変数expに格納-->
<c:catch var="exp">
  <sql:transaction dataSource="${db}">
    <sql:update>
      INSERT INTO books VALUES('978-4-7741-6410-7', 'Rails 3プログラミング', ↵
3500, '技術評論社', '2014-04-11')
    </sql:update>
    <sql:update>
      INSERT INTO books VALUES('978-4-7741-6410-7','Rails 5アプリケーション実践↵
プログラミング', 4500, '技術評論社', '2014-12-11')
    </sql:update>
  </sql:transaction>
</c:catch>
```

※主キーが重複しているためトランザクションがロールバックされ、いずれのデータも登録**されません**。

注意

データベース(テーブル)がトランザクション未対応の場合には、<sql:transaction>要素は正常に動作しません。

注意

<sql:transaction>要素配下の<sql:update>／<sql:query>要素では、dataSource属性を指定することはできません。

参考

複数のトランザクション間で起こり得る問題には、以下のようなものがあります。分離レベルが高いと、それだけ発生する問題は少なくなりますが、その分、同時実行性は低下します。

▼ トランザクションで発生する問題

問題の種類	概要
非コミット読み込み (Dirty Read)	未コミットのデータをほかのトランザクションが読み込めてしまう
反復不能読み込み (Non-Repeatable Read)	あるトランザクションが同一のレコードを複数回読み込んだとき、ほかのトランザクションの更新によって値が変化してしまう
幻像読み込み (Phantom Read)	あるトランザクションが同一のレコードを複数回読み込む間に、ほかのトランザクションによる挿入／削除が行われることで、初回読み取りでは見えなかったレコードが現れたり、逆に、初回読み取りでは見えていたデータが見えなくなってしまう

参照

P.331「例外を処理する」
P.334「データベースから結果セットを取得する」
P.336「データベースの内容を登録／更新／削除する」

データベース

JSTL で利用するデフォルトの接続を定義する

▶ Database タグライブラリ

パラメーター
`javax.servlet.jsp.jstl.sql.dataSource`　　　　　　　　　　　　　接続情報

初期化パラメーターjavax.servlet.jsp.jstl.sql.dataSourceはアプリケーションデフォルトの接続情報を表します。このパラメーターを定義しておくことで、<sql:query>／<sql:update>などの要素でもこの情報を使って接続するので、いちいちdatasource属性を指定する必要はありません。

パラメーター値は、「接続文字列,JDBCドライバー,ユーザー名,パスワード」のように、カンマ区切りテキストの形式で表します。

サンプル　web.xml

```xml
<context-param>
  <param-name>javax.servlet.jsp.jstl.sql.dataSource</param-name>
  <param-value>jdbc:mysql://localhost/pocketjsp?useUnicode=true&amp;
characterEncoding=UTF-8,org.gjt.mm.mysql.Driver,jspusr,jsppass</param-value>
</context-param>
```

参考
データベース接続文字列に関する詳細は、P.396も合わせて参照してください。

参照
P.267「初期化パラメーターを設定する」

データベース

データベースから取得する最大レコード数を設定する

> Databaseタグライブラリ

パラメーター
javax.servlet.jsp.jstl.sql.maxRows　　　　　　　　　　　　　　　　最大行

初期化パラメーターjavax.servlet.jsp.jstl.sql.maxRowsは<sql:query>要素で取得できる最大のレコード件数を表します。このパラメーターを定義しておくことで、<sql:query>要素で個別にmaxRows属性を指定しなくとも、指定の件数以降のデータを切り捨てます。

サンプル web.xml

```xml
<context-param>
  <param-name>javax.servlet.jsp.jstl.sql.maxRows</param-name>
  <param-value>100</param-value>
</context-param>
```

参照
P.267「初期化パラメーターを設定する」
P.334「データベースから結果セットを取得する」

国際化

リクエスト情報の文字コードを設定する

● I18nタグライブラリ

要素

`<fmt:requestEncoding>` リクエストの文字コード

書式

`<fmt:requestEncoding [value="encoding"] />`

引数

encoding：文字コード名（UTF-8、Windows-31J、EUC-JPなど）

<fmt:requestEncoding>要素は、リクエストデータで使用している文字コードを宣言します。HttpServletRequest#setCharacterEncodingメソッドの機能に相当します。

リクエストデータにマルチバイト文字を含む場合には、<fmt:requestEncoding>要素の指定は必須です。さもないと、文字化けの原因となる場合があるので注意してください。

サンプル fmt/encoding.jsp

```
<%@ taglib prefix="fmt" uri="http://java.sun.com/jsp/jstl/fmt"%>
<fmt:requestEncoding value="UTF-8" />
...中略...
<form method="POST" action="encoding.jsp">
<label for="nam">名前：</label>
<input type="text" id="nam" name="nam" size="10" />
<input type="submit" value="送信" />
</form>
こんにちは、${param.nam}さん！
```

注意

特別な値として、「JISAutoDetect」（自動判定）を指定することもできます。ただし、リクエストデータによっては文字コードを正しく判定できない場合もあります。原則として、具体的な文字コードを明示的に宣言するようにしてください。

参照

P.45「リクエストデータの文字エンコーディングを設定する」

国際化

ロケールを設定する

> I18nタグライブラリ

要素
`<fmt:setLocale>` ロケールの設定

書式
`<fmt:setLocale value="`language`" [variant="`variant`"] [scope="`scope`"] />`

引数 language：言語コード　　variant：バリアントコード
　　　　scope：ロケールのスコープ（おもな設定値はP.344）

<fmt:setLocale>要素は、デフォルトのロケール（地域）情報を設定します。I18nタグライブラリの挙動（通貨／日付の表記、リソースの選択）は、すべてこのロケール設定によって決まります。java.util.Localeクラスに相当します。

<fmt:setLocale>要素では国コードを独立して宣言する属性が存在しません。国コードを指定したい場合には、value属性で「ja_JP」のように「_」で合わせて設定しなければなりません。この場合はjaが日本語（言語）、JPが日本（国）を表します。利用できるおもな言語／国コードについては、P.344の表を参照してください。

バリアントコード（variant属性）には、言語／国コードでは判別できない地域情報を指定します。たとえば、ユーロ（EURO）などです。

サンプル fmt/setLocale.jsp

```
<%@ taglib prefix="fmt" uri="http://java.sun.com/jsp/jstl/fmt"%>
...中略...
<fmt:setLocale value="en_US" scope="session" />
<fmt:formatNumber value="123456" type="CURRENCY" /><br />  → $123,456.00／￥123,456

<jsp:useBean id="today" class="java.util.Date" />          Sep 6, 2014／2014/09/08
<fmt:formatDate value="${today}" type="DATE" dateStyle="MEDIUM" />
```
※太字の部分が、それぞれen_US／ja_JPの場合の結果を表しています。

参照
P.348「数値データを決められたパターンで整形する」
P.354「日付データを決められたパターンで整形する」
P.361「リソースの共通の接頭辞を宣言する」

国際化

デフォルトのロケールを宣言する

● **I18nタグライブラリ**

パラメーター
`javax.servlet.jsp.jstl.fmt.locale` 　　　　　　　　　　デフォルトロケール

　初期化パラメーターjavax.servlet.jsp.jstl.fmt.localeは、I18nタグライブラリで利用するデフォルトのロケール(地域情報)を表します。このパラメーターを宣言しておくことで、個別の.jspファイルで<fmt:setLocale>要素やparselocale属性などを明示しなくても済むようになります。

　利用できるおもな言語／国コードには、以下のようなものがあります。

▼ おもな言語コード

コード	概要
ja	日本語
en	英語
fr	フランス語
de	ドイツ語
zh	中国語
es	スペイン語
it	イタリア語
ru	ロシア語
ko	韓国語
ar	アラビア語

▼ おもな国コード

コード	概要
JP	日本
US	アメリカ合衆国
BK	英国
AU	オーストラリア
FR	フランス
DE	ドイツ連邦共和国
CN	中華人民共和国
ES	スペイン
IT	イタリア共和国
RU	ロシア連邦
KR	大韓民国

サンプル　web.xml

```xml
<context-param>
  <param-name>javax.servlet.jsp.jstl.fmt.locale</param-name>
  <param-value>ja_JP</param-value>
</context-param>
```

注意
「ja」(国コードなし)の場合には、通貨単位などが文字化けする原因になります。

参照
P.348「数値データを決められたパターンで整形する」

国際化

タイムゾーンを設定する

> I18nタグライブラリ

要素
`<fmt:setTimeZone>` TimeZoneオブジェクト

書式
`<fmt:setTimeZone value="timezone" [var="variable"] [scope="scope"] />`

引数 timezone：タイムゾーン（デフォルトは既定のタイムゾーン）
variable：TimeZoneオブジェクトを格納する変数
scope：変数のスコープ（P.318はおもな設定値）

<fmt:setTimeZone>要素は、タイムゾーン（TimeZoneオブジェクト）を生成します。生成されたTimeZoneオブジェクトは、<fmt:formatDate>／<fmt:parseDate>などのI18nタグライブラリから引用が可能です。var属性が省略された場合、以降のページでそのタイムゾーンが有効になります。

指定可能なおもなタイムゾーンを、以下に示します。

▼ おもなタイムゾーン

タイムゾーン	概要	タイムゾーン	概要
PST	太平洋標準時	JST	日本標準時
US/Pacific	太平洋標準時	Pacific/Guam	グアム標準時
GMT	グリニッジ標準時	NST	ニュージーランド標準時
Asia/Tokyo	日本標準時		

サンプル fmt/setTimezone.jsp

```
<%@ taglib prefix="c"   uri="http://java.sun.com/jsp/jstl/core" %>
<%@ taglib prefix="fmt" uri="http://java.sun.com/jsp/jstl/fmt"%>
...中略...
<jsp:useBean id="today" class="java.util.Date" />
<fmt:setTimeZone var="tz" value="US/Pacific" />
<fmt:formatDate value="${today}" type="BOTH"
  var="result" timeZone="${tz}" />
<c:out value="${result}" />  ━━━▶ 2014/09/23 23:50:40

<fmt:setTimeZone value="JST" />
<fmt:formatDate value="${today}" type="BOTH" />  ━━━▶ 2014/09/24 15:50:40
```
※結果は実行都度に異なります。

参照
P.346「配下で有効なタイムゾーンを設定する」

国際化

配下で有効なタイムゾーンを設定する

● I18nタグライブラリ

要素
`<fmt:timeZone>` タイムゾーン

書式
`<fmt:timeZone value="timezone">...</fmt:timeZone>`

引数
timezone：**タイムゾーン（デフォルトは既定のタイムゾーン）**

<fmt:timeZone>要素は、デフォルトのタイムゾーンを指定します。配下に<fmt:formatDate>／<fmt:parseDate>のようなタイムゾーン依存の要素を含めることで、個々の要素におけるタイムゾーンの指定を省略できます。

利用可能なタイムゾーンについては、P.345も合わせて参照してください。

サンプル fmt/timezone.jsp

```jsp
<%@ taglib prefix="c"   uri="http://java.sun.com/jsp/jstl/core" %>
<%@ taglib prefix="fmt" uri="http://java.sun.com/jsp/jstl/fmt"%>
...中略...
<jsp:useBean id="today" class="java.util.Date" />
<fmt:timeZone value="US/Pacific">
  <fmt:formatDate value="${today}" type="BOTH" var="result" />
  <c:out value="${result}" />
</fmt:timeZone>                              ▶ 2014/10/08 17:08:59
<fmt:timeZone value="JST">
  <fmt:formatDate value="${today}" type="BOTH" />
</fmt:timeZone>                              ▶ 2014/10/09 9:08:59
```

※結果は実行都度に異なります。

参照
P.345「タイムゾーンを設定する」

国際化

デフォルトのタイムゾーンを宣言する

> I18nタグライブラリ

パラメーター

`javax.servlet.jsp.jstl.fmt.timeZone`　　　　　　　　デフォルトのタイムゾーン

　初期化パラメーターjavax.servlet.jsp.jstl.fmt.timeZoneは、I18nタグライブラリで利用するデフォルトのタイムゾーンを表します。このパラメーターを宣言しておくことで、個別の.jspファイルで<fmt:timeZone>/<fmt:setTimeZone>要素やtimeZone属性などを明示しなくても済むようになります。

サンプル web.xml

```
<context-param>
  <param-name>javax.servlet.jsp.jstl.fmt.timeZone</param-name>
  <param-value>JST</param-value>
</context-param>
```

参照

P.345「タイムゾーンを設定する」
P.346「配下で有効なタイムゾーンを設定する」
P.354「日付データを決められたパターンで整形する」
P.356「文字列を日付時刻値に変換する」

国際化

数値データを決められたパターンで整形する

● I18n タグライブラリ

要素
`<fmt:formatNumber>` 数値の整形

書式

```
<fmt:formatNumber [value="number"] [type="type"]
  [groupingUsed="grouping"]
  [currencyCode="currency"] [currencySymbol="symbol"]
  [maxIntegerDigits="max_digit"] [minIntegerDigits="min_digit"]
  [maxFractionDigits="max_fraction"] [minFractionDigits="min_fraction"]
  [var="variable"] [scope="scope"]>
  [number]
</fmt:formatNumber>
```

引数
number：整形対象となる数値
type：数値の型（NUMBER：数値｜CURRENCY：通貨｜PERCENT：パーセント）
currency：通貨コード（JPY：日本円｜USD：アメリカドル｜EUR：ユーロ など）
symbol：通貨記号（￥、＄など）
grouping：桁区切り記号を使用するか
max_digit：整数部の最大桁数　　*min_digit*：整数部の最小桁数
max_fraction：小数部の最大桁数　　*min_fraction*：小数部の最小桁数
variable：整形の結果を格納する変数
scope：変数のスコープ（設定値はP.318を参照）

<fmt:formatNumber>要素は、数値データを指定された書式で整形します。または、var属性を指定することで、整形結果を変数にセットします。java.text.DecimalFormat#formatメソッドの機能に相当します。

整形対象となる数値データは、value属性のほか、<fmt:formatNumber>要素配下のテキストとして表すことも可能です。

サンプル fmt/formatNumber.jsp

```
<%@ taglib prefix="c" uri="http://java.sun.com/jsp/jstl/core" %>
<%@ taglib prefix="fmt" uri="http://java.sun.com/jsp/jstl/fmt"%>
...中略...
<c:set var="number" value="1234.5678" />
${number} ->
<fmt:formatNumber value="${number}" type="number" groupingUsed="true"
  minIntegerDigits="4" maxFractionDigits="2" var="result" />
<c:out value="${result}" /><br />                          ──▶ 1234.5678 -> 1,234.57

${number} ->                                               1234.5678 -> 01,234.57
<fmt:formatNumber type="number" groupingUsed="true"
  minIntegerDigits="5" maxFractionDigits="2">${number}</fmt:formatNumber><br />

<c:set var="per" value="0.1234" />
                                                           0.1234 -> 12.3%
${per} ->
<fmt:formatNumber value="${per}" type="PERCENT" maxFractionDigits="1" /><br />

<c:set var="cur">1234.56</c:set>                           1234.56 -> $1,234.56
${cur} ->
<fmt:formatNumber value="${cur}" type="CURRENCY" currencySymbol="$" /><br />
```

注意

currencyCode／CurrencySymbol属性は、type属性がCURRENCYの場合にのみ有効です。

参照

P.350「数値データをユーザー定義の書式で整形する」

国際化

数値データをユーザー定義の書式で整形する

● I18nタグライブラリ

要素
`<fmt:formatNumber>` 数値の整形（パターン指定）

書式
```
<fmt:formatNumber [value="number"] pattern="format"
  [var="variable"] [scope="scope"]>
  [number]
</fmt:formatNumber>
```

引数
number：整形の対象となる数値　　*format*：書式文字列
variable：整形の結果を格納する変数
scope：変数のスコープ（設定値はP.318を参照）

<fmt:formatNumber>要素では、前項で触れたような属性を利用するほか、pattern属性によって任意の書式で数値を整形することもできます。pattern属性で利用できる書式指定子には、以下のようなものがあります。

▼ pattern属性で利用できる書式指定子

指定子	概要
0	数値（ゼロでも表示。桁合わせ）
#	数値（ゼロの場合、非表示）
.	数値／通貨の桁区切り文字
-	マイナス記号
,	グループ区切り文字
E	科学表記法の仮数と指数の区切り文字
;	正負のサブパターンの区切り
%	パーセント（1/100）
¥u2030	パーミル（1/1000）
¥u00A4	通貨符号
'	特殊文字を引用符で囲む場合に使用（たとえば、"'#'#"の場合、123は"#123"）

サンプル fmt/formatNumber2.jsp

```jsp
<%@ taglib prefix="c" uri="http://java.sun.com/jsp/jstl/core" %>
<%@ taglib prefix="fmt" uri="http://java.sun.com/jsp/jstl/fmt"%>
...中略...
<c:set var="number1" value="1234.5678" />
<c:set var="number2" value="-1234.5678" />

${number1} ->
<fmt:formatNumber value="${number1}" pattern="##0,000.00" /><br />

${number2} ->
<fmt:formatNumber  pattern="000,000.00">${number2}</fmt:formatNumber><br />

${number1} ->
<fmt:formatNumber value="${number1}" pattern="△0,000.00;▲0,000.00" /><br />

${number2} ->
<fmt:formatNumber value="${number2}" pattern="△0,000.00;▲0,000.00" /><br />

<c:set var="per">0.1234</c:set>
${per} ->
<fmt:formatNumber  pattern="##.000%">${per}</fmt:formatNumber><br />
```

> 1234.5678 -> 1,234.57
> 1234.5678 -> -001,234.57
> 1234.5678 -> △1,234.57
> -1234.5678 -> ▲1,234.57
> 0.1234 -> 12.340%

注意

通常はまず、type／currencyCode／currencySymbol／maxIntegerDigits／minIntegerDigits／maxFractionDigits／minFractionDigits属性の組み合わせで賄うことを考えるべきです。さもないと、ロケールに応じて出力を動的に変更することができなくなってしまうからです。

参照

P.348「数値データを決められたパターンで整形する」

国際化

文字列を数値に変換する

● I18nタグライブラリ

要素
`<fmt:parseNumber>` 数値文字列の解析

書式

```
<fmt:parseNumber [value="number"] [type="type"] [parseLocale="locale"]
  [integerOnly="integer"] [pattern="pattern"]
  [var="variable"] [scope="scope"]>
  [number]
</fmt:parseNumber>
```

引数
- *number*：解析の対象となる文字列
- *type*：数値の型（NUMBER｜CURRENCY｜PERCENT。デフォルトはNUMBER）
- *locale*：ロケール（おもな設定値はP.344）
- *integer*：整数部だけを解析するか（デフォルトはfalse）
- *pattern*：書式文字列（書式指定子はP.350）
- *variable*：整形結果を格納する変数
- *scope*：変数のスコープ（おもな設定値はP.318）

　<fmt:parseNumber>要素は、文字列を数値として解析し、その結果を返します。エンドユーザーから入力された文字列を数値として処理する際などに利用します。

　解析すべき文字列のパターンは、まずtype／parseLocale／integerOnly属性によって特定するのが一般的です。integerOnly属性にtrueを指定した場合、数値の整数部だけを解析の対象とします。小数点以下の処理が不要な場合などには、この属性を利用すると便利です。

　これらの属性だけで表しきれないものについては、pattern属性を用いて細かい書式を指定してください。

サンプル fmt/parseNumber.jsp

```
<%@ taglib prefix="c" uri="http://java.sun.com/jsp/jstl/core" %>
<%@ taglib prefix="fmt" uri="http://java.sun.com/jsp/jstl/fmt"%>
...中略...
<c:set var="val" value="$ 1,234.56" />
${val} ->                                                          $ 1,234.56 -> $ 1234.6
<fmt:parseNumber value="${val}" var="result" pattern="$ #,000.00" />
<fmt:formatNumber value="${result}" type="CURRENCY" pattern="$ ##000.0" /><br />

<c:set var="val2" value="34.5%" />
${val2} ->
<fmt:parseNumber value="${val2}" type="PERCENT" var="result2" />
${result2}<br />                                                    34.5% -> 0.345

<c:set var="val3" value="45.6" />
${val3} ->
<fmt:parseNumber value="${val3}" type="NUMBER" integerOnly="true" />    45.6 -> 45
```

参考

解析対象の数値は、value属性ではなく、<fmt:parseNumber>要素配下のテキストとして指定してもかまいません。

参照

P.348「数値データを決められたパターンで整形する」
P.350「数値データをユーザー定義の書式で整形する」

国際化

日付データを決められたパターンで整形する

▶ I18nタグライブラリ

要素
`<fmt:formatDate>` 　　　　　　　　　　　　　　　　　　　　日付時刻値の整形

書式

```
<fmt:formatDate value="datetime" [type="type"]
  [dateStyle="dstyle"] [timeStyle="tstyle"] [timeZone="timezone"]
  [var="variable"] [scope="scope"] />
```

引数
- *datetime*：整形対象となる日付時刻値
- *type*：日付時刻の型（DATE | TIME | BOTH）
- *dstyle*：日付スタイル（FULL | LONG | MEDIUM | SHORT | DEFAULT）
- *tstyle*：時刻スタイル（FULL | LONG | MEDIUM | SHORT | DEFAULT）
- *timezone*：タイムゾーン（JSTなど。デフォルトは既定のタイムゾーン）
- *variable*：整形の結果を格納する変数
- *scope*：変数のスコープ（設定値はP.318を参照）

`<fmt:formatDate>`要素は、日付時刻値を指定された書式で整形します。または、var属性を指定することで、整形結果を変数にセットします。java.text.SimpleDateFormat#formatメソッドの機能に相当します。

サンプル　fmt/formatDate.jsp

```
<%@ taglib prefix="c" uri="http://java.sun.com/jsp/jstl/core" %>
<%@ taglib prefix="fmt" uri="http://java.sun.com/jsp/jstl/fmt"%>
...中略...
<jsp:useBean id="today" class="java.util.Date" />
<fmt:formatDate value="${today}" type="BOTH"
  dateStyle="LONG" timeStyle="LONG" var="result" />
<c:out value="${result}" /><br />          ━━━▶ 2014/11/19 9:30:42 JST

<fmt:formatDate value="${today}" type="BOTH"
  dateStyle="SHORT" timeStyle="SHORT" />    ━━━━━━━━▶ 14/11/19 9:30
```

参照
P.355「日付時刻値をユーザー定義の書式で整形する」

国際化

日付時刻値をユーザー定義の書式で整形する

▶ I18nタグライブラリ

要素
`<fmt:formatDate>` 日付時刻値の整形（パターン指定）

書式
`<fmt:formatDate value="datetime" pattern="pattern"`
`[var="variable"] [scope="scope"] />`

引数
datetime：整形対象となる日付時刻値　　pattern：書式文字列
variable：整形の結果を格納する変数
scope：変数のスコープ（設定値はP.318を参照）

    `<fmt:formatDate>`要素では、前項で触れたような属性を利用するほか、pattern属性によって任意の書式で日付時刻値を整形することもできます。pattern属性で利用できる書式指定子には、以下のようなものがあります。

▼ pattern属性で利用できる書式指定子

指定子	概要	結果（例）
G	紀元	BC
y	年	2015; 2015
M	月	March; Mar; 03
w	年における週	15
W	月における週	3
D	年における日	258
d	月における日	15
F	月における曜日	2
E	曜日	Thursday; Thu
a	午前／午後	AM

指定子	概要	結果（例）
H	時（0〜23）	15
k	時（1〜24）	11
K	時（0〜11）	3
h	時（1〜12）	11
m	分	25
s	秒	45
S	ミリ秒	753
z	タイムゾーン	Pacific Standard Time; PST; GMT- 8:00
Z	タイムゾーン	-800

サンプル　fmt/formatDate2.jsp

```
<%@ taglib prefix="fmt" uri="http://java.sun.com/jsp/jstl/fmt"%>
...中略...
<jsp:useBean id="today" class="java.util.Date" />
<fmt:formatDate value="${today}" pattern="yyyy年MM月dd日 HH時mm分ss秒" />
```

`2014年09月08日 15時02分55秒`

注意
    通常はまず、type／dateStyle／timeStyle／timeZone属性の組み合わせで賄うことを考えるべきです。さもないと、ロケールに応じて出力を動的に変更することができなくなってしまうからです。

国際化

文字列を日付時刻値に変換する

> I18n タグライブラリ

要素
`<fmt:parseDate>` 　　　　　　　　　　　　　　　　　　　　　日付時刻文字列の解析

書式

```
<fmt:parseDate [value="datetime"] [type="type"]
  [dateStyle="dstyle"] [timeStyle="tstyle"] [pattern="pattern"]
  [parseLocale="locale"] [timeZone="timezone"]
  [var="variable"] [scope="scope"]>
  [datetime]
</fmt:parseDate>
```

引数
datetime：解析対象の文字列
type：日付時刻の型（DATE | TIME | BOTH）
dstyle：日付スタイル（FULL | LONG | MEDIUM | SHORT | DEFAULT）
tstyle：時刻スタイル（FULL | LONG | MEDIUM | SHORT | DEFAULT）
pattern：書式文字列（書式指定子はP.355）
locale：ロケール（おもな設定値はP.344）
timezone：タイムゾーン（JSTなど。デフォルトは既定のタイムゾーン）
variable：整形の結果を格納する変数
scope：変数のスコープ（設定値はP.318を参照）

<fmt:parseDate>要素は、文字列を日付時刻値として解析し、その結果を返します。エンドユーザーから入力された文字列を日付時刻値として処理する際などに利用します。

解析すべき文字列のパターンは、まず type ／ dateStyle ／ timeStyle ／ parseLocale ／ timeZone 属性によって特定するのが一般的です。これらの属性だけで表しきれないものについては、pattern 属性を用いて細かい書式を指定してください。

サンプル　fmt/parseDate.jsp

```
<%@ taglib prefix="c" uri="http://java.sun.com/jsp/jstl/core" %>
<%@ taglib prefix="fmt" uri="http://java.sun.com/jsp/jstl/fmt"%>
...中略...
<c:set var="update" value="2014/12/31" />
<fmt:parseDate value="${update}" type="date"
  dateStyle="SHORT" timeZone="JST" var="result" />
${result}<br />                                          → Wed Dec 31 00:00:00 JST 2014

<c:set var="update2" value="2015年08月05日" />            → Wed Aug 05 00:00:00 JST 2015
<fmt:parseDate pattern="yyyy年MM月dd日" value="${update2}" /> 
```

国際化

ロケール設定に応じて
プロパティファイルを読み込む

> I18n タグライブラリ

要素

`<fmt:setBundle>` ResourceBundleの生成

書式

`<fmt:setBundle basename="`*base*`" [var="`*bundle*`"] [scope="`*scope*`"] />`

引数 *base*：プロパティファイルのベース名
bundle：ResourceBundleオブジェクト
scope：変数のスコープ（おもな設定値はP.318）

アプリケーションを国際化対応する際には、ロケール（言語、国）に依存する情報は、プロパティファイルとして別ファイルに分離するのが基本です。プロパティファイルでは、「プロパティ名 = 値」の形式で文字列情報を表します。また、/WEB-INF/classes フォルダーの配下に、以下の命名規則で保存してください。

ベース名[_言語コード[_国コード[_地域コード]]].properties

ベース名とはプロパティファイルを識別するための名前なので、同一のプロパティを定義したプロパティファイルでは共通していなければなりません。以下のサンプルであればmessageがそれです。

言語／国／地域コードが、ロケールに応じてプロパティファイルを識別するための情報です。以下のサンプルであれば、ja、de などのキーがそれです。

プロパティファイルを読み込み、ResourceBundle オブジェクトを生成するのが、<fmt:setBundle>要素の役割です。どのプロパティファイルが読み込まれるかは、現在のロケール設定（<fmt:setLocale>要素）に依存します。たとえばbasename属性が"message"で、現在のロケールが"ja"である場合、message_ja.properties が呼び出されます。

プロパティファイルから個々のプロパティを取得するには、<fmt:message>要素を利用します。

サンプル fmt/message.jsp

```
<%@ taglib prefix="fmt" uri="http://java.sun.com/jsp/jstl/fmt"%>
<fmt:setLocale value="${header['accept-language']}" />
<fmt:setBundle basename="message" var="message"/>
...中略...
<fmt:message key="msg.greeting" bundle="${message}" /><br />
<jsp:useBean id="today" class="java.util.Date" />
<fmt:message key="msg.now" bundle="${message}">
```

```
  <fmt:param>
    <fmt:formatDate value="${today}" type="BOTH"
      dateStyle="MEDIUM" timeStyle="MEDIUM" />
  </fmt:param>
</fmt:message><br />
<fmt:message key="msg.thanks" bundle="${message}" />
```

サンプル message_ja.properties.utf8

```
msg.greeting = こんにちは
msg.now = 現在時刻は {0} です
msg.thanks = ありがとう
```

サンプル message_de.properties

```
msg.greeting = Guten tag
msg.now = Es ist jetzt {0}
msg.thanks = Danke
```

サンプル message.properties

```
msg.greeting = Hello
msg.now = It is {0} Now
msg.thanks = Thank you
```

注意

プロパティファイルにマルチバイト文字が含まれる場合、native2asciiというコマンドを使用してあらかじめプロパティファイル全体をUnicodeエスケープしておく必要があります。native2asciiコマンドは、コマンドプロンプトから以下のように使用します。

```
> native2ascii -encoding UTF-8 message_ja.properties.utf8 message_ja.properties
```

これによって、message_ja.properties.utf8のエンコード結果がmessage_ja.propertiesに保存されます。Tomcatなどに配置する必要があるのは、エンコード済みのmessage_ja.propertiesのみです。

参考

該当するロケールに該当するプロパティファイルが存在しない場合、デフォルトのプロパティファイル(ロケールの指定がない、たとえばmessage.properties)が適用されます。デフォルトのプロパティファイルは必ず用意しておくべきです。

参照

P.359「ロケール設定に応じてメッセージを切り替える」

国際化

ロケール設定に応じてメッセージを切り替える

▶ I18nタグライブラリ

要素

`<fmt:message>` メッセージの取得

書式

```
<fmt:message [key="key"] [bundle="bundle"] [var="variable"]
  [scope="scope"]>
  [key]
  [<fmt:param value="value" />...]
</fmt:message>
```

引数 　bundle：ResourceBundleオブジェクト
　　　　　scope：変数のスコープ（おもな設定値はP.318）
　　　　　key：メッセージキー　　variable：取得したメッセージを格納する変数
　　　　　value：パラメーター値

　<fmt:message>要素は、指定されたプロパティ名をキーに、プロパティファイル（ResourceBundleオブジェクト）のプロパティ値を出力、もしくは変数に格納します。プロパティキーは、key属性、または<fmt:message>要素の本体として指定することができます。指定されたプロパティ名が存在しない場合には、「???(プロパティ名)???」が出力されます。

　<fmt:param>要素を使用することで、パラメーターを与えることも可能です。たとえば、プロパティの値に「{0}は必須入力です。」のようにしておくことで、<fmt:param>要素の値{0}の部分にセットされます。

　複数のパラメーターを埋め込みたい場合には、{1}、{2}と続けることができます。埋め込み順は、<fmt:param>要素の記述順によって決まります（順番を表すindexのような属性はありません）。

サンプル fmt/message.jsp

```
<%@ taglib prefix="fmt" uri="http://java.sun.com/jsp/jstl/fmt"%>
<fmt:setLocale value="${header['accept-language']}" />
<fmt:setBundle basename="message" var="message"/>
...中略...
<fmt:message key="msg.greeting" bundle="${message}" /><br />
<jsp:useBean id="today" class="java.util.Date" />
<fmt:message key="msg.now" bundle="${message}">
  <fmt:param>
    <fmt:formatDate value="${today}" type="BOTH"
      dateStyle="MEDIUM" timeStyle="MEDIUM" />
  </fmt:param>
</fmt:message><br />
<fmt:message key="msg.thanks" bundle="${message}" />
```
※プロパティファイルの設定は、P.357を参照してください。

▼ 言語設定が「ja」(左)、「de」(中)、それ以外(右)の場合

参考

<fmt:param>要素では、「<fmt:param>...</fmt:param>」のように、パラメーター値を要素配下のテキストとして記述することもできます。

参照

P.357「ロケール設定に応じてプロパティファイルを読み込む」

国際化

リソースの共通の接頭辞を宣言する

▶ I18nタグライブラリ

要素
`<fmt:bundle>`   ResourceBundleの生成

書式
```
<fmt:bundle basename="base" [prefix="prefix"]>
  statements
</fmt:bundle>
```

引数   *base*：プロパティファイルのベース名
    prefix：プロパティ名のデフォルトの接頭辞
    statements：`<fmt:message>`要素を含むコンテンツ

`<fmt:bundle>`要素は、指定されたベース名を持つプロパティファイル（.propertiesファイル）を読み込み、配下の`<fmt:message>`要素に対して適用します。

prefix属性を指定することで、`<fmt:message>`要素のkey属性における共通の接頭辞を設定することもできます。プロパティファイルの量が増えてきた場合に、接頭辞でグループ化しておくことで、プロパティを整理しやすくなります。

サンプル　fmt/bundle.jsp
```
<%@ taglib prefix="fmt" uri="http://java.sun.com/jsp/jstl/fmt"%>
<fmt:setLocale value="${header['accept-language']}" />
...中略...
<fmt:bundle basename="message" prefix="msg.">
  <fmt:message key="greeting" /><br />                    → こんにちは
  <jsp:useBean id="today" class="java.util.Date" />
  <fmt:message key="now">
    <fmt:param>
      <fmt:formatDate value="${today}" type="BOTH"
        dateStyle="MEDIUM" timeStyle="MEDIUM" />
    </fmt:param>
  </fmt:message><br />                                    → 現在時刻は 2014/09/25 17:30:38 です
  <fmt:message key="thanks" />                            → ありがとう
</fmt:bundle>
```
※プロパティファイルの設定は、P.357を参照してください。

参考
取得したプロパティファイルを、いったんResourceBundleオブジェクトとして変数に格納するには、`<fmt:setBundle>`要素を利用してください。

国際化

デフォルトのプロパティファイルを宣言する

> I18nタグライブラリ

パラメーター
```
javax.servlet.jsp.jstl.fmt.localizationContext
```

初期化パラメーターjavax.servlet.jsp.jstl.fmt.localizationContextは、<fmt:message>要素で利用するデフォルトのプロパティファイルを表します。このパラメーターを宣言しておくことで、個別の.jspファイルで<fmt:setBundle>／<fmt:bundle>要素を明示しなくても済むようになります。

サンプル web.xml
```xml
<context-param>
  <param-name>javax.servlet.jsp.jstl.fmt.localizationContext</param-name>
  <param-value>message</param-value>
</context-param>
```

参照
P.357「ロケール設定に応じてプロパティファイルを読み込む」
P.359「ロケール設定に応じてメッセージを切り替える」
P.361「リソースの共通の接頭辞を宣言する」

国際化

指定されたロケールが存在しない場合の代替ロケールを宣言する

▶ **I18nタグライブラリ**

パラメーター
`javax.servlet.jsp.jstl.fmt.fallbackLocale`　　　　　　　　　　代替ロケール

初期化パラメーターjavax.servlet.jsp.jstl.fmt.fallbackLocaleは、プロパティファイルに対応するロケール(言語、国)が存在しない場合に採用する代替ロケールを宣言します。プロパティファイルは、<fmt:setBundle>／<fmt:bundle>要素で指定できます。

サンプル web.xml

```xml
<context-param>
  <param-name>javax.servlet.jsp.jstl.fmt.fallbackLocale</param-name>
  <param-value>ja</param-value>
</context-param>
```

注意
デフォルトのプロパティファイル(＝言語／国コードのないプロパティファイル)が存在する場合も、本パラメーターによる代替ロケールが優先されます。

参照
P.357「ロケール設定に応じてプロパティファイルを読み込む」
P.359「ロケール設定に応じてメッセージを切り替える」
P.361「リソースの共通の接頭辞を宣言する」

XML 文書を解析する

● Xml タグライブラリ

要素
`<x:parse>` 解析

書式

```
<x:parse [doc="xml"] [systemId="uri"] [filter="filter"]
  var="document" [scope="scope"]>
  [xml]
<x:parse>
```

引数
xml：解析すべきXML文書（文字列、またはReaderオブジェクト）
uri：XML文書のURI
filter：文書をフィルターするXMLFilterオブジェクト
document：解析済みのXML文書を格納する変数
scope：変数のスコープ（おもな設定値はP.318）

<x:parse>要素は、指定されたXML文書を解析します。解析対象のXML文書はdoc属性、もしくは<x:parse>要素の配下のテキストとして指定します。一般的には、<c:import>要素でインポートされたドキュメントをdoc属性に指定します。

解析済みのXML文書は、var属性で指定された変数に格納できます。

サンプル xml/parse.jsp

```
<%@ taglib prefix="c" uri="http://java.sun.com/jsp/jstl/core" %>
<%@ taglib prefix="x" uri="http://java.sun.com/jsp/jstl/xml" %>
<!--.xmlファイルをインポート＆解析-->
<c:import var="xml" url="/WEB-INF/data/books.xml" charEncoding="UTF-8" />
<x:parse var="doc" doc="${xml}" />
...中略...
<table class="table">
<tr>
  <th>ISBN</th><th>タイトル</th><th>価格</th><th>出版社</th><th>刊行日</th>
</tr>
<!--すべてのbook要素を順番にテーブル行として整形-->
<x:forEach select="$doc/books/book">
<tr>
  <td><x:out select="@isbn" /></td>
  <td>
    <a href="http://www.wings.msn.to/index.php/-/A-03/<x:out select="@isbn" 
/>/"><x:out select="title" /></a>
  </td>
```

```
    <td><x:out select="publish" /></td>
    <td><x:out select="price" /></td>
    <td><x:out select="published" /></td>
  </tr>
</x:forEach>
</table>
```

サンプル books.xml

```
<?xml version="1.0" encoding="UTF-8" standalone="yes" ?>
<books>
  <book isbn="978-4-7981-3546-5">
    <title>JavaScript逆引きレシピ</title>
    <publish>翔泳社</publish>
    <price>3000</price>
    <published>2014-08-28</published>
  </book>
  ...中略...
</books>
```

▼ books.xmlをテーブルとして整形した結果

注意

doc属性の代わりにxml属性もありますが、JSTL 1.1以降では非推奨です。XMLで始まるノード名は、XML 1.0の規格では認められていないためです。JSTL 1.1以降では、doc属性を利用するようにしてください。

参照

P.327「外部ファイルをインポートする」

XML 文書からノード値を取得する

● Xml タグライブラリ

要素
`<x:out>`	表示
`<x:set>`	変数にセット

書式

```
<x:out select="xpath" [escapeXml="escape"] />
<x:set select="xpath" var="variable" [scope="scope"] />
```

引数　*xpath*：ノードを抽出するためのXPath式
escape：テキストをエスケープするか（true／false）
variable：取得したノード値を格納するための変数
scope：変数のスコープ（おもな設定値はP.318）

<x:out>要素は、指定されたXPath式にマッチしたノード値を取得します。encodeXml属性をtrueに設定した場合、「<」や「>」などの予約文字を「<」や「>」にエスケープします。

XPath式とは、XMLツリー上にある特定のノードを指定するための言語を言います。たとえば「/books/book/@isbn」であれば、「<books>要素配下の<book>要素のisbn属性」を指します（属性値は属性名の頭に「@」を付与します）。

取得したノード群を出力せずに変数にセットしたいという場合には、<x:set>要素を使用します。ほかの要素のように、<x:out>要素にはvar属性はありません。

サンプル　xml/out.jsp

```
<%@ taglib prefix="c" uri="http://java.sun.com/jsp/jstl/core" %>
<%@ taglib prefix="x" uri="http://java.sun.com/jsp/jstl/xml" %>
<c:import var="xml" url="/WEB-INF/data/books.xml" charEncoding="UTF-8" />
<x:parse var="doc" doc="${xml}" />
...中略...
<ul>
<x:forEach select="$doc/books/book">
  <!-- isbn属性を変数idに退避 -->
  <x:set select="@isbn" var="id" />
  <!-- 変数isbnとtitle要素をもとにリンクを生成 -->
  <li><a href="http://www.wings.msn.to/index.php/-/A-03/<x:out select="$id" />/"><x:out select="title" /></a>
  </li>
</x:forEach>
</ul>
```

▼ 書籍情報をリンクリストに整形

注意

<x:set>要素が変数に格納するのは、(ノード値ではなく)ノードそのものです。よって、要素ノードを<x:set>要素で変数にセットした場合、そのノード値を取得するには、<x:out>要素を経由しなければなりません(=<c:out>要素では意図した値を取り出すことはできません)。

参考

select属性(XPath式)には、「$暗黙オブジェクト:変数名」の形式で、暗黙オブジェクトを参照できます。たとえば「$sessionScope:doc/books」は、セッションスコープで保持されたXML文書docから、その<books>要素を検索します。

▼ XPath式で利用できる暗黙オブジェクト

暗黙オブジェクト	概要
applicationScope	アプリケーションスコープの変数
sessionScope	セッションスコープの変数
requestScope	リクエストスコープの変数
pageScope	ページスコープの変数
param	リクエストパラメーター(ポストデータ/クエリー情報)
header	HTTPヘッダー
cookie	クッキー情報
initParam	初期化パラメーター

参照

P.368「取得したノード群を順番に処理する」
P.369「XPath式によって処理を分岐する」

取得したノード群を順番に処理する

● Xml タグライブラリ

要素
`<x:forEach>` 繰り返し処理

書式

```
<x:forEach select="xpath" [var="variable"]
  [begin="begin"] [end="end"] [step="step"] [varStatus="status"]>
  statements
</x:forEach>
```

引数　xpath：ノード集合を表すXPath式
　　　　 variable：取得したノードを保持する変数
　　　　 begin：初期値　　end：終了値　　step：増分
　　　　 status：ステータス変数　　statements：ループ内での処理

<x:forEach>要素は、select属性に合致したノード群を順番に処理します。XSLTの<xsl:forEach>要素に相当します。ただし、begin／end／step属性を用いて、処理対象のノード範囲を限定したり、1つおきに出力したりすることができる点で、より柔軟な制御が可能です。

ステータス変数(varStatus属性)は、現在のループの状態を表します。状態情報については、ループ内で${status.current}のように参照できます。ステータス変数から利用できるプロパティについては、P.324の表も合わせて参照してください。

サンプル xml/foreach.jsp

```jsp
<%@ taglib prefix="c" uri="http://java.sun.com/jsp/jstl/core" %>
<%@ taglib prefix="x" uri="http://java.sun.com/jsp/jstl/xml" %>
<c:import var="xml" url="/WEB-INF/data/books.xml" charEncoding="UTF-8" />
<x:parse var="doc" doc="${xml}" />
...中略...
<ul>
<x:forEach select="$doc/books/book"
  begin="1" end="4" step="2" varStatus="status">
  <li>
  ${status.count}
  <a href="http://www.wings.msn.to/index.php/-/A-03/<x:out select="@isbn" />/">
    <x:out select="title" /></a>
  </li>
</x:forEach>
</ul>
```

▼ 2～5番目のbook要素を1つおきに出力

XPath 式によって処理を分岐する

> Xml タグライブラリ

要素
`<x:if>`　　　　　　　　　　　　　　　　　　　　　　　　　　　単純分岐

書式
```
<x:if select="xpath" [var="variable"] [scope="scope"]>
  statements
</x:if>
```

引数
xpath：条件式（XPath式）　　*variable*：判定結果を格納するための変数
scope：変数のスコープ（おもな設定値はP.318）
statements：条件式がtrueの場合に出力するコンテンツ

　<x:if>要素は、いわゆる条件式をXPath式で指定できる<c:if>要素です。select属性で指定されたXPath式がtrueである場合（式の値がノード集合であるときにはnullでない場合）、配下の内容を出力します。

　var属性が指定されている場合には、判定式の結果を変数にセットすることもできます。<x:if>要素が空要素である（＝配下のテキストが省略された）場合、var属性を省略することはできません。

サンプル xml/if.jsp

```
<c:import var="xml" url="/WEB-INF/data/books.xml" charEncoding="UTF-8" />
<x:parse var="doc" doc="${xml}" />
...中略...
<ul>
<x:forEach select="$doc/books/book">
<li>
  <a href="http://www.wings.msn.to/index.php/-/A-03/<x:out select="@isbn" />/">
    <x:out select="title" />
  </a>
  <!-- cdrom要素が存在する場合にだけ、その旨を表示 -->
  <x:if select="cdrom"> [CD-ROM] </x:if>
</li>
</x:forEach>
```

▼ CD-ROM付属の書籍にマーキング

参考

複数の条件式を列記して多岐分岐を表現したい場合には、<x:choose>要素を利用します。<x:if>要素は単純な2分岐を表現するのに向いています。

参照

P.371「XPath式によって処理を多岐分岐する」

XPath式によって処理を多岐分岐する

▶ Xml タグライブラリ

要素
`<x:choose>` 多岐分岐

書式
```
<x:choose>
  <x:when select="xpath">statements</x:when>...
  [<x:otherwise>statements</x:otherwise>]
</x:choose>
```

引数
xpath：条件式（XPath式）
statements：条件式がtrueの場合に出力するコンテンツ

　<x:choose>要素は、配下の<x:when>要素で指定されたXPath式がtrueである場合（式の値がノード集合であるときにはnullでない場合）に、配下のコンテンツを出力します。複数の<x:when>要素に合致した場合にも、最初の<x:when>要素だけを出力します。<x:when>要素は、必要な数だけ列記できます。

　すべての<x:when>要素に合致するものがない場合は、<x:otherwise>要素の内容を出力します。<x:otherwise>要素は省略可能ですが、どの条件にも合致しない場合の処理を明確にするためにも、きちんと記述しておくことをおすすめします。

サンプル xml/choose.jsp

```
<table class="table">
<tr>
  <th>ISBN</th><th>タイトル</th><th>価格</th><th>出版社</th><th>刊行日</th>
</tr>
<x:forEach select="$doc/books/book">
<!--3500円以上、2500円未満の場合、それぞれ緑、赤の背景を付与-->
<tr
  <x:choose>
    <x:when select="price >= 3500">class="success"</x:when>
    <x:when select="price < 2500">class="danger"</x:when>
  </x:choose>
>
  ...中略 (P.364参照)...
</tr>
</x:forEach>
</table>
```

▼ 価格に応じて背景色を振り分け

参考

単純な2分岐ならば、<x:if>要素を利用してください。

注意

<x:choose>要素は、XSLTの<xsl:choose>要素に似ていますが、微妙に構文の異なるところがあるので、要注意です。XSLT／XPathの詳細については、拙著『10日でおぼえるXML入門教室』『XML辞典』(翔泳社)などの専門書／サイトを参考にしてください。

参照

P.369「XPath式によって処理を分岐する」

XML文書をXSLTスタイルシートで整形する

> Xml タグライブラリ

要素
`<x:transform>`   XSLT変換

書式

```
<x:transform [doc="xml"] [docSystemId="uri"]
  xslt="xsl" [xsltSystemId="xslUri"]
  [var="result"] [result="result"] [scope="scope"]>
  [<x:param name="param" [value="value"] />...]
  [xml]
</x:transform>
```

引数　　`xml`：変換対象のXML文書　　`uri`：XML文書のURI
　　　　　　`xsl`：XSLTスタイルシート　　`xslUri`：XSLTスタイルシートのURI
　　　　　　`result`：変換結果を格納する変数名
　　　　　　`scope`：変数のスコープ（おもな設定値はP.318)
　　　　　　`param`：パラメーター名　　`value`：パラメーターの値

　`<x:transform>`要素は、指定されたXML文書をXSLTスタイルシートで変換します。javax.xml.transform.Transformerクラスに相当します。

　doc／xslt属性は文字列として指定するほか、java.io.Reader、javax.xml.transform.Sourceオブジェクトとして指定することもできます。また、doc属性に限っては、org.w3c.dom.Documentオブジェクト、`<x:parse>`／`<x:set>`要素によって設定された変数を引用することも可能です。また、XML文書を`<xml:transform>`要素配下のテキストとして指定することもできます。

　変換結果を文字列として取得したい場合にはvar属性を、javax.xml.transform.Resultオブジェクトとして取得したい場合にはresult属性を指定します。両方ともに指定されなかった場合には、処理結果がそのまま出力されます。

　`<x:param>`要素は、XSLTスタイルシートに渡すパラメーターを表します。XSLTの`<xsl:with-param>`要素、Transformer#setParameterメソッドに該当します。パラメーター値はvalue属性として設定するほか、`<x:param>`要素配下のテキストとして指定してもかまいません。

サンプル xml/transform.jsp

```
<%@ page contentType="text/html;charset=UTF-8" %>
<%@ taglib prefix="c" uri="http://java.sun.com/jsp/jstl/core" %>
<%@ taglib prefix="x" uri="http://java.sun.com/jsp/jstl/xml" %>
<c:import var="xml" url="/WEB-INF/data/books.xml" charEncoding="UTF-8" />
<c:import var="xslt" url="/WEB-INF/data/simple.xsl" charEncoding="UTF-8" />
<jsp:useBean id="today" class="java.util.Date" />
<!--books.xmlをsimple.xslでXSLT変換-->
<x:transform xml="${xml}" xslt="${xslt}">
  <x:param name="date">${today}</x:param>
</x:transform>
```

※simple.xslについては配布サンプルを参照してください。

▼ books.xmlをXSLTスタイルシートでテーブル表示

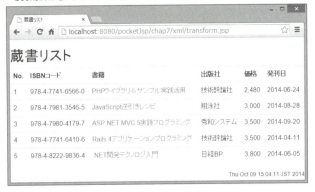

注意

doc／docSystemId属性の代わりにxml／xmlSystemId属性もありますが、JSTL 1.1以降では非推奨です。XMLで始まるノード名は、XML 1.0規格においては認められていないためです。

参照

P.364「XML文書を解析する」

文字列操作

文字列を大文字⇔小文字に変換する

▶ Functionsタグライブラリ

関数
```
fn:toLowerCase                                       大文字→小文字
fn:toUpperCase                                       小文字→大文字
```

書式
```
fn:toLowerCase(str)
fn:toUpperCase(str)
```

引数
str：変換対象の文字列

fn:toLowerCase／fn:toUpperCase関数は、文字列strをすべて小文字／大文字に変換します。String#toLowerCase／toUpperCaseメソッドに相当します。

サンプル functions/toLowerCase.jsp
```
<%@ taglib prefix="c" uri="http://java.sun.com/jsp/jstl/core" %>
<%@ taglib prefix="fn" uri="http://java.sun.com/jsp/jstl/functions" %>
<c:set var="result" value="Wings Project" />
...中略...
${fn:toLowerCase(result)}  ──────────────▶ wings project
${fn:toUpperCase(result)}  ──────────────▶ WINGS PROJECT
```

文字列操作

文字列に含まれる XML 予約文字でエスケープする

● Functions タグライブラリ

関数

fn:escapeXml　　　　　　　　　　　　　　　　　　　　　　　　　　　エスケープ

書式

fn:escapeXml(*str*)

引数　*str*：変換対象の文字列

fn:escapeXml関数は、文字列strに含まれるXML予約文字をエスケープした結果を返します。XML予約文字とは、XML 1.0の規格で意味のある文字として定義済みの文字のことで、具体的には「<」「>」「"」「&」のような文字のことです。

これらの文字が文字列に含まれている場合、正しくブラウザーに表示できない場合があります（タグなどとして認識されてしまうためです）。そこで、XML予約文字を含む可能性のある文字列を表示させる場合には、あらかじめfn:escapeXml関数でエスケープしておく必要があるというわけです。

サンプル functions/escapeXml.jsp

```
<%@ taglib prefix="fn" uri="http://java.sun.com/jsp/jstl/functions" %>
...中略...
${fn:escapeXml('<Tom & Jerry>')}  ────────────▶ &lt;Tom &amp; Jerry&gt;
${fn:escapeXml('<script type="text/javascript">')}
                              ────────▶ &lt;script type=&#034;text/javascript&#034;&gt;
```

注意

エンドユーザーからの入力をはじめ、データベースや外部サービスから取得したデータを出力する際には、エスケープ処理は必須です。エスケープ処理の漏れは、そのままクロスサイトスクリプティング（XSS）脆弱性の原因ともなります。

参考

<c:out>要素のescapeXml属性をtrueに設定しても、同じ結果を得ることができます。

参照

P.317「変数を出力する」

文字列操作

文字列に部分文字列が含まれているかを確認する

▶ Functions タグライブラリ

関数

fn:contains	部分文字列
fn:containsIngnoreCase	部分文字列（大／小文字を無視）

書式

```
fn:contains(str, substr)
fn:containsIgnoreCase(str, substr)
```

引数　*str*：検索対象の文字列　　*substr*：検索する部分文字列

　fn:contains／fn:containsIngnoreCase関数は、いずれも文字列strに部分文字列substrが含まれるかどうかをtrue／falseで返します。fn:contains関数は、文字列検索に際して大文字／小文字の区別をしませんが、もしも大文字／小文字を区別したい場合には、fn:containsIgnoreCase関数を使用してください。

サンプル　functions/contains.jsp

```
<%@ taglib prefix="c" uri="http://java.sun.com/jsp/jstl/core" %>
<%@ taglib prefix="fn" uri="http://java.sun.com/jsp/jstl/functions" %>
<c:set var="site" value="http://www.wings.msn.to/index.php/-/B-04/" />
...中略...
${fn:contains(site, "WINGS")}　　　　　　　　　　　　　　　　　　　　　→ false
${fn:containsIgnoreCase(site, "WINGS")}　　　　　　　　　　　　　　　　→ true
```

参考

　fn:contains関数は、fn:indexOf関数で置き換えが可能です。たとえば、以下は意味的に等価です。

```
${fn:contains(str,substr)} ⇔ ${fn:indexOf(str, substr) != -1}
```

参照

P.379「文字列の登場位置を検索する」

7 JSTL（JSP Standard Tag Library）

文字列操作

文字列の前後から空白を除去する

> Functions タグライブラリ

関数
`fn:trim` 空白の除去

書式
`fn:trim(str)`

引数
str：変換対象の文字列

fn:trim関数は、文字列strの前後に含まれる空白を除去します。String#trimメソッドに相当します。

空白には、半角スペース、タブ、キャリッジリターン(CR)、ラインフィード(LF)、フォームフィード(FF)などが含まれます。連続した空白も除去します。

サンプル functions/trim.jsp

```
<%@ taglib prefix="fn" uri="http://java.sun.com/jsp/jstl/functions" %>
...中略...
「${fn:trim(" tab  WINGSプロジェクト ")}」 ──→「WINGSプロジェクト」

${fn:trim("
募集中！執筆メンバー　 ")} ──→「募集中！ 執筆メンバー　」
                                          全角空白
```

注意
fn:trim関数では、全角空白は除去されません。

文字列操作

文字列の登場位置を検索する

> Functions タグライブラリ

関数
fn:indexOf
文字位置

書式
fn:indexOf(*str*, *substr*)

引数　　*str*：検索対象の文字列　　*substr*：検索する部分文字列

fn:indexOf関数は、文字列strを前方から検索し、部分文字列substrが最初に登場する文字位置を返します。1文字目を0とし、部分文字列substrが見つからなかった場合には-1を返します。

サンプル　functions/indexOf.jsp
```
<%@ taglib prefix="c" uri="http://java.sun.com/jsp/jstl/core" %>
<%@ taglib prefix="fn" uri="http://java.sun.com/jsp/jstl/functions" %>
<c:set var="site" value="http://www.wings.msn.to/index.php/-/B-04/" />
...中略...
${fn:indexOf(site, "wings")}<br />　――――――――――――――――→ 11
${fn:indexOf(site, "WINGS")}<br />　――――――――――――――――→ -1
${fn:indexOf(site, "http:")}　　　　――――――――――――――――→ 0
```

注意
比較に際して、fn:indexOf関数は大文字／小文字を区別します。

参考
単純に部分文字列が文字列に含まれるかどうかを知りたい場合、fn:indexOf関数よりもfn:contains関数を利用してください。

参照
P.377「文字列に部分文字列が含まれているかを確認する」

文字列操作

文字列が指定された部分文字列で始まる／終わるかを判定する

● Functions タグライブラリ

関数
fn:startsWith	接頭辞
fn:endsWith	接尾辞

書式
```
fn:startsWith(str, prefix)
fn:endsWith(str, suffix)
```

引数
str：検索対象の文字列　　*prefix*：接頭辞　　*suffix*：接尾辞

　fn:startsWith／fn:endsWith関数は、文字列strがそれぞれ接頭辞prefix、もしくは接尾辞suffixで開始／終了するかをtrue／falseで返します。String#startsWith／endsWithメソッドに相当する前方一致／後方一致検索です。

　引数prefix／suffixが空文字列の場合、fn:startsWith／fn:endsWith関数は無条件にtrueを返します。

サンプル functions/startsWith.jsp
```
<%@ taglib prefix="fn" uri="http://java.sun.com/jsp/jstl/functions" %>
...中略...
${fn:startsWith("WINGSプロジェクト", "WINGS")}<br />         → true
${fn:startsWith("WINGSプロジェクト", "wings")}<br />         → false
${fn:startsWith("WINGSプロジェクト", "")}<br />              → true
${fn:endsWith("WINGSプロジェクト", "WINGS")}<br />           → false
${fn:endsWith("WINGSプロジェクト", "プロジェクト")}           → true
```

注意
比較に際して、fn:startsWith／endsWith関数は大文字／小文字を区別します。

参考
ある部分文字列が文字列に含まれるかどうかを知りたい場合（部分一致検索）には、fn:contains関数を利用してください。

参照
P.377「文字列に部分文字列が含まれているかを確認する」

文字列操作

指定された文字列を置き換える

> Functions タグライブラリ

関数
`fn:replace` 　　　　　　　　　　　　　　　　　　　　　　　置き換え

書式
`fn:replace(str, before, after)`

引数
str：操作対象の文字列　　*before*：置換前の文字列
after：置換後の文字列

fn:replace関数は、文字列strに含まれる部分文字列beforeをafterで置き換えます。引数beforeがnullの場合、または元の文字列で見つからない場合、fn:replace関数は元の文字列strをそのまま返します。

サンプル functions/replace.jsp

```
<%@ taglib prefix="fn" uri="http://java.sun.com/jsp/jstl/functions" %>
...中略...
${fn:replace("WINGSプロジェクト", "プロジェクト", "コミュニティ")} → WINGSコミュニティ

${fn:replace("WINGSプロジェクト", "チーム", "コミュニティ")} → WINGSプロジェクト
```

参照
P.379「文字列の登場位置を検索する」

文字列操作

文字列を指定された区切り文字で分割する

▶ Functions タグライブラリ

関数
fn:split　　　　　　　　　　　　　　　　　　　　　　　　　　　　　　文字列の分割

書式
fn:split(*str*, *delimiter*)

引数
str：操作対象の文字列　　*delimiter*：区切り文字

　fn:split関数は、文字列strを指定された分割文字列delimiterで置き換え、その結果を文字列配列として返します。分割された文字列配列を順番に処理するには、一般的に<c:forEach>要素を利用します。

サンプル　functions/split.jsp

```jsp
<%@ taglib prefix="c" uri="http://java.sun.com/jsp/jstl/core" %>
<%@ taglib prefix="fn" uri="http://java.sun.com/jsp/jstl/functions" %>
<c:set var="site" value="http://www.wings.msn.to/index.php/-/B-04/" />
...中略...
<c:forEach var="item" items="${fn:split(site, '/')}">
${item} <br />
</c:forEach>
```

▼

```
http:
www.wings.msn.to
index.php
-
B-04
```

参考
　分割した結果を順番に処理したい場合には、<c:forEach>要素＋fn:split関数の組み合わせよりも、<c:forTokens>要素を利用するのがよりシンプルです。また、カンマ区切りの文字列であれば<c:forEach>要素のitems属性にそのまま渡すこともできます。

参考
　文字列配列の内容を区切り文字で連結したいという場合には、fn:join関数を利用します。

参照
P.324「配列／コレクションを順番に処理する」
P.326「文字列を指定された区切り文字で分割する」
P.385「配列要素を指定された区切り文字で連結する」

文字列操作

文字列から部分文字列を取得する

● Functions タグライブラリ

関数

fn:substring	文字範囲
fn:substringAfter	指定位置の後方
fn:substringBefore	指定位置の前方

書式

```
fn:substring(str, begin, end)
fn:substringAfter(str, substr)
fn:substringBefore(str, substr)
```

引数 *str*：検索対象の文字列　　*begin*：抽出の開始位置
　　　　end：抽出の終了位置　　*substr*：部分文字列

　fn:substring関数は、文字列strからbegin＋1〜end文字目を抽出します。もしも特定の文字位置より前／後の文字列を抜き出したい場合には、fn:substringBefore／fn:substringAfter関数を使用してください。

　fn:substringBefore／fn:substringAfter関数は、文字列strの中から部分文字列substrが最初に登場する位置を検出し、その前／後の文字列を抽出します。fn:substring関数に似ていますが、抽出開始位置を特定するために文字インデックスではなく、部分文字列で指定している点が異なります。

サンプル functions/substring.jsp

```
<%@ taglib prefix="fn" uri="http://java.sun.com/jsp/jstl/functions" %>
...中略...
${fn:substring("WINGSプロジェクト", 5, 7)}          → プロ
${fn:substring("WINGSプロジェクト", -1, 7)}         → WINGSプロ
${fn:substring("WINGSプロジェクト", 5, 15)}         → プロジェクト
${fn:substringAfter("WINGSプロジェクト", "プロ")}   → ジェクト
${fn:substringBefore("WINGSプロジェクト", "プロ")}  → WINGS
${fn:substring("WINGSプロジェクト", 5, -2)}         → プロジェクト
${fn:substring("WINGSプロジェクト", 7, 5)}          ← 何も返さない
${fn:substringAfter("WINGSプロジェクト", null)}     → WINGSプロジェクト
${fn:substringBefore("WINGSプロジェクト", null)}    ← 何も返さない
${fn:substringAfter("WINGSプロジェクト", "")}       → WINGSプロジェクト
${fn:substringBefore("WINGSプロジェクト", "")}      ← 何も返さない
${fn:substringAfter("WINGSプロジェクト", "pro")}    ← 何も返さない
${fn:substringBefore("WINGSプロジェクト", "pro")}   ← 何も返さない
```

参考

引数begin／endの値によって、fn:substring関数がどのように変化するかをまとめます。

▼ 引数の変化によるfn:substring関数の戻り値

条件	結果
引数beginが負数の場合	引数beginは暗黙的に0と見なされる
引数endが負数の場合	begin＋1文字目から文字列の末尾までを抽出
引数endが実際の文字数より大きい場合	begin＋1文字目から文字列の末尾までを抽出
引数end＜引数beginの場合	何も返さない

参考

引数substrが空文字列、またはnullであった場合、fn:substringAfter関数は文字列str全体を、fn:substringBefore関数はnullを返します。また、引数substrが元の文字列strの中で見つからなかった場合、fn:substringBefore／fn:substringAfter関数はnullを返します。

文字列操作

配列要素を指定された区切り文字で連結する

▶ Functions タグライブラリ

関数
fn:join   配列の連結

書式
fn:join(*array*, *delimiter*)

引数 *array*：連結対象の文字列配列　　*delimiter*：区切り文字

文字列配列 array の内容を、指定された区切り文字 delimiter で連結し、その結果を文字列として返します。

サンプル functions/join.jsp

```
<%@ taglib prefix="c" uri="http://java.sun.com/jsp/jstl/core" %>
<%@ taglib prefix="fn" uri="http://java.sun.com/jsp/jstl/functions" %>
<c:set var="site" value="http://www.wings.msn.to/index.php" />
...中略...
${fn:join(fn:split(site, '/'), '|')}
```
→ `http:||www.wings.msn.to|index.php`

参考
文字列を任意の区切り文字で分割したい場合には、fn:split 関数を利用します。

参照
P.382「文字列を指定された区切り文字で分割する」

文字列操作

コレクション／配列のサイズや文字列の長さを取得する

● Functionsタグライブラリ

関数
`fn:length`　　　　　　　　　　　　　　　　　　　　　　　　　　配列サイズ／文字列長

書式
`fn:length(value)`

引数
value：任意のコレクション（配列）、または文字列

　fn:length関数は、指定されたコレクション（配列）に含まれる要素の数、または文字列の長さを返します。引数valueには、<c:forEach>要素のitems属性に指定できるすべてのコレクション（配列）を指定できます。

サンプル functions/length.jsp
```
<%@ taglib prefix="fn" uri="http://java.sun.com/jsp/jstl/functions" %>
...中略...
${fn:length('WINGSプロジェクト')} ─────────────────── 11
${fn:length(fn:split('http://www.wings.msn.to/index.php', '/'))} ─── 3
```

参照
P.382「文字列を指定された区切り文字で分割する」

APPENDIX

Servlet & JSP Pocket Reference

Server.xml

Server.xml とは

Server.xml はTomcatを管理するための設定ファイルで、デプロイメントディスクリプター（web.xml）やタグライブラリディスクリプター（.tldファイル）、ユーザー定義ファイル（tomcat-users.xml）などと同じく、XML形式で記述できます。「%CARALINA_HOME%/conf」フォルダー配下に配置されています。

Server.xmlの構造

Server.xmlは、<Server>要素を最上位要素に、階層構造を表します。Server.xmlにおける主要な階層関係を以下の図に示します。

▼ Server.xmlのおもな構成要素

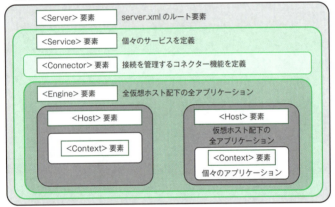

<Service>要素は、クライアントからの要求（リクエスト）を処理するための「サービス」という単位を設定します。<Server>要素直下に複数個記述することができます。<Service>要素は、クライアントとの接続を管理する<Connector>要素や、実際の処理を担当するコンテナーを表す<Engine>要素などを含みます。

<Engine>要素は、さらに仮想ホストを表す複数の<Host>要素を含みます。**仮想ホスト**とは、1つのサーバーマシンであたかも複数のホストがあるかのように見せかける、文字どおり「仮想的な」しかけのことです。たとえば、1マシンで複数のサイトを運用したいといったケースでも、複数のサーバーを立てることなく、URLを分けることが可能です。

<Host>要素は、個々のアプリケーション（コンテキスト）を表す<Context>要素を含みます。ただし、デフォルトのアプリケーションフォルダー（「%CATALINA_HOME%/webapps」フォルダー）に含まれるコンテキストについては、必ずしも<Context>要素に記述しなくても、自動で認識されます。

構成要素

サーバー／クライアント間の接続を管理する

要素
`<Connector>` コネクター

書式
`<Connector attr="value" ... />`

引数 attr：パラメーター名（具体的な項目は「参考」を参照） value：値

<Connector>要素は、サーバー／クライアント間の接続を管理するコネクターの挙動を定義します。Tomcatではポート番号（port属性）をキーに、どのコネクターを利用するかを判定します。

以下のサンプルは、Tomcat 8標準で用意されているコネクターの定義です。

ポート番号8080が、Tomcatが単体でリクエストを受け取るためのコネクターです。標準でTomcatが「http://localhost:8080/〜」を受け付けていたのは、このコネクターが定義されていたからです。

また、ポート番号8009は、ApacheなどのHTTPサーバー経由でリクエストを受け付けるためのコネクターです。TomcatのHTTPサーバー機能は、以下のような理由から、決して十分ではありません。

- 静的コンテンツの処理が低速
- HTTPサーバー本来の設定パラメーターが不足

実用環境では、ApacheなどHTTPサーバーとの連携を原則として考えるべきです。くわしい手順は「参考」でまとめます。

▼ Tomcat － Apache間連携

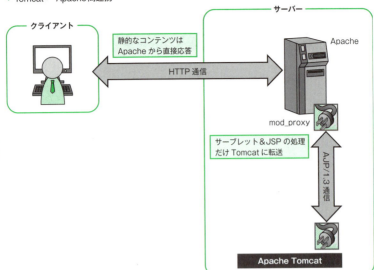

サンプル server.xml

```
<Connector port="8080" protocol="HTTP/1.1"
           connectionTimeout="20000"
           redirectPort="8443" />
...中略...
<Connector port="8009" protocol="AJP/1.3" redirectPort="8443" />
```

参考

<Connector>要素では、利用するプロトコルによって、利用できる属性が異なります。以下におもなものをまとめます。

▼ <Connector>要素で利用できるおもな属性

プロトコル	属性	概要	デフォルト
共通	port	ポート番号	—
	protocol	プロトコル	—
	redirectPort	リダイレクト先のポート番号	—
	scheme	プロトコルの名前	http
	connectionTimeout	接続タイムアウト(ミリ秒)	60000
	maxThreads	スレッドの最大数	200
	minSpareThreads	待機スレッドの最小数	10
	acceptCount	接続キューの最大数	100
	allowTrace	HTTP TRACEメソッドを許可するか	false
	asyncTimeout	非同期要求のタイムアウト時間(ミリ秒)	30000
	enableLookups	DNSルックアップの有効化	false
	maxHeaderCount	コンテナーが許可する要求ヘッダーの最大数	100
	maxParameterCount	HTTP GET／POSTによるパラメーターの最大数	10000
	maxPostSize	ポストデータの最大サイズ(バイト)	2097152
	URIEncoding	クエリ情報のエンコードに使う文字コード	ISO-8859-1
	useBodyEncodingForURI	リクエストデータの文字コードでクエリ情報もエンコードするか	false
HTTP	compressableMimeType	GZip圧縮対象のMIMEタイプ	text/html,text/xml,text/plain
	compression	GZip圧縮の有効化	Off
	compressionMinSize	GZip圧縮を実施する最小サイズ(バイト)	2048
	connectionUploadTimeout	コネクションのタイムアウト時間(ミリ秒)	—
	disableUploadTimeout	アップロード時のタイムアウトを無制限にするか	true
AJP	packetSize	最大のパケットサイズ(バイト)	8192
	tomcatAuthentication	Tomcatで認証を行うか	true

参考

Apache-Tomcatを連携するには、Apacheの標準モジュールであるmod_proxyを利用します。mod_proxyを利用するには、conf/httpd.conf、conf/extra/httpd-ajp.confを、それぞれ以下のように編集してください。

```
; httpd.conf
LoadModule proxy_module modules/mod_proxy.so
LoadModule proxy_ajp_module modules/mod_proxy_ajp.so
...中略...
Include conf/extra/httpd-ajp.conf

; httpd-ajp.conf
ProxyPass / ajp://localhost:8009/
```

編集後は、Tomcat→Apacheの順で再起動することで、「http://localhost/pocketJsp/~」(ポート番号の指定なし)でサンプルにアクセスできるようになります。

構成要素

仮想ホストを定義する

要素
`<Host>` 仮想ホスト

書式
```
<Host name="name" appBase="path" workDir="dir"
  unpackWARs="war" autoDeploy="deploy" deployXML="context">
```

引数
- *name*：仮想ホストのアドレス
- *path*：デフォルトのアプリケーションフォルダー
- *dir*：一時作業フォルダー（デフォルトは「%CATALINA_HOME%/work」）
- *war*：アプリケーション配下の.warファイルを展開するか（デフォルトはtrue）
- *deploy*：アプリケーション配下のコンテキストを自動配置するか（デフォルトはtrue）
- *context*：/META-INF/context.xmlを解析するか（デフォルトはtrue）

<Host>要素は、仮想ホスト単位の挙動を表します。以下のサンプルで示しているのは、Tomcat 8で定義されているデフォルトのホスト情報です。

appBase属性は、仮想ホストのアプリケーションフォルダー（公開フォルダー）を表します。絶対／相対パスいずれでも指定可能です。相対パスでは、「%CATALINA_HOME%」(Tomcatのインストールフォルダー）を基点と見なします。

autoDeploy属性にtrueを設定した場合、アプリケーションフォルダーに配置されたフォルダーは、自動的にアプリケーションとしてコンテナに登録されます。<Context>要素による宣言は不要です。

unpackWARs属性にtrueを設定した場合、Tomcatの起動時にアプリケーションフォルダー配下の.warファイルを自動展開し、アプリケーションとして登録します。この属性がfalseの場合、.warファイルは展開されないので注意してください。

deployXML属性をtrueに設定した場合、アプリケーション配下の/META-INF/context.xmlを自動的に解析します。この機能によって、コンテキスト設定ファイルを個別にTomcat上に配置しなくても済むため、アプリケーションの配置は容易になります。反面、共有サーバーなどでは、時としてセキュリティ上の問題となる可能性もあります。不特定多数の人間がサーバーを共有しているような環境では、この属性はfalseとし、コンテキスト設定ファイルの配置はサーバー管理者の責任で行うことを強くおすすめします。

サンプル server.xml

```
<Host name="localhost"  appBase="webapps"
  unpackWARs="true" autoDeploy="true">
    ...中略...
</Host>
```

参考

.warファイルは「Web Archive Resources」の略で、内部的にはアプリケーション一式をZip形式で圧縮したものです。アプリケーションの配布に便利なことから、よく利用されます。たとえば/pocketJspアプリケーションを.warファイルにするには、以下のようにします。

```
> cd %CATALINA_HOME%/webapps/pocketJsp
> jar cvf pocketJsp.war *
```

これでpocketJspフォルダーの配下に、pocketJsp.warが生成されます。

COLUMN クラスローダーのしくみ(2) ─ Tomcatのローダー階層

Tomcat 8の動作に関係するクラスローダーと、その影響範囲、対応するクラスパスは、以下のとおりです。ローダーの階層は、コンテナーやそのバージョンによって異なりますが、考え方は共通しています。Tomcatの場合を理解していれば、ほかの環境におけるそれも理解はかんたんです。

▼ クラスローダーの影響範囲と対応するクラスパス

名前	影響範囲	クラスパス
Bootstrap	すべてのJavaアプリケーション	%JAVA_HOME%/jre/lib/ext
System	すべてのJavaアプリケーション(ただし、Tomcat標準の起動スクリプトでは無視)	環境変数CLASSPATH
Common	Tomcat自身／Tomcat配下のすべてのアプリケーション	%CATALINA_HOME%/libs
WebApp	対応するアプリケーション	%CATALINA_HOME%/webapps/アプリケーション名/WEB-INF/lib

ただし、WebAppローダーの挙動は、Javaのデフォルトの優先順位とは異なります。WebAppローダーは、クラスが要求されたときに、親ローダーに確認せず、最初から自身でクラスをロードしようとします。これによって、上位のローダーで用意されたライブラリをWebApp固有(アプリケーション固有)のそれで置き換えることが可能になります(ただし、一部の基本ライブラリは除きます。P.400に続く)。

アプリケーションの構成情報を定義する

要素
`<Context>` アプリケーションの構成

書式

```
<Context docBase="base" path="context" reloadable="reload"
  crossContext="cross" cookies="cookie" unloadDelay="delay"
  unpackWAR="unpack" workDir="work">
```

引数
base：アプリケーションの配置先。絶対パス、またはアプリケーションフォルダー（標準は/webapps）からの相対パス
context：コンテキストパス（デフォルトはdocBase属性の値）
reload：.class／.jarファイルの更新で自動リロードするか（デフォルトはfalse）
cross：ほかのアプリケーションからコンテキストを取得できるか（デフォルトはfalse）
cookie：セッションクッキーを有効にするか（デフォルトはtrue）
delay：サーブレットをアンロードする際の待ち時間（単位はミリ秒。デフォルトは2000）
unpack：.warファイルを展開するか（デフォルトはtrue）
work：一時作業フォルダー（デフォルトは「%CATALINA_HOME%/work」）

<Context>要素は、アプリケーション（**コンテキスト**）単位の構成情報を定義します。server.xmlだけでなく、以下で示すようなさまざまな場所で宣言できる、やや特殊な要素です。宣言する場所によって、適用すべき範囲も異なる点に注意してください。

▼ <Context>要素の宣言場所

No.	配置場所	適用範囲
1	%CATALINA_HOME%/conf/server.xml	すべてのアプリケーション（非推奨）
2	%CATALINA_HOME%/conf/context.xml	すべてのアプリケーション
3	%CATALINA_HOME%/conf/エンジン名/ホスト名/context.xml.default	指定されたホスト配下のすべてのアプリケーション
4	%CATALINA_HOME%/conf/エンジン名/ホスト名/アプリケーション名.xml	指定されたアプリケーション
5	%CATALINA_HOME%/webapps/アプリケーション名/META-INF/context.xml	現在のアプリケーション

ただし、ほかのアプリケーションにも影響を及ぼす可能性がある1〜3の配置は避けてください。サーバー管理者が意図して行う場合は例外ですが、それでもserver.xmlが肥大する原因となる1の配置は避けるべきです。

　本書のサンプルでは5の方法を採用しています。この方法ではアプリケーションとまとめて構成ファイルを管理できるため、利便性は高まりますが、サーバーの設定によっては利用できない場合があります。その場合は、4の方法を利用してください。

サンプル context.xml

```
<Context displayName="pocketJsp" docBase="pocketJsp" path="/pocketJsp"
  reloadable="true" useHttpOnly="false">
    ...中略...
</Context>
```

注意

　unpackWAR属性がtrueでも.warファイルが展開されないという場合、上位の<Host>要素でunpackWARs属性がfalseに設定されている可能性があります。双方がtrueでないと、.warファイルは自動展開されないので注意してください。

参考

　reloadable属性をtrueにすることで、サーブレットなどの更新時にいちいちアプリケーションを再起動しなくても済みます(デフォルトでは再起動で認識)。これは開発時には便利な設定ですが、オーバーヘッドも高い機能のため、運用時には必ず無効(false)にしておくようにしてください。

参照

P.109「ほかのアプリケーションコンテキストを取得する」
P.398「ユーザー／ロール情報の保存先を定義する」

構成要素

データソースを定義する

要素
`<Resource>` データソース

書式

```
<Resource name="dsn" auth="auth" type="type" driverClassName="driver"
 url="url" username="usr" password="passwd"
 maxActive="active" maxIdle="idle" maxWait="wait"
 validationQuery="validate" />
```

引数
- *dsn*：データソース名
- *auth*：リソースの制御方法（データソースを利用するときはContainer固定）
- *type*：リソース型（データソースを利用するときはjavax.sql.DataSourceで固定）
- *driver*：JDBCドライバークラスの完全修飾名
- *url*：データベース接続文字列　　*usr*：接続に利用するユーザー名
- *passwd*：接続に利用するパスワード　*active*：保持する最大接続数
- *idle*：待機時に最低保持する接続数
- *wait*：接続の最大待ち時間（ミリ秒）
- *validate*：接続検証用のSQL命令

データベースへの接続（データソース）を定義するには、`<Resource>`要素を利用します。
url属性は、データベース接続文字列です。一般的な接続文字列の書式は、以下のとおりです。

```
jdbc:subprotocol:subname
```

subprotocolはJDBCドライバーを識別するための文字列（たとえばmysql、odbcなど）、subnameはデータベース固有の接続情報を表します。たとえばmysqlであれば、以下のとおりです。

```
//ホスト名/データベース名?属性名=値&...
```

属性は、たとえば「useUnicode=true&characterEncoding=UTF-8」のようにすることで、Unicodeを利用すること（useUnicode）、利用する文字コード（characterEncoding）を宣言できます。

maxActive／maxIdle／maxWait属性は、**コネクションプーリング**に関わる設定です。コネクションプーリング（Connection Pooling）とは、その名のとおり、データベースへの接続をあ

らかじめいくつかプール(保持)しておくしくみのことを言います。デフォルトで、サーブレット＆JSPアプリケーションは必要都度にデータベースに対して接続を確立しますが、コネクションプールを使用することで、プールに用意された接続を取り出して利用することができます。接続が不要になった後も、切断するのではなく、接続をプールに戻すだけなので、1つの接続を複数のリクエスト処理に使いまわすことができます。

▼ コネクションプーリング

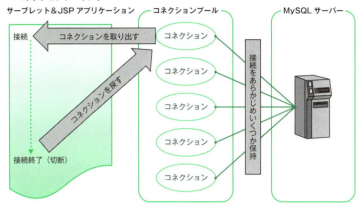

たとえば有効な最大接続数(maxActive属性)を増やした場合、同時接続できるユーザーの数が増えますが、消費されるサーバーリソースも増加します。反面、この値を小さくしてしまうと、同時接続ユーザーが増えた場合に、空き待ちが増える原因にもなります。また、そもそも待機時の接続数(maxIdle属性)を減らしてしまうと、肝心のプールが不足してしまい、コネクションプールの意味がなくなってしまいます。

サンプル context.xml

```
<Resource name="jdbc/pocketjsp" auth="Container"
  type="javax.sql.DataSource" username="jspusr" password="jsppass"
  driverClassName="org.gjt.mm.mysql.Driver"
  url="jdbc:mysql://localhost/pocketjsp?useUnicode=true&amp;
characterEncoding=UTF-8" maxActive="4" maxWait="5000" maxIdle="2"
  validationQuery="SELECT count(*) FROM books" />
```

参考

データベースによっては、プールされた接続を自動的に解放してしまうことがあります。当然、解放済みの接続をアプリケーションに渡しても意味がないので、事前に「接続が有効であること」を検証する必要があります。

それに利用するのが、validationQuery属性で指定されたクエリーです。検証クエリーでは、接続を確認できさえすればよいので、できるだけシンプルな(＝負荷の少ない)クエリーを指定します。

ユーザー／ロール情報の保存先を定義する

要素
`<Realm>` 認証データソース

書式
`<Realm className="clazz"... />`

引数
clazz：認証媒体を管理するためのクラス

`<Realm>`要素は、ユーザー／ロール情報を管理するためのデータソースを管理するための要素です。`<Engine>`／`<Host>`／`<Context>`要素いずれかの配下に記述でき、記述位置によって適用範囲も変化します。たとえば`<Engine>`要素の配下であればコンテナー全体に適用されますし、`<Context>`要素配下であればそのアプリケーションにのみ適用されます。

className属性で指定できる値には、以下のようなものがあります。

▼ className属性のおもな設定値（すべて org.apache.catalina.realm パッケージ）

設定値	概要
DataSourceRealm	リレーショナルデータベースで管理（データソース経由）
JDBCRealm	リレーショナルデータベースで管理（JDBC経由）
JNDIRealm	LDAPサーバーで管理（JNDI経由）
MemoryRealm	ユーザー設定ファイル（tomcat_users.xml）で管理（デフォルト）
JAASRealm	JAAS（Java Authentication & Authorization Service）で管理
CombinedRealm	複数レルムを組み合わせて管理
LockOutRealm	ロックアウト機構を提供

選択したRealmによって、利用できる属性（パラメーター）も変化します。

▼ `<Realm>`要素で利用できるおもな属性

Realm	属性	概要
DataSourceRealm／JDBCRealm共通	userTable	ユーザーテーブルの名前
	userNameCol	ユーザー名を表す列名
	userCredCol	パスワードを表す列名
	userRoleTable	ロールテーブルの名前
	roleNameCol	ロール名を表す列名
	digest	パスワードを暗号化するアルゴリズム（md5、sha1など）
DataSourceRealm	dataSourceName	データソース名（`<Resource>`要素で定義した名前）
	localDataSource	ローカルデータソースを利用するか（デフォルトはfalse）

（続く）

▼ <Realm>要素で利用できるおもな属性(続き)

Realm	属性	概要
JDBCRealm	driverName	JDBCドライバー
	connectionURL	接続文字列
	connectionName	接続時に使用するユーザー名
	connectionPassword	接続時に使用するパスワード
JNDIRealm	connectionURL	JNDIへの接続URI
MemoryRealm	pathname	ユーザー設定ファイルのパス(デフォルトはconf/tomcatusers.xml)
JAASRealm	appName	アプリケーション名
	userClassNames	ユーザークラスの名前(カンマ区切り)
CombinedRealm	ー	ー
LockOutRealm	cacheSize	キャッシュのサイズ(デフォルトは1000)
	failureCount	ロックアウトするまでの認証の失敗回数(デフォルトは5)
	lockOutTime	ロックアウト時間(デフォルトは300(秒))

たとえば以下は、DataSourceRealmを利用した場合の設定です。アクセス範囲や認証方法については、別途、<security-constraint>/<login-config>要素で構成します。

サンプル context.xml

```
<Realm className="org.apache.catalina.realm.DataSourceRealm"
  dataSourceName="jdbc/pocketjsp" localDataSource="true" digest="MD5"
  roleNameCol="role" userCredCol="passwd" userNameCol="uid"
  userRoleTable="auth_usr_role" userTable="auth_usr" />
```

参考

サンプルを実行するには、データベースに以下のようなテーブルを用意しておくものとします。配布サンプル上は、これらのテーブルにadmin/manager権限を持つwingsユーザー(パスワードもwings)があらかじめ登録されています。

テーブル/列名は自由に変更できますが、その場合は<Realm>要素の対応する属性も変更しなければなりません。

▼ auth_usr(ユーザー情報)テーブル

フィールド名	データ型	概要
uid	VARCHAR(10)	ユーザー名(主キー)
passwd	CHAR(32)	パスワード

▼ auth_usr_role(ロール情報)テーブル

フィールド名	データ型	概要
uid	VARCHAR(10)	ユーザーID(主キー)
role	VARCHAR(30)	ロール名(主キー)

> **参考**

パスワード列には、生のパスワードではなく、ハッシュ化された文字列を格納すべきです。ハッシュ値とは、文字列を一定のルールで暗号化した値のことです。値をハッシュ化しておくことで、ユーザー情報が漏えいした場合にも、そのままパスワードが露出してしまうのを防げます。

たとえば本書の配布データベースでは、パスワードをmd5ハッシュ値として保存します。md5ハッシュ値は、以下の手順で生成できます。

```
> cd %CATALINA_HOME%/bin
> digest -a md5 wings
wings:aa9f3975e1ac31d104905da5d2fa2d79
```

ただし、digestコマンドは、32-bit/64-bit Windows Service Installerパッケージには含まれません。代わりに、32(64)-bit Windows zipパッケージを利用してください。

参照

P.273「特定のフォルダーに対して認証を設定する」
P.278「認証方法を定義する」

COLUMN クラスローダーのしくみ(3) — ライブラリの配置先

ローダーの階層構造を理解すると、ライブラリ(.jarファイル)を配置する際の指針もより明確になります。

まず、アプリケーションで利用するライブラリ(.jarファイル)を配置する際には、基本的には/WEB-INF/libフォルダー(=WebAppローダー)に配置すべきです。WebAppローダーを利用することで、ほかのアプリケーションへの影響を防げるだけでなく、アプリケーションの動作に必要なファイルをアプリケーションルート配下でまとめて管理できるというメリットがあるためです。

ただし、例外もあります。P.30ではConnector/Jを%CATALINA_HOME%/libフォルダー(Commonローダー)に配置しました。これはコネクションプール(P.397)がTomcatによって提供される機能であるためです。よって、データベース接続に利用するConnector/Jも、Tomcatから参照できる位置に配置しなければなりません。WebAppローダーに配置した場合、コネクションプーリングは正しく動作しないので注意してください。

残るBootstrapローダーは、原則として利用すべきではありません。すべてのJavaアプリケーションに影響するため、意図しないトラブルの原因になるからです。

リクエスト時に独自のフィルターを実行する

要素
`<Valve>` バルブ

書式
`<Valve className="clazz" .../>`

引数 clazz：適用するバルブの完全修飾名

<Valve>要素(バルブ)は、Tomcatがリクエストを処理する際に付随的に実行するコンポーネント(フォルダー)を表します。<Engine>／<Host>／<Context>要素いずれかの配下に記述でき、どの要素の配下に記述するかによって、適用範囲も変化します(たとえば<Engine>要素配下の場合は、コンテナー全体で有効化されます)。

標準で利用できるおもなバルブ(className属性)と、それぞれのバルブで利用できる属性を以下にまとめます。

▼ 標準で利用できるバルブと、おもな属性

バルブ	概要	
属性	概要	デフォルト値
Access Log Valve	指定されたフォーマットに従ってアクセスログを出力	
className	Valve機能を提供するクラス名	org.apache.catalina.valves.AccessLogValve(基本)
directory	ログファイルの保存先(絶対パス、または%CATALINA_HOME%フォルダーからの相対パス)	logs
prefix	ログファイル名の接頭辞	access_log.
suffix	ログファイル名の接尾辞	""
fileDateFormat	ログファイルに付与する日付時刻パターン(本属性の値によってローテート間隔も変動)	—
rotatable	日付／時間単位にログファイルをローテートするか	true
pattern	出力ログのフォーマット(利用可能なパターンについては以下表を参照。標準パターンを使用したい場合は"common"を指定)	%h %l %u %t "%r" %s %b
encoding	ログファイルの文字コード	(システムデフォルト)
buffered	バッファー出力を適用するか	true

(続く)

▼ 標準で利用できるバルブと、おもな属性（続き）

バルブ	概要	
属性	概要	デフォルト値
Remote Address Filter	IPアドレスによるリクエストの許可／禁止を判定	
className	Valve機能を提供するクラス名	org.apache.catalina.valves.RemoteAddrValve（固定）
allow	アクセスを許可するアドレス（正規表現パターン。カンマ区切り）	－
deny	アクセスを禁止するアドレス（正規表現パターン。カンマ区切り）	－
Single Sign On Valve	同一ホスト内の複数アプリケーションにおけるシングルサインオンを有効化	
className	Valve機能を提供するクラス名	org.apache.catalina.authenticator.SingleSignOn（固定）
requireReauthentication	同一レルムで再認証を必要とするか	false
cookieDomain	SSOクッキーで利用するホスト名	－

AccessLogValveで利用できる書式文字列は、以下のとおりです。

▼ AccessLogValveのpattern属性で利用可能なパターン識別子

識別子	概要
%a	リモートのIPアドレス
%A	ローカルのIPアドレス
%b	送信バイト数（ヘッダー情報を除く。0の場合は"-"）
%B	送信バイト数（ヘッダー情報を除く）
%h	リモートホスト名（resolveHosts属性がfalseの場合はIPアドレス）
%H	リクエスト時のプロトコル
%m	リクエスト時のHTTPメソッド（GET／POSTなど）
%p	ローカルポート
%q	クエリー情報
%r	リクエスト情報の先頭行（HTTPメソッド／リクエストURI）
%s	HTTP応答ステータスコード
%S	セッションID
%t	日付／時刻
%u	認証ユーザー名（未認証の場合は"-"）
%U	リクエストされたURL
%v	ローカルのサーバー名
%D	リクエストの処理時間（ミリ秒）
%T	リクエストの処理時間（秒）
%I	要求スレッド名
%{xxx}i	リクエストヘッダー情報
%{xxx}o	レスポンスヘッダー情報
%{xxx}c	クッキー情報
%{xxx}r	リクエスト属性情報
%{xxx}s	セッション情報

サンプル context.xml

```
<Valve className="org.apache.catalina.valves.AccessLogValve"
  prefix="pocketJsp." suffix=".log" buffered="true"
  fileDateFormat="yyyy-MM-dd" pattern="%t %r %T %a" />
```

▼

```
[19/Sep/2014:11:06:11 +0900] GET /pocketJsp/chap3/ HTTP/1.1 0.040 0:0:0:0:0:0:0:1
[19/Sep/2014:11:11:07 +0900] GET /pocketJsp/chap3/dv_attribute.jsp ↵
HTTP/1.1 2.032 0:0:0:0:0:0:0:1
[19/Sep/2014:11:11:27 +0900] GET /pocketJsp/chap3/basic.jsp ↵
HTTP/1.1 0.566 0:0:0:0:0:0:0:1
```

※配布サンプルでは、ほかのサンプルに影響が出ないようにコメントアウトしています。動作確認の際は、該当箇所をコメントインしたうえで、結果は「%CATALINA_HOME%/logs」フォルダー配下の（たとえば）pocketJsp.yyyy-mm-dd.log（yyyy-mm-ddは日付）から確認してください。

索引

記号・数字

!	195
!=	195
${...}	196
%	195
&&	195
*	195
+	195
-	195
/	195
<	195
<% ... %>	191
<%! ... %>	187
<%--...--%>	193
<%= ... %>	191
<=	195
==	195
>	195
>=	195
||	195

A

<absolute-ordering>	284
Access Log Valve	401
addCookie	85
addDateHeader	86
addFilter	127
addHeader	86
addIntHeader	86
addListener	77, 128
addMapping	121
addMappingForServletNames	123
addMappingForUrlPatterns	123
addServlet	126
<after>	286
and	195
application	162
applicationScope	195, 367
AsyncContext	77
AsyncListener	78
<attribute>	307, 309
@attribute	179
attributeAdded	138, 142, 149
attributeRemoved	138, 142, 149
attributeReplaced	138, 142, 149
authenticate	74
autoFlush	164

B

<before>	286
begin	324
BodyContent	251
BodyTagSupport	230
buffer	164

C

<c:catch>	331
<c:choose>	322
<c:forEach>	323, 324
<c:forTokens>	326
<c:if>	321
<c:import>	327
<c:out>	317

<c:redirect>	329
<c:remove>	320
<c:set>	318
<c:url>	330
changeSessionId	67
clear	219
clearBody	251
clearBuffer	219
close	219
columnCount	335
columnNames	335
CombinedRealm	398
Commons Email	254
complete	77
config	162
<Connector>	389
Connector/J	30
containsHeader	86
contentType	165
<Context>	394
<context-param>	267
context.xml	394
contextDestroyed	136
contextInitialized	136
Cookie	85
cookie	57, 195, 367
Coreタグライブラリ	317
count	324
createFilter	125
createListener	77, 125
createServlet	125
current	324

D

Databaseタグライブラリ	332
DataSourceRealm	398
deferredSyntaxAllowedAsLiteral	169
delete	60
<deny-uncovered-http-methods>	276
<description>	266, 301
destroy	38, 131
digest	400
Dirty Read	339
dispatch	77
<display-name>	266, 301
<distributable>	266
div	195
doAfterBody	227, 230
doDelete	36
doEndTag	227, 230
doFilter	131, 133
doGet	36
doHead	36
doInitBody	230
doOptions	36
doPost	36
doPut	36
doStartTag	227, 230
doTag	233
doTrace	36
dynamic-attributes	181
DynamicAttributes	245

E

empty	195
emptyRoleSemantic	157
encodeRedirectURL	95
encodeURL	95
end	324
<Engine>	388
eq	195
<error-page>	270

errorPage	167
EVAL_BODY_AGAIN	228
EVAL_BODY_BUFFERED	228
EVAL_BODY_INCLUDE	228
EVAL_PAGE	228
exception	162
Expression	160, 191, 217
Expression Language	160, 194

F

<filter>	295
Filter	131
<filter-mapping>	295
FilterChain	133
FilterConfig	134
FilterRegistration	123
findAncestorWithClass	236
findAttribute	225
first	324
flush	219
flushBuffer	93
<fmt:bundle>	361
<fmt:formatDate>	354, 355
<fmt:formatNumber>	348, 350
<fmt:message>	359
<fmt:parseDate>	356
<fmt:parseNumber>	352
<fmt:requestEncoding>	342
<fmt:setBundle>	357
<fmt:setLocale>	343
<fmt:setTimeZone>	345
<fmt:timeZone>	346
fn:contains	377
fn:containsIngnoreCase	377
fn:endsWith	380
fn:escapeXml	376
fn:indexOf	379
fn:join	385
fn:length	386
fn:replace	381
fn:split	382
fn:startsWith	380
fn:substring	383
fn:substringAfter	383
fn:substringBefore	383
fn:toLowerCase	375
fn:toUpperCase	375
fn:trim	378
forward	75
<function>	313
Function	313
FunctionInfo	256
Functions	198
Functions タグライブラリ	375

G

ge	195
getAttribute	62, 101, 107, 225
getAttributeNames	62, 101, 107
getAttributeNamesInScope	225
getAttributes	255
getAttributeScope	225
getAttributeString	255
getAuthType	64
getBodyContent	255
getBuffer	118
getBufferSize	93, 219
getCharacterEncoding	52, 82
getClassName	121, 123, 257
getComment	85
getContentLength	52
getContentType	52, 60, 82

getContext	109
getContextPath	68
getCookies	57
getCountry	54
getCreationTime	104
getDateHeader	50
getDeclare	257
getDefault	54
getDefaultContentType	118
getDeferredSyntaxAllowedAsLiteral	118
getDisplayCountry	54
getDisplayLanguage	54
getDisplayName	54, 256
getDisplayVariant	54
getEffectiveMajorVersion	112
getEffectiveMinorVersion	112
getElIgnored	118
getErrorData	223
getErrorOnUndeclaredNamespace	118
getException	221
getExpectedType	307
getExpressionString	307, 309
getFilterName	134
getFilterRegistration	123
getFilterRegistrations	123
getFunction	256
getFunctionClass	256
getFunctions	256
getFunctionSignature	256
getHeader	50, 60, 90
getHeaderNames	56, 60, 90
getHeaders	55, 60
getId	104, 255, 257
getIncludeCodas	118
getIncludePreludes	118
getInfoString	256
getInitParameter	43, 110, 121, 123, 134
getInitParameterNames	43, 110, 134
getInitParameters	121, 123, 259
getInputStream	58, 60, 261
getIntHeader	50
getISO3Country	54
getISO3Language	54
getISOCountries	54
getISOLanguages	54
getIsXml	118
getJspBody	240
getJspConfigDescriptor	118
getJspPropertyGroups	118
getLanguage	54
getLargeIcon	256
getLastAccessedTime	104
getLocalAddr	52
getLocale	52, 82
getLocales	52
getLocalName	52
getLocalPort	52
getMajorVersion	112
getMappings	121
getMaxAge	85
getMaxInactiveInterval	104
getMessage	257
getMethod	52
getMethodInfo	309
getMimeType	113
getMinorVersion	112
getName	85, 121, 123, 138, 142, 149, 255, 256
getNamedDispatcher	117
getNameFromAttribute	257
getNameGiven	257
getOut	221
getOutputStream	96
getPage	221

getPageEncoding	118
getParameter	46
getParameterMap	49
getParameterNames	48
getParameterValues	47
getParent	236
getPart	60
getParts	60
getPath	85, 256
getPathInfo	68
getPathTranslated	68
getPrefixString	256
getProtocol	52
getQueryString	68
getReader	71, 251
getRealPath	115
getReliableURN	256
getRemaining	219
getRemoteAddr	52
getRemoteHost	52
getRemotePort	52
getRemoteUser	64
getRequest	77, 221
getRequestDispatcher	117
getRequestedSessionId	65
getRequestURI	68, 223
getRequestURL	68
getRequiredVersion	256
getResource	116
getResourceAsStream	116
getResourcePaths	114
getResponse	77, 221
getRunAsRole	121
getScheme	68
getScope	257
getScriptingInvalid	118
getSecure	85
getServerInfo	112
getServerName	68
getServerPort	68
getServletConfig	221
getServletContext	136, 138, 147, 149, 221
getServletContextName	112
getServletInfo	41
getServletName	41, 44, 223
getServletNameMappings	123
getServletPath	68
getServletRegistration	121
getServletRegistrations	121
getServletRequest	147, 149
getSession	65, 140, 142, 221
getSessionCookieConfig	120
getShortName	256
getSize	60
getSmallIcon	256
getStatus	90
getStatusCode	223
getString	251
getSubmittedFileName	60
getTag	256
getTagClassName	256
getTagExtraInfo	256
getTagFile	256
getTagFiles	256
getTagInfo	255, 256
getTaglibLocation	118
getTagLibrary	256
getTaglibs	118
getTaglibURI	118
getTagName	256
getTags	256
getTagVariableInfos	257
getThrowable	223
getTimeout	77

getTrimDirectiveWhitespaces	118
getType	307
getTypeName	255
getURI	256
getUrlPatternMappings	123
getUrlPatterns	118
getUserPrincipal	64
getValue	85, 138, 142, 149, 248, 307
getValues	248
getVariant	54
getVersion	85
getWriter	80
gt	195

H

@HandlesTypes	130
hasOriginalRequestAndResponse	77
header	195, 367
headerValues	195
<Host>	392
HTMLテンプレート	160
HttpServlet	36
HttpServletRequest	45
HttpServletRequestWrapper	98
HttpServletResponse	80
HttpServletResponseWrapper	98
HttpSession	101
HttpSessionAttributeListener	142
HttpSessionBindingEvent	142
HttpSessionBindingListener	145
HttpSessionIdListener	144
HttpSessionListener	140

I

I18nタグライブラリ	342

<icon>	266, 301
import	168
@include	173
include	76
index	324
info	172
init	38, 131
initParam	195, 367
invalidate	103
invoke	242, 309
isAutoFlush	219
isCommitted	81
isELIgnored	169
isErrorPage	167
isFragment	255
isHttpOnly	85
isLiteralText	307, 309
isNew	104
isParametersProvided	309
isReadOnly	307
isRequestedSessionIdFromCookie	65
isRequestedSessionIdFromURL	65
isRequestedSessionIdValid	65
isRequired	255
isSecure	52
isUserInRole	64
isValid	258

J

j_password	280
j_security_check	280
j_username	280
JAASRealm	398
Jasper 2	124, 132
Java EE	19
Java ME	19

Java SE	19
Java SE Development Kit	20, 22
JavaBeans	205
JavaMail	254
javax.servlet	34
javax.servlet.annotation	34
javax.servlet.descriptor	34
javax.servlet.error.exception	270
javax.servlet.error.exception_type	270
javax.servlet.error.message	270
javax.servlet.error.request_uri	270
javax.servlet.error.servlet_name	270
javax.servlet.error.status_code	270
javax.servlet.http	34
javax.servlet.jsp	216
javax.servlet.jsp.el	216
javax.servlet.jsp.jstl.fmt.fallbackLocale	363
javax.servlet.jsp.jstl.fmt.locale	344
javax.servlet.jsp.jstl.fmt.localizationContext	362
javax.servlet.jsp.jstl.fmt.timeZone	347
javax.servlet.jsp.jstl.sql.dataSource	340
javax.servlet.jsp.jstl.sql.maxRows	341
javax.servlet.jsp.tagext	216
JDBCRealm	398
JDBCドライバー	21
JDK	20, 22
JDOM	261
JISAutoDetect	45
JNDIRealm	398
<jsp-property-group>	290
<jsp:attribute>	207
<jsp:body>	211
<jsp:doBody>	212
<jsp:forward>	201
<jsp:getProperty>	206
<jsp:include>	203
<jsp:invoke>	209
<jsp:setProperty>	205
<jsp:useBean>	204
jsp_precompile	277
JspConfigDescriptor	118
jspDestroy	189
JspFragment	242
jspInit	189
JspPropertyGroupDescriptor	118
JspWriter	217
JSTL	30, 316

L

last	324
le	195
line.separator	217
<listener>	297
Locale	54
LockOutRealm	398
log	42
login	72
<login-config>	278
logout	73
lt	195

M

MemoryRealm	398
metadata-complete	34, 285
MethodExpression	309
MIME	113, 283
<mime-mapping>	283
mod	195
mod_proxy	391
@MultipartConfig	155
Multipurpose Internet Mail Extension	283

Multipurpose Internet Mail Extention	113
MySQL	26

N

native2ascii	358
ne	195
newLine	218
Non-Repeatable Read	339
not	195

O

onComplete	78
onError	78
onStartAsync	78
onStartup	129
onTimeout	78
or	195
<others>	286
out	162

P

@page	164
page	162
PageContext	221
pageContext	162, 195
PageData	259
pageEncoding	166
pageScope	195, 367
param	195, 367
paramValues	195
Part	60
Phantom Read	339
print	217
println	217

R

<Realm>	398
release	227, 230, 259
Remote Address Filter	402
removeAttribute	62, 101, 107, 225
removeValue	248
request	162
requestDestroyed	147
RequestDispatcher	75
requestInitialized	147
requestScope	195, 367
reset	93
resetBuffer	93
<Resource>	396
response	162
rolesAllowed	156, 157
rows	335

S

<security-constraint>	273
<security-role>	273
sendError	88
sendRedirect	91
<Server>	388
Server.xml	388
<Service>	388
service	38
<servlet>	287
<servlet-mapping>	287
ServletConfig	43
ServletContainerInitializer	129
ServletContext	107
ServletContextAttributeListener	138
ServletContextListener	136
ServletRegistration	121
ServletRequestAttributeEvent	149

ServletRequestListener	147
@ServletSecurity	156
session	162, 170
<session-config>	281
SessionCookieConfig	120
sessionCreated	140
sessionDestroyed	140
sessionIdChanged	144
sessionScope	195, 367
setAttribute	62, 101, 107, 225
setBufferSize	93
setCharacterEncoding	45, 83
setComment	85
setContentLength	83
setContentLengthLong	83
setContentType	83
setDateHeader	86
setDomain	85
setDynamicAttribute	245
setHeader	86
setHttpOnly	85
setInitParameter	111, 121, 123
setInitParameters	121, 123
setIntHeader	86
setJspBody	235
setJspContext	235
setLocale	83
setMaxAge	85
setMaxInactiveInterval	106
setPageContext	227, 231
setParent	227, 231, 235
setPath	85
setSecure	85
setStatus	88
setTimeout	77
setValue	85, 248, 307
setVersion	85
<short-name>	301
SimpleTagSupport	233
Single Sign On Valve	402
SKIP_BODY	228
SKIP_PAGE	228
<sql:query>	334
<sql:setDataSource>	332
<sql:transaction>	338
<sql:update>	336
start	77
startAsync	77
step	324

T

<tag>	304
@tag	177, 181
<tag-file>	311
TagAttributeInfo	255
TagExtraInfo	255
TagFileInfo	256
<taglib>	293
@taglib	174, 176, 316
TaglibDescriptor	118
TagLibraryInfo	256
TagLibraryValidator	259
TagSupport	227
TagVariableInfo	257
<tlib-version>	301
Tomcat	23
Tomcat Web Application Manager	70, 79, 87
transportGuarantee	156, 157
trimDirectiveWhitespaces	171

U

- \<uri\> 301
- URLリライティング 95

V

- validate 255, 259
- ValidationMessage 257
- \<validator\> 303
- valueBound 145
- ValueExpression 307
- valueUnbound 145
- \<Valve\> 401
- @variable 183, 185

W

- .warファイル 393
- \<web-fragment\> 284
- web-fragment.xml 284
- @WebFilter 152
- @WebInitParam 153
- @WebListener 154
- @WebServlet 151
- Webサーバー 20
- Webフラグメント 284
- \<welcome-file-list\> 268
- write 60
- Write Once, Run Anywhere 16
- writeOut 251

X

- \<x:choose\> 371
- \<x:forEach\> 368
- \<x:if\> 369
- \<x:out\> 366
- \<x:parse\> 364
- \<x:set\> 366
- \<x:transform\> 373
- Xmlタグライブラリ 364
- XPath 366
- XSLT 373
- XSS 376

あ

- アクションタグ 160, 200
- アプリケーション 31
- アプリケーションイベント 35, 297
- アプリケーション属性 107
- アプリケーションルート 31
- 暗黙オブジェクト 161, 221

い

- イベントリスナー 35
- インクルード 76, 203
- インポート 327

う

- ウェルカムページ 268

え

- エスケープ 376
- エラーページ 167
- エントリーポイント 36

か

- 拡張パス 70
- 仮想パス 115

仮想ホスト 388, 392	
環境変数 31	
関数 198, 313	

く

クッキー 57, 85
クラスローダー 333, 393, 400
クロスサイトスクリプティング 376

け

幻像読み込み 339

こ

コネクションプーリング 396
コメント 160, 193
コンテキスト 394
コンテキスト属性 107, 138
コンテナー 21
コンテンツタイプ 165
コンパイル 18

さ

サーブレット＆JSP 16
サーブレット＆JSPコンテナー 21

し

式 160, 191, 217
式言語 160, 169, 194, 196
出力バッファー 164, 219
初期化パラメーター 43, 110, 134, 267
書式指定子 350, 355
シングルインスタンス・マルチスレッド 188

す

スクリプティング変数 305
スクリプティング要素 161
スクリプトレット 160, 191
スコープ 318
スコープ属性 225
ステータスコード 88
ステータス変数 324

せ

セッション 170
セッションID 66, 95
セッションクッキー 120
セッション属性 101, 142
宣言部 160, 187

そ

即時評価式 307

た

代数演算子 195
タイムゾーン 345
タグハンドラー 216
タグファイル 176, 311
タグライブラリディスクリプター 174, 300
妥当性検証クラス 303

ち

遅延評価式 307

て

ディレクティブ 160, 163, 171

データソース	396
データベースサーバー	21
データベース接続文字列	396
デフォルトサーブレット	268, 269, 286, 289, 294
デプロイメントディスクリプター	264
転送	75, 201

と

| 動的属性 | 181, 245, 305 |
| トランザクション | 338 |

は

パッケージ	168
バッファー	93
バッファー処理	93
バルブ	401
反復不能読み込み	339

ひ

比較演算子	195
非コミット読み込み	339
非同期サーブレット	35
非同期処理	77

ふ

フィルター	34, 131
フィルターチェーン	133
フォーム認証	278
フォワード	201
フラグメント	207, 242
プロパティファイル	357
分離レベル	338

へ

| ヘッダー | 50, 86 |

も

| モジュール化 | 162 |

ら

| ラウンドトリップ | 92 |

り

リクエスト属性	62, 149
リクエストパラメーター	46
リスナー	35
リダイレクト	91, 329

れ

| 例外 | 331 |

ろ

ログ	42
ロケール	343
論理演算子	195

■著者紹介：山田 祥寛（やまだ よしひろ）
静岡県榛原町生まれ。一橋大学経済学部卒業後、NECにてシステム企画業務に携わるが、2003年4月に念願かなってフリーライターに転身。Microsoft MVP for ASP.NET/IIS。執筆コミュニティ「WINGSプロジェクト」の代表でもある。
主な著書に「Ruby on Rails 4 アプリケーションプログラミング」「AndroidエンジニアのためのモダンJava」「JavaScript本格入門」（以上、技術評論社）、「ASP.NET MVC5 実践プログラミング」「はじめてのAndroidアプリ開発」（秀和システム）、「JavaScript逆引きレシピ jQuery対応」「10日でおぼえる入門教室シリーズ（jQuery・SQL Server・ASP.NET・JSP/サーブレット・PHP・XML）」「独習シリーズ（サーバサイドJava・PHP・ASP.NET）」（以上、翔泳社）、「書き込み式SQLのドリル」（日経BP社）など。また、＠IT、CodeZineなどのサイトにて連載、「日経ソフトウエア」（日経BP社）などでも記事を執筆中。最近では、IT関連技術の取材、講演まで広くを手がける毎日である。最近の活動内容は、著者サイト（http://www.wings.msn.to/）にて。

■お問い合わせについて
本書の内容に関するご質問につきましては、下記の宛先までFAXまたは書面にてお送りいただくか、弊社ホームページの該当書籍のコーナーからお願いいたします。お電話によるご質問、および本書に記載されている内容以外のご質問には、一切お答えできません。あらかじめご了承ください。
また、ご質問の際には、「書籍名」と「該当ページ番号」、「お客様のパソコンなどの動作環境」、「お名前とご連絡先」を明記してください。

●宛先
〒162-0846
東京都新宿区市谷左内町21-13
株式会社技術評論社　書籍編集部
「サーブレット＆JSP ポケットリファレンス」係
FAX：03-3513-6183

●技術評論社Webサイト
http://book.gihyo.jp

お送りいただきましたご質問には、できる限り迅速にお答えをするよう努力しておりますが、ご質問の内容によってはお答えするまでに、お時間をいただくこともございます。回答の期日をご指定いただいても、ご希望にお応えできかねる場合もありますので、あらかじめご了承ください。
なお、ご質問の際に記載いただいた個人情報は質問の返答以外の目的には使用いたしません。また、質問の返答後は速やかに破棄させていただきます。

サーブレット＆JSP ポケットリファレンス
2015年2月5日　初　版　第1刷発行

著　者	山田　祥寛	●カバーデザイン	株式会社 志岐デザイン事務所
発行者	片岡　巌	●カバーイラスト	榊原唯幸
発行所	株式会社技術評論社	●編集・紙面デザイン・DTP	藤田拓志、阿保裕美、野田玲奈（株式会社トップスタジオ）
	東京都新宿区市谷左内町 21-13		
	電話　03-3513-6150　販売促進部	●担当	傅智之
	03-3513-6166　書籍編集部		
印刷・製本	日経印刷株式会社		

定価はカバーに表示してあります

本書の一部または全部を著作権法の定める範囲を越え、無断で複写、複製、転載、あるいはファイルに落とすことを禁じます。

©2015　山田祥寛

造本には細心の注意を払っておりますが、万一、乱丁（ページの乱れ）や落丁（ページの抜け）がございましたら、小社販売促進部までお送りください。送料小社負担にてお取替えいたします。

ISBN978-4-7741-7078-7 C3055
Printed in Japan